O FUTURO DA
HUMANIDADE

MICHIO KAKU

O FUTURO DA HUMANIDADE

MARTE, VIAGENS INTERESTELARES, IMORTALIDADE
E O NOSSO DESTINO PARA ALÉM DA TERRA

CRÍTICA

Copyright © Michio Kaku, 2018
Copyright © Editora Planeta do Brasil, 2019
Todos os direitos reservados.
Título original: *The Future Humanity*

Preparação: Rebeca Michelotti
Revisão: Ronald Polito e Carmen T. S. Costa
Índice remissivo: Maria do Rosário Marinho
Diagramação: Project Nine Editorial
Capa: Adaptada do projeto original de Michael J. Windsor
Imagens de capa: sripfoto / Shutterstock; DM7 / Shutterstock; Kjpargeter / Shutterstock; Coneyl Jay / Stone / Getty Images

DADOS INTERNACIONAIS DE CATALOGAÇÃO NA PUBLICAÇÃO (CIP)
ANGÉLICA ILACQUA CRB-8/7057

Kaku, Michio
  O futuro da humanidade: Marte, viagens interestelares, imortalidade e nosso destino para além da Terra / Michio Kaku; tradução de Jaime Biaggio. -- São Paulo: Planeta, 2019.
  368 p.

ISBN: 978-85-422-1667-7
Título original: The Future of Humanity

1. Astrofísica 2. Viagens interplanetárias I. Título II. Baggio, Jaime

19-1007   CDD 629.455

Índices para catálogo sistemático:
1. Viagens interplanetárias

2019
Todos os direitos desta edição reservados à
EDITORA PLANETA DO BRASIL LTDA.
Rua Bela Cintra 986, 4º andar – Consolação
São Paulo – SP CEP 01415-002.
www.planetadelivros.com.br
faleconosco@editoraplaneta.com.br

À minha adorada esposa Shizue,
e às minhas filhas Michelle e Alyson

SUMÁRIO

PRÓLOGO 9
INTRODUÇÃO 15

PARTE 1 | DEIXANDO A TERRA

1   PREPARAR PARA DECOLAR 27
2   NOVA ERA DE OURO DAS VIAGENS ESPACIAIS 45
3   GARIMPANDO O CÉU 63
4   MARTE OU NADA 71
5   MARTE: O PLANETA-HORTA 85
6   GIGANTES GASOSOS, COMETAS E ALÉM 105

PARTE 2 | VIAGEM ÀS ESTRELAS

7   ROBÔS NO ESPAÇO 120
8   A CONSTRUÇÃO DE UMA NAVE ESTELAR 147
9   KEPLER E UM UNIVERSO DE PLANETAS 177

PARTE 3 | A VIDA NO UNIVERSO

10   IMORTALIDADE 195
11   TRANSUMANISMO E TECNOLOGIA 215

12 A PROCURA POR VIDA EXTRATERRESTRE 235
13 CIVILIZAÇÕES AVANÇADAS 257
14 DEIXANDO O UNIVERSO 301
AGRADECIMENTOS 319
OBSERVAÇÕES 328
SUGESTÕES DE LEITURA 348
ÍNDICE REMISSIVO 351

PRÓLOGO

Um dia, cerca de 75 mil anos atrás, a humanidade quase foi extinta.

Uma explosão titânica na Indonésia levantou uma nuvem colossal de cinzas, fumaça e detritos que se alastrou por milhares de quilômetros. A erupção do vulcão de Toba foi tão violenta que é considerada o evento vulcânico mais impactante dos últimos 25 milhões de anos. Fez subir ao céu inimagináveis 2.792 quilômetros cúbicos de poeira. Áreas extensas da Malásia e da Índia foram sufocadas por até nove metros de espessura de cinzas vulcânicas. A fumaça tóxica e a poeira acabariam por chegar à África, deixando um rastro de morte e destruição.

Imagine por um instante o caos gerado por esse cataclisma. Nossos ancestrais foram aterrorizados pelo calor abrasivo e pelas nuvens cinzentas de pó vulcânico que escureceram a luz do Sol. Muitos foram asfixiados e envenenados pela espessa fuligem e pela poeira. Depois veio o despencar das temperaturas, desencadeando um "inverno vulcânico". A vegetação e a vida animal foram dizimadas até onde a vista alcançasse, restando apenas uma paisagem lúgubre, desolada. Às pessoas e aos animais restou vasculhar o terreno devastado em busca de minúsculas migalhas de alimento, e a maioria dos humanos morreu de fome. Parecia que a Terra inteira estava morrendo. Os poucos sobreviventes tinham apenas uma meta: fugir para o mais longe possível da cortina de morte baixada sobre seu mundo.

Provas cabais desse cataclisma talvez estejam em nosso sangue.

Geneticistas já atentaram para o curioso fato de dois seres humanos terem DNA quase idêntico. Para efeito de comparação, pode haver maior variação genética entre dois chimpanzés que o verificado em toda a população humana. Matematicamente, uma teoria proposta para explicar esse fenômeno parte do princípio de, na época da explosão, a maioria da humanidade ter sido dizimada, tendo restado só um punhado de nós – cerca de duas mil pessoas. Incrivelmente, esse bando sujo e maltrapilho viria a tornar-se os Adões e Evas ancestrais que acabariam por povoar todo o planeta. Todos somos quase clones uns dos outros, irmãos e irmãs descendentes de um mínimo e intrépido agrupamento humano que caberia com folga no salão de festas de um hotel moderno.

Ao cruzarem a paisagem estéril, eles não faziam ideia de que, um dia, seus descendentes dominariam cada recanto do planeta.

Hoje, ao contemplarmos o futuro, vemos como os eventos ocorridos há 75 mil anos podem na verdade ter sido um ensaio de catástrofes futuras. Fui lembrado disso em 1992, ao ouvir a notícia estarrecedora de que, pela primeira vez, fora encontrado um planeta na órbita de uma estrela distante. Essa descoberta permitia aos astrônomos provar a existência de planetas além do nosso sistema solar. Tratava-se de uma mudança dramática de paradigma em nossa compreensão do universo. Mas fiquei triste ao ouvir a notícia seguinte: o planeta alienígena orbitava uma estrela morta, um pulsar, fruto de uma supernova cuja explosão provavelmente matara tudo o que um dia pudesse ter vivido naquele planeta. Nenhum organismo vivo conhecido pela ciência poderia suportar o contundente golpe de energia nuclear resultante da explosão de uma estrela próxima.

Imaginei então uma civilização ali, ciente da morte iminente de seu sol, agindo às pressas para montar uma enorme frota de espaçonaves capaz de transportar a todos para outro sistema estelar. Teria irrompido o caos absoluto no planeta, gente em pânico e desespero em aguerrida disputa pelas últimas vagas nas embarcações de partida. Imaginei a sensação de terror daqueles deixados para trás, à mercê do destino ditado pela explosão do sol.

Tão inevitável quanto as leis da física é o fato de que a humanidade terá um dia de fazer frente a algum evento capaz de extingui-la. Mas será que nós, como nossos ancestrais, teremos a determinação necessária para sobreviver ou até prosperar?

Se mapearmos todas as formas de vida que já existiram na Terra, de bactérias microscópicas a florestas imponentes, pesados dinossauros e intrépidos humanos, descobriremos que 99,9% acabaram extintas. Isso significa que a extinção é a norma, que a lei das probabilidades trabalha fortemente contra nós. Quando escavamos o solo abaixo de nossos pés e desvelamos os registros fósseis, comprovamos a existência de várias formas de vida ancestrais. Contudo, só uma quantidade mínima sobrevive em nossos dias. Milhões de espécies surgiram antes de nós, tiveram seu momento, e então definharam e morreram. Essa é a história da vida.

Independentemente do quanto valorizemos a visão de um espetacular e romântico pôr do sol, o cheiro da brisa fresca do oceano e o calor de um dia de verão, um dia tudo isso terá fim e o planeta se tornará inóspito à vida humana. A natureza se voltará contra nós em algum momento, como fez com todas aquelas formas de vida extintas.

A grandiosa história da vida na Terra nos mostra que, em face de um ambiente hostil, é inevitável a qualquer organismo um entre três destinos. Pode-se abandonar aquele ambiente, adaptar-se a ele ou morrer. Mas a se considerar um futuro mais distante, em algum momento nos depararemos com um desastre de suficientes proporções para tornar qualquer forma de adaptação praticamente impossível. Teremos de deixar a Terra ou perecer. Não haverá outra alternativa.

Tais desastres já ocorreram repetidas vezes no passado, e é inevitável que ocorram no futuro. A Terra já foi submetida a cinco grandes ciclos de extinção nos quais até 90% das formas de vida desapareceram da face do planeta. Tão garantido quanto o nascer de um novo dia é o fato de que vai haver outros.

No âmbito das próximas décadas, encararemos ameaças que não são naturais e sim, culpa nossa, consequências de nossa loucura e miopia. O perigo do aquecimento global, com a própria atmosfera da Terra voltando-se contra nós. Os perigos das guerras modernas, à medida que armas nucleares proliferam em algumas das regiões mais instáveis do mundo. O perigo da guerra bacteriológica, vírus tais como o Ebola ou alguma mutação do HIV, transmissíveis por uma simples tosse ou espirro. Algo assim poderia dizimar até 98% da raça humana. Além disso, temos uma população em expansão, consumindo recursos em escala arrebatadora. Talvez em algum momento venhamos a exceder a capacidade de carga da Terra e nos veremos em meio a um armagedom ecológico, em luta pelos últimos resquícios de suprimentos do planeta.

Além de todas as calamidades de nossa própria criação, há também desastres naturais sobre os quais não temos praticamente controle algum. No âmbito dos próximos milhares de anos, encararemos o início de uma nova era glacial. Ao longo dos cem mil anos passados, grande parte da superfície da Terra esteve coberta por até um quilômetro de gelo sólido. A desolada paisagem congelada levou muitos animais à extinção. Então, dez mil anos depois, ocorreu o descongelamento. A esse breve período de aquecimento corresponde a súbita ascensão da civilização moderna, e dele os humanos têm se aproveitado para crescer e se multiplicar. Mas o fato de esse desabrochar ter ocorrido num período interglacial significa que vamos provavelmente nos deparar com outra era glacial nos próximos dez mil anos. Quando isso ocorrer, nossas cidades desaparecerão sob montanhas de neve e a civilização será esmagada sob o gelo.

Existe ainda a possibilidade de o supervulcão sob o Parque Nacional de Yellowstone despertar de seu longo torpor, rasgando os Estados Unidos ao meio e engolindo a Terra numa nuvem sufocante e venenosa de fuligem e detritos. As erupções anteriores ocorreram há 630 mil, 1,3 milhão e 2,1 milhões de anos. Cada uma dessas ocasiões é separada das demais por 700 mil anos, em média; portanto, podemos vir a testemunhar outra erupção colossal dentro dos próximos cem mil anos.

No âmbito de milhões de anos, encaramos a ameaça de outra colisão com um meteoro ou cometa, similar à que ajudou a destruir os dinossauros, 65 milhões de anos atrás. Naquela ocasião, uma rocha de cerca de 9,5 quilômetros de diâmetro precipitou-se sobre a península de Yucatán, no México, projetando para o céu detritos flamejantes que caíram de volta sobre a Terra. Assim como na explosão do vulcão de Toba, mas muito maior, as nuvens de cinzas acabaram por escurecer o Sol e precipitar a queda das temperaturas em nível global. O murchar da vegetação trouxe o colapso da cadeia alimentar. Dinossauros herbívoros morreram de fome, logo seguidos pelos primos carnívoros. Ao fim do processo, 90% das formas de vida da Terra pereceram na sequência desse evento catastrófico.

Por milênios, permanecemos na abençoada ignorância da realidade de que a Terra flutua em meio a um enxame de rochas potencialmente mortais. Só na década passada os cientistas começaram a quantificar o risco real de um impacto de grandes proporções. Hoje sabemos haver milhares de NEOs ("near-Earth objects" ou "objetos próximos à Terra") que cruzam nossa órbita e representam risco para a vida no planeta. Até junho de 2017, foram catalogados 16.294 desses objetos. Mas esses são só os já encontrados. Astrônomos estimam haver talvez vários milhões de objetos não mapeados cruzando o sistema solar e passando pela Terra.

Certa vez entrevistei o falecido astrônomo Carl Sagan a respeito dessa ameaça. Ele me ressaltou que "vivemos numa galeria de tiro cósmica", cercados por riscos em potencial. É só questão de tempo, disse ele, até um grande asteroide atingir a Terra. Se pudéssemos iluminar tais asteroides de alguma forma, veríamos o céu noturno pontilhado por milhares de pontos de luz ameaçadores.

Mesmo partindo do pressuposto de que evitemos todos esses perigos, há outro que faz empalidecer os demais. Daqui a cinco bilhões de anos, o Sol vai se expandir até virar uma gigantesca estrela vermelha que ocupará todo o firmamento. Vai se tornar tão gigantesco que a órbita da Terra se dará dentro de sua escaldante atmosfera, e o calor abrasador tornará a vida neste inferno impossível.

Ao contrário de todas as outras formas de vida do planeta, às quais só resta esperar pelo fim passivamente, seres humanos são mestres do próprio destino. Felizmente, estamos neste momento criando ferramentas para desafiar as probabilidades impostas pela natureza, de forma a não nos tornarmos um dos 99,9% de formas de vida fadadas à extinção. Neste livro, encontraremos os pioneiros dotados da energia, da visão e dos recursos para mudar o destino da humanidade. Conheceremos os sonhadores que creem na chance de os seres humanos viverem e prosperarem no espaço distante. Analisaremos os avanços revolucionários na tecnologia que tornarão possível deixarmos a Terra e estabelecermo-nos no sistema solar, ou mesmo além.

Se há uma lição a aprendermos com a história, no entanto, é que a humanidade sempre se mostrou à altura do desafio ao deparar-se com crises ameaçadoras da vida e estabeleceu metas ainda mais ambiciosas. De certa forma, o espírito explorador está nos nossos genes, impregnado em nossa alma.

Mas agora talvez estejamos diante do maior desafio de todos: deixar as fronteiras da Terra para nos projetarmos ao espaço sideral. As leis da física deixam claro: mais cedo ou mais tarde enfrentaremos crises globais que ameaçarão nossa existência.

A vida é valiosa demais para ser limitada a um único planeta, para estar à mercê dessas ameaças planetárias.

Precisamos de uma apólice de seguro, disse Sagan. Ele concluiu que devemos nos tornar uma "espécie biplanetária". Noutras palavras, temos de ter um plano B.

Neste livro, exploraremos a história, os desafios e possíveis soluções à nossa frente. O caminho não será fácil e vai haver reveses, mas não temos escolha.

A partir da quase extinção aproximadamente 75 mil anos atrás, nossos ancestrais aventuraram-se e começaram a colonizar a Terra toda. Este livro, espero, apresentará os passos necessários para superar os obstáculos com que nos depararemos inevitavelmente no futuro. Talvez seja nosso destino nos tornarmos uma espécie multiplanetária vivendo em meio às estrelas.

INTRODUÇÃO

Se nossa sobrevivência corre riscos a longo prazo, temos a responsabilidade básica para com nossa espécie de aventurarmo-nos por outros mundos.

– CARL SAGAN

Os dinossauros foram extintos porque não tinham um programa espacial. E se nós nos extinguirmos por não termos um programa espacial, bem-feito para nós.

– LARRY NIVEN

RUMO A UMA ESPÉCIE MULTIPLANETÁRIA

Na infância, li a *Trilogia da fundação,* de Isaac Asimov, celebrada como uma das maiores sagas da história da ficção científica. Fiquei aturdido por Asimov, que, em vez de descrever batalhas com armas de raios e guerras espaciais com alienígenas, preferiu fazer uma pergunta simples e profunda: onde estará a civilização humana daqui a 50 mil anos? Qual será o nosso destino final?

Em sua inovadora trilogia, Asimov pintava um retrato da humanidade espalhada pela Via Láctea, com milhões de planetas habitados e unidos sob o comando de um vasto Império Galático. Havíamos viajado para tão longe que a localização da terra natal onde se originara aquela grande civilização se perdera nas névoas da pré-história. E havia tantas sociedades avançadas distribuídas pela galáxia, com tanta gente unida por uma complexa teia de laços econômicos, que a partir dessa enorme amostra era possível usar a matemática para prever o desenrolar dos eventos, como que antecipando a movimentação das moléculas.

Anos atrás, convidei o dr. Asimov para falar em nossa universidade. Ao ouvir suas palavras ponderadas, fiquei surpreso com a amplitude de seu conhecimento. Fiz então uma pergunta que me intrigava desde a infância: o que o havia inspirado a escrever a série da *Fundação*? Como havia criado um tema tão amplo a ponto de abarcar toda a galáxia? Sem hesitar, ele respondeu ter sido inspirado pela ascensão e queda do Império Romano. Ao longo da saga do império, era possível enxergar como se desenhara o destino do povo romano através de sua turbulenta história.

Comecei a conjeturar se a história da humanidade também teria um destino. Talvez seja o de um dia criar uma civilização que compreenda toda a Via Láctea. Talvez nosso destino esteja de fato nas estrelas.

Muitos temas subjacentes ao trabalho de Asimov foram explorados ainda antes, no romance seminal *Star Maker*, de Olaf Stapledon. No livro, nosso herói devaneia poder chegar ao espaço sideral e alcançar planetas distantes. Ao circular pela galáxia na condição de pura consciência, vagando de um sistema estelar para o outro, é testemunha de fantásticos impérios alienígenas. Alguns ascendem à grandeza e anunciam o início de uma era de paz e prosperidade, e outros chegam a criar impérios interestelares por meio de suas espaçonaves. Há também os que desmoronam, soçobrados por rancor, conflitos e guerras.

Muitos conceitos revolucionários do romance de Stapledon foram incorporados a trabalhos subsequentes de ficção científica. Por exemplo, o herói de *Star Maker* descobre que muitas civilizações superavançadas escondem deliberadamente sua existência de outras mais atrasadas, para evitar contaminá-las acidentalmente com tecnologia de ponta. Conceito semelhante ao da Primeira Diretriz, um dos princípios-chave da Federação na série *Jornada nas estrelas*.

Nosso herói se depara ainda com uma civilização sofisticada a ponto de seus membros rodearem seu sol com uma esfera gigantesca de forma a utilizar toda a sua energia. Esse conceito seria posteriormente chamado de esfera de Dyson e é hoje uma constante na ficção científica.

Ele trava contato com uma raça de indivíduos em contato telepático frequente uns com os outros. Cada um conhece os pensamentos íntimos de todos os outros. Essa ideia precede os Borg de *Jornada nas estrelas*, seres conectados mentalmente e subordinados à vontade da Coletividade.

E, ao fim do romance, ele encontra o próprio Fazedor de Estrelas, um ente celeste que cria e manipula universos inteiros, cada um com as suas próprias leis da física. O nosso é apenas um dentro de um multiverso. Com fascínio absoluto, nosso herói vê o Fazedor de Estrelas em ação, a evocar novos e emocionantes domínios, descartando os que não lhe agradam.

O romance pioneiro de Stapledon causou um tremendo choque num mundo onde o rádio ainda era considerado uma maravilha da tecnologia. Nos anos 1930, a ideia de alcançar uma civilização espacial parecia ilógica. Aviões a hélice eram então o que havia de mais moderno, e mal se aventuravam acima das nuvens. A possibilidade de viajar até as estrelas parecia irremediavelmente remota.

Star Maker foi um sucesso instantâneo. Arthur C. Clarke o considerou um dos melhores trabalhos de ficção científica jamais publicados. Acendeu a imaginação de toda uma geração de escritores do gênero no pós-guerra. Mas o público em geral logo o esqueceu em meio ao caos e à selvageria da Segunda Guerra Mundial.

ENCONTRANDO NOVOS PLANETAS NO ESPAÇO

Hoje, tendo a sonda Kepler e astrônomos terrestres desvelado cerca de 4 mil planetas em órbita de outras estrelas na Via Láctea, começa-se a conjeturar se as civilizações descritas por Stapledon de fato existem.

Em 2017, cientistas da NASA identificaram não um, mas sete planetas do tamanho da Terra na órbita de uma estrela próxima, a meros 39 anos-luz de distância. Dos sete, três estão próximos o bastante da estrela-mãe para possibilitar a existência de água em estado líquido. Muito em breve, será possível aos astrônomos confirmar se as atmosferas desses e de outros planetas contêm vapor d'água. Sendo a água o "solvente universal" capaz de funcionar como recipiente para mistura de produtos químicos orgânicos constituintes da molécula de DNA, cientistas talvez possam mostrar como as condições para a existência da vida são as mesmas em todo o universo. Talvez estejamos prestes a achar o Santo Graal da astronomia planetária, uma irmã gêmea da Terra no espaço sideral.

Na mesma época astrônomos fizeram outra descoberta sem precedente, um planeta do tamanho da Terra batizado de Proxima Centauri b na órbita da estrela mais próxima do nosso Sol, a Proxima Centauri, a menos 4,2 anos-luz de distância. Há tempos cientistas presumiam que seria esta uma das primeiras estrelas a se explorar.

Esses planetas são só algumas das recentes adições à gigantesca Extrasolar Planets Encyclopaedia, site que precisa ser atualizado quase toda semana. Contém sistemas estelares estranhos, incomuns, que Stapledon poderia no máximo ter imaginado – inclusive alguns onde quatro ou mais estrelas giram em torno umas das outras. A crença de vários astrônomos é de que qualquer formação bizarra de planetas imaginável deve existir em algum lugar da galáxia, contanto que não viole leis da física.

Isso significa podermos fazer um cálculo por alto de quantos planetas do tamanho da Terra existem na galáxia. Como ela contém cerca de 100 bilhões de estrelas, pode haver 20 bilhões de planetas do tamanho do nosso em órbita de uma estrela semelhante ao Sol só na Via Láctea. E como há 100 bilhões de galáxias avistáveis por nossos instrumentos, podemos estimar a quantidade de planetas do tamanho da Terra no universo visível: desconcertantes 2 bilhões de trilhões.

Ao dar-se conta de que a galáxia pode estar coalhada de planetas habitáveis, você nunca mais contemplará o céu noturno da mesma forma.

Quando tais planetas tiverem sido identificados por astrônomos, a próxima meta será analisar suas atmosferas em busca de oxigênio e vapor d'água, sinais de vida, e ficar à escuta de possíveis ondas de rádio, que sinalizariam a existência de uma civilização inteligente. Tal descoberta seria uma das maiores guinadas da história humana, comparável à conquista do fogo. Não só redefiniria nossa relação com o restante do universo, mas mudaria o nosso destino.

A NOVA ERA DE OURO DA EXPLORAÇÃO ESPACIAL

Essas emocionantes descobertas de exoplanetas, junto a ideias inovadoras propostas por uma nova geração de visionários, reavivaram o interesse do público por viagens ao espaço. O programa espacial foi originalmente impulsionado pela Guerra Fria e pela rivalidade entre as superpotências. O povo não se importava que os gastos com o projeto Apollo chegassem a estarrecedores 5,5% do orçamento federal, pois o prestígio da nação estava em jogo. Mas tal competição febril não teria como se manter para sempre, e a verba acabaria caindo por terra.

Astronautas americanos caminharam na superfície da Lua pela última vez há cerca de 45 anos. O foguete Saturn V e os ônibus espaciais estão desmantelados e enferrujando em museus e ferros-velhos, e seus feitos relegados a livros de história empoeirados. Desde então, a NASA passou a ser chamada de "agência para lugar nenhum". Está aí há décadas, audaciosamente indo onde todo mundo já esteve.

Mas a situação econômica começa a se modificar. O custo de viagens espaciais, outrora alto a ponto de comprometer o orçamento de um país, vem caindo consistentemente, em grande parte devido ao fluxo de energia, dinheiro e entusiasmo da parte de um grupo ascendente de investidores. Impacientes com o ritmo da NASA, que às vezes é paquidérmico, bilionários como Elon Musk, Richard Branson e Jeff Bezos têm aberto seus cofres para a construção de novos foguetes. Não só para obter lucros, mas também para concretizar sonhos de infância de atingir as estrelas.

Há hoje um desejo nacional rejuvenescido. A questão não é mais se os Estados Unidos enviarão um dia astronautas ao Planeta Vermelho, e sim quando. O ex-presidente Barack Obama afirmou que astronautas pisariam na superfície de Marte algum tempo depois de 2030, e o presidente Donald Trump cobrou da NASA que acelerasse esse cronograma.

Já está em fase inicial de testes uma frota de foguetes e módulos espaciais capazes de viagens interplanetárias – tais como o Space Launch System (SLS), da NASA, e sua cápsula Orion, ou o foguete auxiliar Falcon Heavy, de Elon Musk, e sua cápsula Dragon. Caberá a eles o trabalho pesado, levar os astronautas à Lua, aos asteroides, a Marte, talvez além. Essa missão, por sinal, já gera tanta publicidade e entusiasmo que começam a surgir rivalidades. Talvez venha a ocorrer um engarrafamento na estrada para Marte, grupos distintos competindo para ver quem planta a primeira bandeira em solo marciano.

Já houve quem escrevesse que estamos adentrando uma nova era de ouro das viagens espaciais, e a exploração do universo, negligenciada por décadas, se tornará mais uma vez parte emocionante das metas nacionais.

Ao olharmos para o futuro, podemos enxergar os contornos de como a ciência transformará a exploração espacial. Graças aos revolucionários avanços em uma ampla gama de tecnologias modernas, torna-se possível especular como nossa civilização poderia um dia transferir-se para o espaço sideral, terraformando planetas e viajando por entre as estrelas. Ainda que se trate de uma meta distante, agora é possível estipular um prazo razoável e estimar quando certos marcos cósmicos serão atingidos.

Neste livro, investigarei os passos necessários para se realizar essa meta ambiciosa. Mas a chave para a descoberta de como nosso futuro pode se desdobrar é entender a ciência por trás dessas milagrosas revelações.

ONDAS REVOLUCIONÁRIAS DE TECNOLOGIA

Dadas as vastas fronteiras científicas que nos aguardam, talvez seja conveniente pôr em perspectiva o amplo panorama da história humana. Se nossos ancestrais nos vissem hoje, o que pensariam? Durante a maior parte da história da humanidade, tivemos vidas miseráveis, às voltas com um mundo hostil e indiferente onde a expectativa de vida ficava entre 20 e 30 anos de idade. Éramos basicamente nômades, carregando nas costas nossas posses. Cada dia era uma luta para garantir comida e abrigo. Vivíamos sob o medo constante de violentos predadores, de doenças e de passar fome. Mas se nossos ancestrais pudessem nos ver hoje, capazes de mandar imagens para o outro lado do planeta instantaneamente, com foguetes capazes de nos levar à Lua e além, e carros que dirigem sozinhos, nos considerariam bruxos e mágicos.

A história mostra que revoluções científicas vêm em ondas, e muitas vezes estimuladas por avanços da física. No século XIX, a primeira onda de ciência e tecnologia foi possibilitada por físicos que criaram as teorias da mecânica e da termodinâmica. Isso permitiu aos engenheiros produzir o motor a vapor, desaguando na locomotiva e na Revolução Industrial. Esse salto profundo da tecnologia libertou a civilização da praga da ignorância, do trabalho oneroso e da pobreza, conduzindo-a à era das máquinas.

No século XX, a segunda onda foi encabeçada pelos físicos que dominaram as leis da eletricidade e do magnetismo, abrindo, por sua vez, as portas da era elétrica. Isso possibilitou a eletrificação de nossas cidades, com o advento de dínamos, geradores, TV, rádio e radar. Da segunda onda, nasceu o programa espacial moderno, que nos levou à Lua.

No século XXI, foi através da alta tecnologia que a terceira onda da ciência se expressou, sob a liderança dos físicos quânticos que inventaram o transistor e o laser. Isso tornou possíveis o supercomputador, a internet, as telecomunicações modernas, o GPS e a explosão de microscópicos chips que permeiam cada aspecto de nossa vida.

Neste livro, descreverei as tecnologias que nos levarão ainda mais longe, rumo à exploração de planetas e estrelas. Na parte 1, discutiremos o esforço para a criação de uma base permanente na Lua e a colonização e a terraformação de Marte. Para tal, precisaremos explorar a quarta onda da ciência, composta de inteligência artificial, nanotecnologia e biotecnologia. A meta de terraformar Marte está além de nossa capacidade atual, mas a tecnologia do século XXI permitirá fazer daquele deserto ermo e gélido um mundo habitável. Consideraremos a utilização de robôs autorreplicantes, nanomateriais superfortes e leves e colheitas por bioengenharia, tudo no sentido de cortar dramaticamente os custos e fazer de Marte um autêntico paraíso. Em algum momento, faremos progresso além de Marte, com o desenvolvimento de assentamentos nos asteroides e nas luas dos gigantes gasosos Júpiter e Saturno.

Na parte 2, lançaremos um olhar mais à frente, para uma época em que será possível ir além do sistema solar e explorar as estrelas próximas. Novamente, trata-se de missão que ultrapassa nossa atual tecnologia, mas pode se tornar possível com os recursos da quinta onda: nanonaves, velas solares a laser, foguetes de fusão nuclear ramjet, motores de antimatéria. A NASA já encomendou estudos de física para saber o que seria necessário para fazer de viagens interestelares uma realidade.

Na parte 3, analisamos o que seria necessário para modificarmos o nosso corpo, permitindo-nos encontrar uma nova casa entre as estrelas. Uma viagem interestelar pode levar décadas ou até séculos, e poderá ser preciso formarmo-nos geneticamente para sobreviver no espaço profundo por períodos prolongados, talvez estendendo o ciclo da vida humana. Ainda que hoje uma fonte da juventude não seja uma possibilidade, cientistas já exploram caminhos promissores que talvez nos permitam retardar ou até parar o processo de envelhecimento. Nossos descendentes poderão vir a gozar de certa forma de imortalidade. Ademais, talvez tenhamos de formar geneticamente nosso corpo para que possa se desenvolver em planetas distantes, com gravidade, composição atmosférica e ecossistema distintos.

Graças ao Projeto do Conectoma Humano, que mapeará cada neurônio do cérebro humano, um dia talvez possamos mandar nossos conectomas ao espaço distante em gigantescos feixes de laser, eliminando vários problemas das viagens interestelares. A isso dou o nome de portabilidade a laser, e ela poderá libertar nossa consciência para explorar a galáxia ou até o universo à velocidade da luz, sem precisarmos nos preocupar com os perigos óbvios de uma viagem interestelar.

Se nossos ancestrais no século passado nos enxergariam hoje como mágicos e bruxos, como veremos nossos descendentes daqui a um século?

É mais do que provável que os consideremos semelhantes a deuses gregos. Como Mercúrio, seriam capazes de projetar-se ao espaço e visitar planetas próximos. Como Vênus, teriam corpos imortais perfeitos. Como Apolo, teriam acesso ilimitado à energia do Sol. Como Zeus, poderiam emitir comandos mentais para realizar seus desejos. E poderiam evocar animais mitológicos como o Pégaso por meio de engenharia genética.

Noutras palavras, nosso destino é tornarmo-nos os deuses que um dia temamos e adoramos. A ciência nos fornecerá meios para formatarmos o universo à nossa imagem. A questão é se teremos a sabedoria de Salomão para acompanhar o vasto poder celestial.

Há ainda a possibilidade de virmos a estabelecer contato com vida extraterrestre. Discutiremos o que ocorrerá caso deparemo-nos com uma civilização um milhão de anos mais avançada do que a nossa, capaz de vagar pela galáxia e alterar o tecido do espaço-tempo. Ou interagir com buracos negros e usar buracos de minhoca para viajar mais rápido do que a luz.

Em 2016, especulações sobre civilizações espaciais avançadas entre a mídia e os astrônomos chegaram a um ponto febril quando foi anunciada a descoberta de indícios da existência de algum tipo de "megaestrutura" colossal, talvez tão grande quanto uma esfera de Dyson, na órbita de uma estrela distante milhões de anos-luz. Ainda que os indícios estejam longe de ser conclusivos, pela primeira vez os cientistas foram confrontados com sinais de que uma civilização avançada possa de fato existir no espaço sideral.

Por último, exploramos a possibilidade de encarar não só a morte da Terra, mas a do próprio universo. O nosso ainda é jovem, mas já podemos antever o dia num futuro distante em que chegará o Big Freeze, quando as temperaturas despencarão à esfera do zero absoluto e toda a vida, tal como a conhecemos, provavelmente deixará de existir. Nesse ponto, talvez nossa tecnologia venha a ser avançada o bastante para que deixemos o universo e aventuremo-nos através do hiperespaço rumo a um novo, mais jovem.

A física teórica (minha especialidade) apresenta a noção de que nosso universo seja apenas uma única bolha flutuando num multiverso de outros universos-bolha. Talvez entre esses outros haja uma nova casa para nós. Ao contemplarmos a multiplicidade de universos, talvez possamos revelar os grandes projetos de um Fazedor de Estrelas.

Assim, as proezas fantásticas da ficção científica, outrora consideradas subprodutos da imaginação ultrafértil dos sonhadores, podem um dia tornar-se realidade.

A humanidade está a ponto de embarcar naquela que talvez seja sua maior aventura. E os rápidos e surpreendentes avanços da ciência poderão nos servir de ponte sobre o vão que separa as especulações de Asimov e Stapledon da realidade. E o primeiro passo a dar em nossa longa jornada até as estrelas é deixar a Terra. Como diz um velho provérbio chinês, uma jornada de mil quilômetros começa com o primeiro passo. A jornada para as estrelas começa com o primeiro foguete.

PARTE 1
DEIXANDO A TERRA

1

PREPARAR PARA DECOLAR

> Qualquer um que esteja sentado em cima do maior sistema movido a hidrogênio e oxigênio no mundo, ciente de que vão acender a parte de baixo, e não fique um pouco preocupado, não entendeu por completo a situação.
>
> – ASTRONAUTA JOHN YOUNG

Em 19 de outubro de 1899, um rapaz de 17 anos de idade trepou numa cerejeira e teve uma epifania. Havia acabado de ler *Guerra dos mundos*, de H. G. Wells, e estava entusiasmado pela ideia de foguetes que nos permitiriam explorar o universo. Imaginava o quão maravilhoso seria fabricar algum dispositivo que apresentasse sequer a *possibilidade* de viajar a Marte, e teve uma visão de que nosso destino seria explorar o Planeta Vermelho. Ao descer daquela árvore, sua vida havia mudado para sempre. Aquele rapaz dedicaria sua vida ao sonho de aperfeiçoar um foguete que transformasse sua visão em realidade. Passaria o resto da vida a celebrar o dia 19 de outubro.

Seu nome era Robert Goddard, e viria a desenvolver o primeiro foguete multiestágios movido a combustível líquido, desencadeando assim eventos que mudariam o rumo da história da humanidade.

TSIOLKOVSKY — UM VISIONÁRIO SOLITÁRIO

Goddard foi parte de um pequeno grupo de pioneiros que perdurou contra todas as expectativas e estabeleceu bases para as viagens espaciais, mesmo tendo de sofrer com o isolamento, a pobreza e a ridicularização dos colegas. Um dos primeiros dentre esses visionários foi o grande cientista de foguetes russo Konstantin Tsiolkovsky, que mapeou as bases teóricas das viagens ao espaço, abrindo o caminho para Goddard. Tsiolkovsky viveu em estado de pobreza absoluta, era recluso e mal se sustentava como professor de ensino básico. Na juventude, passou a maior parte do tempo na biblioteca, devorando jornais científicos, aprendendo as leis da mecânica de Newton e aplicando-as às viagens ao espaço. Tinha o sonho de viajar para a Lua e para Marte. Sozinho, sem qualquer apoio da comunidade científica, decifrou a matemática, a física e a mecânica dos foguetes e calculou a velocidade de escape da Terra – isto é, a velocidade necessária para escapar à gravidade da Terra – em 40,2 mil km/h, bem mais do que os 24 km/h alcançáveis então no lombo de cavalos.

Em 1903, publicou sua famosa equação do foguete, a partir da qual é possível determinar a velocidade máxima de um foguete, dados seu peso e suprimento de combustível. Ela revelava como exponencial a relação entre esses dois itens. Normalmente, presumir-se-ia que para dobrar a velocidade de um foguete bastaria pôr duas vezes mais combustível. Na verdade, a mudança de velocidade faz crescer exponencialmente o combustível necessário; grandes quantidades são requeridas para se obter um impulso extra.

A relação exponencial tornou evidentes as enormes quantidades de combustível necessárias para deixar a Terra. Com essa fórmula, Tsiolkovsky pôde estimar pela primeira vez quanto combustível seria usado para chegar à Lua, muito antes de essa visão se concretizar.

A filosofia a norteá-lo era: "A Terra é nosso berço, mas não se pode ficar no berço para sempre". Ele acreditava em uma filosofia batizada de cosmismo, cuja base é a compreensão da exploração do espaço sideral como futuro da humanidade. Em 1911, escreveu: "Pisar o solo dos asteroides, erguer uma pedra da Lua com as próprias mãos, construir estações móveis no éter, organizar anéis povoados ao redor da Terra, da Lua e do Sol, observar Marte a uma distância de várias dezenas de quilômetros, pousar em seus satélites ou mesmo em sua própria superfície... o que poderia ser mais louco?".

Tsiolkovsky, porém, era pobre demais para converter suas equações matemáticas em modelos. Robert Goddard daria o próximo passo: construir os protótipos que um dia formariam a base das viagens espaciais.

ROBERT GODDARD — PAI DA CIÊNCIA DE FOGUETES

Robert Goddard começou a se interessar por ciência ainda na infância, ao presenciar a eletrificação de sua cidade natal. Viria a crer na possibilidade de esta revolucionar cada aspecto de nossa vida. Seu pai encorajou esse interesse, comprando para o filho um telescópio, um microscópio e uma assinatura da *Scientific American*. Suas primeiras experiências foram com pipas e balões. Um dia, lendo na biblioteca, deparou-se com o celebrado *Princípios matemáticos da filosofia natural*, de Isaac Newton, e aprendeu as leis da mecânica. Logo passaria a se concentrar na aplicação das leis de Newton à ciência de foguetes.

Goddard verteria sistematicamente sua curiosidade em ferramenta científica útil por meio da introdução de três inovações. Em primeiro lugar, fez experiências com diferentes tipos de combustíveis, dando-se conta do quão ineficiente era a pólvora. Os chineses a haviam inventado séculos antes e usado em foguetes, mas estes não passavam de brinquedos devido ao consumo instável. Seu primeiro toque de genialidade foi a substituição do combustível a pólvora pelo líquido, passível de controle preciso, de forma a ser consumido de maneira limpa e estável. Construiu um foguete com dois tanques, um deles contendo combustível – álcool, por exemplo – e o outro, algum oxidante, como oxigênio líquido. Uma série de tubos e válvulas alimentavam com tais líquidos a câmara de combustão, criando uma explosão cuidadosamente controlada, passível de impulsionar um foguete.

Goddard entendeu que, à medida que o foguete subia, seus tanques de combustível exauriam-se gradualmente. Sua inovação seguinte foi a introdução de foguetes multiestágios, que descartavam os tanques vazios e assim livravam-se de peso morto no caminho, aumentando imensamente seu alcance e eficiência.

Em terceiro lugar, ele introduziu os giroscópios. Quando um se põe a girar, seu eixo sempre aponta na mesma direção, mesmo que você o rode. Por exemplo, se o eixo apontar para a Estrela Polar, continuará a indicar essa direção mesmo que seja virado de cabeça para baixo. Isso significa que uma espaçonave, caso saísse da rota, poderia alterar os foguetes de forma a compensar esse movimento e retornar ao curso estabelecido. Goddard percebeu que poderia usar giroscópios para ajudar a manter seus foguetes no curso pretendido.

Em 1926, fez história com o primeiro lançamento bem-sucedido de um foguete movido a combustível líquido. O artefato subiu a 12,4 metros, voou por 2,5 segundos e caiu a 56 metros de distância em uma plantação de repolhos (o local exato é hoje terreno sagrado para qualquer cientista de foguetes e já foi declarado um Marco Histórico Nacional).

Em seu laboratório no Clark College, ele estabeleceu a arquitetura básica para todos os foguetes químicos. Aqueles extraordinários que hoje vemos serem disparados das plataformas de lançamento são descendentes diretos de seus protótipos.

O EMBATE CONTRA A ZOMBARIA

Apesar de seus êxitos, Goddard provou-se o saco de pancadas ideal para a mídia. Em 1920, quando circularam rumores de que considerava a sério a possibilidade de viagens espaciais, o *The New York Times* dedicou a ele tamanho sarcasmo que qualquer cientista de menor peso teria sido destroçado. "O tal professor Goddard", caçoava o jornal, "com sua 'cátedra' em Clark (...), não conhece a relação entre ação e reação, ou a necessidade de ter algo a mais que um vácuo ao qual reagir – dizer isso seria absurdo. Obviamente ele só parece carecer do tipo de conhecimento que se dispensa diariamente em escolas secundárias." E em 1929, depois do lançamento de um de seus foguetes, o jornal local de Worcester deu a aviltante manchete: "Foguete para a Lua erra o alvo por 385 mil quilômetros". Está clara a incompreensão da parte do *Times* e dos demais quanto às leis da mecânica de Newton. Acreditavam erroneamente não ser possível para foguetes se moverem no vácuo do espaço sideral.

A terceira lei de Newton, que determina a existência de uma reação igual no sentido oposto para cada ação, é uma determinante das viagens espaciais. Qualquer criança que já tenha enchido e soltado um balão, e o visto voar em todas as direções, a conhece. A ação é o ar esvaindo-se de súbito do balão; a reação, a forma como este se projeta para a frente. Para um foguete, da mesma forma, a ação é o gás quente ejetado de uma ponta e a reação, o movimento frontal do foguete, mesmo no vácuo do espaço.

Goddard morreu em 1945. Não viveu o bastante para ler o pedido de desculpas dos editores do *The New York Times* após o pouso da Apollo na Lua em 1969. O texto dizia: "Foi definitivamente estabelecido que um foguete funciona no vácuo, bem como na atmosfera. O *Times* lamenta seu erro".

FOGUETES PARA GUERRA E PAZ

A primeira fase da ciência de foguetes trouxe sonhadores como Tsiolkovsky, que destrincharam a física e a matemática de viagens espaciais. A segunda nos apresentou gente como Goddard, que de fato construiu os primeiros protótipos de foguetes. Na terceira, cientistas do setor atraíram a atenção dos governos mais importantes. Wernher von Braun pegaria os esboços, os sonhos e os modelos dos predecessores e, com apoio do governo alemão – e, mais tarde, dos Estados Unidos –, criaria foguetes gigantescos que nos levariam triunfalmente à Lua.

O mais celebrado de todos os cientistas de foguetes era aristocrata de nascença. O pai do barão Wernher von Braun foi ministro da Agricultura da Alemanha durante a República de Weimar, e a ascendência de sua mãe tinha ligação com as casas reais de França, Dinamarca, Escócia e Inglaterra. Na infância, von Braun tocava piano muito bem e chegou a escrever suas próprias composições. Em dado momento, poderia bem ter tomado o rumo da música e feito fama. Mas seu destino mudou quando a mãe lhe comprou um telescópio. Adquiriu o fascínio pelo espaço. Devorava ficção científica e se inspirava nos recordes de velocidade estabelecidos por carros movidos a foguetes. Um dia, aos 12 anos, levou o caos às movimentadas ruas de Berlim ao atrelar vários fogos de artifício a um vagão de brinquedo. Deliciou-se ao vê-lo alçar voo como... bem... como um foguete. A polícia já não achou tanta graça. Levado para a delegacia, von Braun foi solto em função da influência do pai. Quarenta anos depois, relembrava com gosto: "A coisa foi além dos meus mais delirantes sonhos. O vagão saracoteava feito louco, carregando uma trilha de fogos como um cometa. Quando os rojões se esgotaram, encerrando sua performance reluzente com um magnífico ronco de trovão, o vagão majestosamente parou".

Von Braun admitia nunca ter sido bom em matemática. Mas o desejo de aperfeiçoar a ciência de foguetes o levou a dominar o cálculo diferencial e integral, as leis de Newton e a mecânica das viagens espaciais. Como disse a seu professor certa vez: "Planejo viajar até a Lua".

Fez pós-graduação em física e obteve seu Ph.D. em 1934. Mas passava a maior parte do tempo com a amadora Sociedade de Foguetes de Berlim, uma organização que usava peças sobressalentes para construir e testar foguetes num terreno baldio de 300 acres nos arredores da cidade. Naquele ano a sociedade obteve sucesso num teste, cujo foguete subiu à altura de 3.200 metros.

Von Braun bem poderia ter se tornado professor titular de física de alguma universidade alemã e escrito artigos eruditos sobre astronomia e astronáutica. Mas a guerra estava a todo vapor, e toda a sociedade alemã, incluindo as universidades, estava sendo militarizada. Ao contrário de seu predecessor Robert Goddard, que havia solicitado recursos ao exército dos Estados Unidos sem êxito, von Braun foi recebido de forma totalmente diferente pelo governo nazista. O Departamento de Artilharia do Exército Alemão, sempre à procura de novas armas de guerra, prestou atenção a ele e lhe ofereceu recursos generosos. Seu trabalho era tão delicado que sua tese de Ph.D. foi declarada confidencial pelo exército e publicada apenas em 1960.

Ao que consta, von Braun era apolítico. A ciência de foguetes era sua paixão e, se o governo se dispusesse a bancá-la, aceitaria. O Partido Nazista lhe ofereceu o sonho de uma vida: o cargo de diretor de um projeto massivo de construção do foguete do futuro, orçamento praticamente ilimitado e a colaboração da nata da comunidade científica alemã. Dizia que a oferta de se tornar membro do Partido Nazista e mesmo das SS era apenas um rito de passagem para funcionários públicos, e não um reflexo de suas posições políticas. Mas quando se faz um pacto com o diabo, ele sempre pede mais.

A ASCENSÃO DO V-2

Sob a liderança de von Braun, os rabiscos e esboços de Tsiolkovsky e os protótipos de Goddard transformaram-se no foguete Vengeance Weapon 2, uma sofisticada arma de guerra que aterrorizou Londres e Antuérpia, explodindo quarteirões inteiros. O V-2 era inacreditavelmente poderoso. Humilhava os foguetes de Goddard, fazia-os parecerem brinquedos. Tinha 14 m de altura e pesava 12,5 kg. Podia voar à eletrizante velocidade de 5,7 mil km/h e sua altitude máxima era de 316,8 mil pés. Atingia os alvos a três vezes a velocidade do som, sem aviso, a não ser pelo duplo estampido que emitia ao romper a barreira do som. E seu alcance operacional era de 320 quilômetros. Medidas defensivas eram inúteis; humano algum conseguia rastreá-lo e avião algum conseguia alcançá-lo.

O V-2 estabeleceu uma série de recordes mundiais, jogando por terra todos os marcos de velocidade e alcance firmados por foguetes anteriores. Foi o primeiro míssil balístico guiado de longo alcance. O primeiro foguete a quebrar a barreira do som. E, o mais impressionante, o primeiro foguete a ultrapassar o confinamento da atmosfera e adentrar o espaço sideral.

O governo britânico ficou tão desconcertado pela sofisticação dessa arma a ponto de não falar sobre ela. Inventaram a história de que todas as explosões haviam sido causadas por defeitos em tubulações de gás. Mas, como era evidente que o agente daquelas horrendas explosões tinha vindo do céu, o público se referia sarcasticamente a "canos de gás voadores". Só depois de os nazistas anunciarem que uma nova arma de guerra havia sido disparada contra os ingleses, Winston Churchill finalmente admitiu que o país fora atacado por foguetes.

De repente, parecia que o futuro da Europa e da própria civilização ocidental poderia depender do trabalho de um pequeno e isolado grupo de cientistas liderados por von Braun.

HORRORES DA GUERRA

Os êxitos das sofisticadas armas alemãs tiveram um elevado custo humano. Mais de 3 mil foguetes V-2 foram lançados contra os aliados, resultando em 9 mil mortes. Estima-se que as baixas tenham sido ainda mais altas – pelo menos 12 mil – entre os prisioneiros de guerra que construíram os foguetes em campos de trabalho escravo. O diabo queria sua parte. Já era tarde demais quando von Braun se deu conta de não ter compreendido por completo sua posição.

Ficou horrorizado ao visitar o local da construção dos foguetes. Nas palavras de um amigo, von Braun teria dito: "É infernal. Tive uma reação espontânea de ir falar com um dos guardas da SS, e ouvi dele com rigor indisfarçável que devia cuidar da minha própria vida ou acabaria fazendo parte da mesma corja de macacão listrado! (...) Percebi que qualquer tentativa de argumentação pelo ângulo humano seria inteiramente inútil". Outro colega, questionado se von Braun algum dia criticara os campos de extermínio, respondeu: "Se o tivesse feito, em minha opinião, teria sido fuzilado na hora".

Von Braun tornou-se um peão do monstro que ajudara a criar. Em 1944, quando a campanha bélica passava por dificuldades, ficou bêbado numa festa e disse que a guerra não ia bem. Só queria trabalhar com a ciência de foguetes. Ressentia-se de estarem trabalhando com máquinas de guerra e não espaçonaves. Infelizmente havia um espião na festa e, quando seus comentários bêbados foram repassados ao governo, foi preso pela Gestapo. Por duas semanas, ficou detido numa cela na Polônia, sem saber se seria executado. Outras acusações, incluindo rumores de simpatizar com o comunismo, foram trazidas à baila para que Hitler decidisse seu destino. Algumas autoridades temiam que desertasse para a Inglaterra e sabotasse o projeto do V-2.

No fim, um apelo pessoal de Albert Speer a Hitler salvou a vida de von Braun, ainda considerado crucial demais para o projeto do V-2.

O foguete V-2 estava décadas à frente de seu tempo, mas só foi utilizado massivamente em combate no fim de 1944, quando era tarde demais para deter o colapso do império nazista, e o Exército Vermelho e as forças aliadas já convergiam para Berlim.

Em 1945, von Braun e 100 assistentes renderam-se aos aliados. Eles e trezentos vagões de trem com foguetes V-2 e peças avulsas destes foram clandestinamente despachados para os Estados Unidos. Tudo parte de um programa, denominado Operação Paperclip, para interrogar e cooptar ex-cientistas nazistas.

O exército dos Estados Unidos escrutinou o V-2, que acabaria por se tornar a base do foguete Redstone, e von Braun e seus assistentes tiveram suas fichas nazistas "limpas". Mas o papel altamente ambíguo que tivera no regime continuou a assombrá-lo. O comediante Mort Sahl resumiria a carreira de Von Braun com o sofisma: "Miro nas estrelas, mas às vezes acerto Londres". O cantor Tom Lehrer escreveu os versos: "Once the rockets are up, who cares where they come down? That's not my department".[1]

---

1. "Contanto que os foguetes subam, quem se importa onde vão cair? Não é meu departamento."

CIÊNCIA DE FOGUETES E RIVALIDADE ENTRE SUPERPOTÊNCIAS

Nos anos 1920 e 1930, o governo americano desperdiçou uma oportunidade estratégica ao não reconhecer o trabalho profético feito por Goddard em seu próprio quintal. Perdeu outra depois da guerra, com a chegada de von Braun. Na década de 1950, ele e seus assistentes foram relegados ao limbo, sem receber diretriz alguma. A rivalidade interna acabaria por predominar. O exército, com von Braun à frente, criaria o foguete Redstone, ao passo que a marinha tinha o míssil Vanguard, e a força aérea, o Atlas.

Sem quaisquer obrigações imediatas para com o exército, von Braun começou a se interessar por educação científica. Junto de Walt Disney, criou uma série de especiais de TV em animação que capturariam a imaginação de futuros cientistas de foguetes. Na série, desenhava em linhas gerais um projeto científico de vulto para pousar na Lua e desenvolver uma frota de naves capazes de chegar a Marte.

Enquanto o programa americano de foguetes prosseguia aos trancos e barrancos, os russos avançavam rapidamente com o seu. Josef Stalin e Nikita Kruschev captaram a importância estratégica do programa espacial e fizeram dele sua prioridade máxima. O programa soviético foi delegado à direção de Sergei Korolev, cuja própria identidade era objeto de profundo segredo. Por anos, só se referiam misteriosamente a ele como "Projetista-chefe" ou "o Engenheiro". Os russos também haviam capturado alguns dos engenheiros do V-2 e os transferido para a União Soviética. Sob orientação deles, os soviéticos rapidamente construíram uma série de foguetes sob o design básico do V-2. Na essência, todo o arsenal dos Estados Unidos e da União Soviética foi fundamentado em modificações ou rearranjos dos foguetes V-2, por sua vez baseados nos protótipos pioneiros de Goddard.

Uma das metas principais de ambos os países era o lançamento do primeiro satélite artificial. Foi o próprio Isaac Newton o primeiro a propor o conceito. Num diagrama hoje famoso, Newton observou que, caso uma bala de canhão seja disparada do topo de uma montanha, cairá perto do sopé. De acordo com suas equações de mecânica, contudo, quão mais rápida a velocidade da bala, mais longe irá. Se você dispará-la rápido o suficiente, fará um círculo completo ao redor da Terra, tornando-se um satélite. Newton fez um avanço histórico: se substituir essa bala de canhão pela Lua, suas equações de mecânica podem prever a natureza exata da órbita da Lua.

Em seus experimentos mentais com a bala de canhão, fazia uma pergunta-chave: se uma maçã cai, então a Lua também cai? Se a bala de canhão está em queda livre enquanto circunda a Terra, a Lua deveria estar também. Sua proposição deu partida a uma das grandes revoluções de toda a história. Newton podia agora calcular o movimento de balas de canhão, luas, planetas... praticamente tudo. Por exemplo, utilizando-se suas leis de mecânica, é fácil demonstrar que a bala de canhão teria de ser disparada a 28,9 mil km/h de forma a entrar em órbita da Terra.

A visão de Newton virou realidade quando os soviéticos lançaram o primeiro satélite artificial do mundo, o Sputnik, em outubro de 1957.

A ERA DO SPUTNIK

O imenso choque causado pelo Sputnik à psique americana não deve ser subestimado. Os americanos logo perceberam a liderança mundial exercida pelos soviéticos na ciência de foguetes. A humilhação piorou quando, dois meses depois, o míssil Vanguard da marinha fracassou catastroficamente em plena TV internacional. Era criança, mas lembro muito bem de ter perguntado à minha mãe se podia ficar acordado até mais tarde para ver o lançamento. Ela concordou a contragosto. Fiquei horrorizado ao assistir a subida do Vanguard a 1,2 m de altura para em seguida vê-lo cair, derrubar e destruir a própria plataforma de lançamento, numa enorme e ofuscante explosão. Deu para ver claramente o cone do nariz do míssil, que continha o satélite, tombar e sumir numa bola de fogo.

A humilhação continuaria com o fracasso do lançamento do segundo Vanguard, poucos meses depois. A imprensa se fartou, apelidando o míssil de "Fracassonik" e "Kaputnik". O representante soviético na ONU chegou a fazer piada, dizendo que a Rússia deveria oferecer ajuda aos Estados Unidos.

Numa tentativa de recuperação desse tremendo golpe midiático no prestígio nacional, von Braun recebeu a ordem de lançar rapidamente um satélite, o Explorer I, utilizando o míssil Juno I. A base deste era o foguete Redstone, por sua vez baseado no V-2.

Mas os soviéticos tinham um monte de ases na manga. Ao longo dos anos seguintes, uma sequência histórica de "primeiras vezes" dominaria as manchetes.

1957: o Sputnik 2 colocou em órbita o primeiro animal, uma cadela chamada Laika.

1957: o Lunik 1 foi o primeiro foguete a passar da Lua.

1959: o Lunik 2 foi o primeiro a atingir a Lua.

1959: o Lunik 3 foi o primeiro a fotografar o lado oculto da Lua.

1960: o Sputnik 5 foi o primeiro a trazer de volta em segurança animais mandados ao espaço.

1961: a Venera 1 foi a primeira sonda a sobrevoar Vênus.

O programa espacial russo atingiu seu ápice quando Yuri Gagarin fez uma órbita completa da Terra em 1961.

Lembro-me em detalhes daquele período em que o Sputnik trouxe pânico aos Estados Unidos. Como podia uma nação aparentemente atrasada, a União Soviética, subitamente dar um salto à nossa frente?

Comentaristas concluíram que a causa raiz do fiasco era o sistema educacional americano. Nossos estudantes estavam ficando para trás em comparação aos soviéticos. Seria preciso uma campanha-relâmpago para que dinheiro, recursos e atenção midiática fossem devotados à produção de uma nova geração de cientistas americanos capazes de competir com os russos. Artigos da época diziam que "Ivan sabe ler, mas Johnny não sabe".

O produto dessa época atribulada foi a geração Sputnik, hostes de estudantes que julgavam um dever para com seu país tornarem-se físicos, químicos ou cientistas de foguetes.

Sob intensa pressão para deixar os militares tomarem o controle do programa espacial americano das mãos de cientistas civis aparentemente desafortunados, o presidente Dwight Eisenhower insistiu corajosamente em manter a supervisão nas mãos de civis e criou a NASA. O presidente John F. Kennedy, então, em resposta à viagem orbital de Gagarin, recomendou expressamente que o programa fosse acelerado de forma a levar homens à Lua até o fim da década.

O chamado mobilizou o país. Em 1966, espantosos 5,5% do orçamento federal americano destinavam-se ao programa lunar. A NASA, como de costume, agia com cautela, aperfeiçoando a tecnologia necessária para um pouso na Lua por meio de uma série de lançamentos. Primeiro, houve as espaçonaves com um tripulante do projeto Mercury, depois as Gemini, com dois, e por fim as do projeto Apollo, com três. A NASA também controlava cuidadosamente cada passo das viagens espaciais. Primeiro, os astronautas deixaram a segurança de suas naves para os primeiros passos em pleno espaço. Depois, dominaram a complexa arte de acoplarem sua nave a outra. Em seguida, fizeram uma órbita completa ao redor da Lua, sem pousar em sua superfície. Até que, finalmente, a agência se viu pronta para enviar astronautas diretamente para a Lua.

Von Braun foi chamado a auxiliar na construção do Saturn V, maior foguete já construído. Era uma genuinamente maravilhosa obra-prima da engenharia. Dezoito metros mais alto do que a Estátua da Liberdade, capaz de içar uma carga de 140,6 mil kg e colocá-la em órbita ao redor da Terra. Mais importante que isso, podia carregar cargas volumosas a mais de 40,2 mil km/h, a velocidade de escape da Terra.

A NASA sempre teve em mente a possibilidade de um desastre fatal. O presidente Richard Nixon tinha dois discursos preparados para o anúncio pela TV dos resultados da missão da Apollo 11. Um deles informaria que a empreitada fracassara e astronautas americanos haviam morrido na Lua. Esse desdobramento, aliás, esteve bem próximo de ocorrer. Nos segundos finais antes do pouso do módulo lunar, alarmes de computador dispararam dentro da cápsula. Neil Armstrong assumiu manualmente o controle da espaçonave e a pousou gentilmente na Lua. Uma análise posterior mostrou que só lhes restava cinquenta segundos de combustível; a cápsula poderia ter se espatifado.

Felizmente, em 20 de julho de 1969, o presidente Nixon pôde proferir o outro discurso, congratulando nossos astronautas por um bem-sucedido pouso. Até hoje, o Saturn V é o único foguete a ter levado seres humanos além da órbita imediata da Terra. Surpreendentemente, teve uma atuação impecável. Um total de quinze foguetes foram construídos e treze foram lançados, sem qualquer revés. Ao todo, os Saturn V levaram 24 astronautas à Lua para pouso ou circunavegação, entre dezembro de 1968 e dezembro de 1972, e os astronautas do projeto Apollo foram justamente celebrados como heróis por terem restaurado a reputação do país.

Os russos também estiveram profundamente envolvidos na corrida à Lua. Porém, passaram por uma série de dificuldades. Korolev, que dirigira o programa soviético de foguetes, morreu em 1966, e o foguete N-1, previsto para levar astronautas russos à Lua, sofreu quatro falhas. Mas talvez o mais decisivo tenha sido o fato de a economia soviética, já no limite devido à Guerra Fria, não poder competir com a americana, mais de duas vezes maior.

PERDIDOS NO ESPAÇO

Eu me lembro do momento em que Neil Armstrong e Buzz Aldrin puseram os pés na Lua. Era julho de 1969 e eu estava no exército dos Estados Unidos, treinando com a infantaria em Fort Lewis, Washington, e preocupado se iria ser despachado para lutar no Vietnã. Era emocionante ver a história sendo escrita diante de nossos olhos, mas também desconcertante saber que, se morresse em combate, não poderia compartilhar as memórias do histórico pouso na Lua com meus futuros filhos.

Após o último lançamento do Saturn V, em 1972, o público americano começou a se deixar envolver por outras questões. A Guerra à Pobreza ia a todo vapor, e a do Vietnã devorava cada vez mais dinheiro e vidas. Ir à Lua parecia um luxo quando americanos passavam fome logo ali na esquina ou morriam além-mar.

O custo astronômico do programa espacial era insustentável. Foram feitos planos para a era pós-Apollo. Havia várias propostas na mesa. Uma priorizava o envio de foguetes não tripulados ao espaço e tinha o apoio dos militares e de organizações comerciais e científicas menos interessadas em heroísmo e mais em cargas valiosas. Outra proposta enfatizava o envio de humanos ao espaço. A dura realidade era ser sempre mais fácil convencer Congresso e contribuintes a bancarem o envio de astronautas ao espaço, em vez de alguma sonda espacial sem nome. Como resumiu um deputado, "No Buck Rogers, no bucks".[2]

Ambos os grupos queriam acesso rápido e barato ao espaço sideral em vez de missões custosas espaçadas por anos. Mas o resultado final foi um estranho híbrido que não agradou a ninguém: o envio de astronautas junto de carregamentos.

A concessão assumiu o formato dos ônibus espaciais, que entraram em operação em 1981. Essas naves eram maravilhas da engenharia que

---

2. "Sem um Buck Rogers, nada de grana."

exploravam todas as lições e tecnologias avançadas desenvolvidas ao longo das décadas anteriores. Eram capazes de transportar e pôr em órbita 27,2 toneladas de carga, e acoplar-se à Estação Espacial Internacional. Ao contrário dos módulos espaciais Apollo, usados uma vez e aposentados, os ônibus espaciais eram projetados para serem parcialmente reutilizáveis. Podiam enviar sete astronautas ao espaço e trazê-los de volta, como aviões. Como resultado, viagens espaciais começaram gradualmente a parecer rotina. Os americanos se acostumaram a ver astronautas acenando da mais recente visita à Estação Espacial Internacional, ela própria fruto de concessões entre as muitas nações que pagavam a conta.

Com o tempo, apareceram problemas com os ônibus espaciais. Primeiramente, ainda que o formato fosse pensado para economizar dinheiro, os custos mesmo assim começaram a disparar, e cada lançamento consumia cerca de US$ 1 bilhão. Enviar qualquer coisa à órbita imediata da Terra nos ônibus custava em torno de US$ 40 mil por quilo, quatro vezes o custo de outros sistemas de envio. Empresas se queixavam por ser bem mais barato enviar seus satélites através de foguetes convencionais. Em segundo lugar, a frequência dos voos era irregular, com vários meses entre um lançamento e outro. Até a Força Aérea dos Estados Unidos mostrava frustração com as limitações e acabou por cancelar alguns de seus lançamentos de ônibus espaciais em favor de outras opções.

O físico Freeman Dyson, do Instituto de Estudos Avançados de Princeton, Nova Jersey, tem sua própria tese sobre o porquê de os ônibus espaciais não terem cumprido com as expectativas. Quando observamos a história das estradas de ferro, percebemos que, de início, transportavam de tudo, incluindo seres humanos e produtos comerciais. O lado comercial da indústria e o lado dos consumidores tinham prioridades e preocupações distintas, e acabariam por se separar, aumentando a eficiência e baixando os custos. Os ônibus espaciais, porém, nunca fizeram essa separação e continuaram a representar um cruzamento entre interesses comerciais e dos consumidores. Ao invés de serem "tudo para todos", viraram "nada para ninguém", em especial devido à escalada dos custos e aos atrasos dos voos.

E a situação piorou após as tragédias com a Challenger e a Columbia, que custaram a vida de catorze bravos astronautas. Com esses desastres, o apoio do público, da iniciativa privada e do governo ao programa espacial foi enfraquecido. Como escreveram os físicos James e Gregory Benford, "o Congresso passou a enxergar a NASA principalmente como um cabide de empregos e não uma agência exploratória". Eles observam ainda que "pouquíssimo trabalho científico útil era feito na estação espacial. (...) A estação tinha mais a ver com acampar no espaço do que viver no espaço".

Sem os ventos da Guerra Fria a soprarem-lhe as velas, o programa espacial rapidamente perdeu recursos financeiros e ímpeto. Durante o auge do projeto Apollo, brincava-se que a NASA poderia ir ao Congresso solicitar verba dizendo uma única palavra: "Rússia!". Os congressistas sacariam seus talões de cheques, perguntando: "Quanto?". Mas aquela já era uma época distante. Como disse Isaac Asimov, marcamos um *touchdown*, aí pegamos nossa bola e fomos para casa.

Em 2011, a crise afinal se instalou quando o ex-presidente Barack Obama deu a ordem para o "massacre do Dia dos Namorados". Numa única canetada, deu fim ao programa Constellation (substituto dos ônibus espaciais) e aos referentes à Lua e a Marte. Para aliviar a carga tributária da população, acabou com os recursos para esses programas na esperança de que o setor privado cobrisse a diferença. Vinte mil veteranos do programa espacial se viram repentinamente dispensados, a sabedoria coletiva dos melhores e mais brilhantes da NASA jogada no lixo. A humilhação maior foi que astronautas americanos, depois de décadas competindo de igual para igual com os colegas russos, agora teriam de pegar carona nos foguetes deles. O apogeu da exploração espacial, pelo jeito, havia acabado; chegara-se ao fundo do poço.

O problema poderia se resumir numa palavrinha maldita: *c-u-s-t-o*. Eram precisos US$ 10 mil para botar meio quilo de qualquer coisa na órbita imediata da Terra. Imagine seu corpo esculpido em ouro puro. Seria mais ou menos o que custaria para colocar você em órbita. Levar algo à Lua pode custar facilmente US$ 200 mil por quilo. E levar algo para Marte, mais de US$ 2 milhões por quilo. As estimativas para se colocar um astronauta em Marte costumam ficar entre US$ 400 e US$ 500 bilhões ao todo.

Vivo em Nova York. Para mim o dia em que um ônibus espacial veio à cidade foi triste. Ainda que turistas curiosos tenham se amontoado e feito festa ao vê-lo descendo a rua, aquilo representava o fim de uma era.

A nave foi posta em exibição, terminando por repousar à beira do píer da rua 42. Sem substituto à vista, parecia que estávamos abandonando a ciência e, portanto, nosso futuro.

Ao refletir sobre aqueles dias sombrios, me lembro por vezes do que ocorreu à grande armada imperial chinesa no século XV. Na época, a China era líder indiscutível em ciência e desbravamento. Inventora da pólvora, do compasso e do prelo, poderio militar e tecnológico sem paralelo. A Europa medieval, enquanto isso, estava afundada em guerras religiosas, inquisições, caça às bruxas e superstição. Grandes cientistas e visionários como Giordano Bruno e Galileu eram queimados vivos ou postos em prisão domiciliar e suas obras, proibidas. A Europa era importadora de tecnologia na época, não uma fonte de inovação.

O imperador chinês lançou a mais ambiciosa expedição naval de toda a história, com 28 mil marinheiros e uma esquadra de 317 embarcações enormes, cada uma cinco vezes maior do que as caravelas de Colombo, sob o comando do almirante Zheng He. O mundo nunca veria nada parecido em quatrocentos anos. Não uma vez, mas sete, entre 1405 e 1433, o almirante Zheng He navegou por todo o mundo conhecido, circundando o sudeste da Ásia, indo além do Oriente Médio e chegando ao leste da África. Existem xilogravuras ancestrais de animais estranhos, como girafas trazidas por ele de suas viagens de descobertas e exibidas para a corte.

Mas quando o imperador morreu, os novos governantes decidiram que explorações ou descobertas não lhes serviam de nada. Chegaram até a decretar que cidadãos chineses não poderiam possuir barcos. A esquadra propriamente dita foi deixada de lado para apodrecer ou teve sua queima autorizada, e os relatos dos grandes feitos do almirante Zheng He foram ocultos. Os imperadores subsequentes cortaram praticamente todo o contato da China com o mundo exterior. O país se voltou para dentro, e os resultados disso foram desastrosos, acabando por levar ao declínio, ao total colapso, ao caos, à guerra civil e à revolução.

Às vezes penso como é fácil para um país mergulhar na complacência e na ruína após décadas regozijando-se ao sol. E como a ciência é o motor da prosperidade, nações que lhe dão as costas, e à tecnologia, acabam por embarcar numa espiral descendente.

O programa espacial americano também entrou em declínio. Mas as circunstâncias econômicas e políticas estão mudando agora. O palco está sendo tomado por novos personagens. Astronautas ousados estão sendo substituídos por arrojados empreendedores bilionários. Novas ideias, nova energia e novos recursos impulsionam essa renascença. Mas poderá essa combinação de verba privada com recursos governamentais pavimentar o caminho para o céu?

2

NOVA ERA DE OURO DAS VIAGENS ESPACIAIS

Sua é a luz pela qual nasce meu espírito. És meu sol, minha lua e minhas estrelas.

– E. E. CUMMINGS

Ao contrário do declínio da esquadra naval chinesa, que perdurou por séculos, o programa espacial tripulado americano vive um *revival* depois de poucas décadas de negligência. Uma série de fatores vem mudando a corrente.

Um é o afluxo de recursos de empreendedores do Vale do Silício. A rara combinação de verba privada com recursos do governo está tornando possível uma nova geração de foguetes. Ao mesmo tempo, o custo cada vez mais baixo das viagens espaciais permite que uma série de projetos torne-se viável. O apoio público às viagens espaciais também passa por uma reviravolta, à medida que os americanos voltam a mostrar interesse por filmes de Hollywood e especiais de TV sobre a exploração do espaço.

E o mais importante, a NASA finalmente recuperou seu foco. Em 8 de outubro de 2015, após anos de barafunda, indecisão e hesitação, a agência finalmente declarou sua meta de longo prazo: enviar astronautas a Marte. A NASA chegou até a esboçar um quadro provisório de metas, cujo início seria o retorno à Lua. Mas em vez de destino final, a Lua seria o trampolim para a meta mais ambiciosa de chegar a Marte. Outrora perdida, a agência agora tinha um rumo. Analistas celebraram a decisão, concluindo que a NASA voltara a clamar para si o manto da liderança na exploração espacial.

Então, comecemos por discutir nosso vizinho celeste mais próximo, a Lua, e dele vamos viajar para mais longe, para o espaço profundo.

DE VOLTA À LUA

A espinha dorsal do plano da NASA de retornar à Lua é uma combinação do veículo superpesado elevador Space Launch System (SLS) com o módulo espacial Orion, ambos órfãos dos cortes de orçamento do início da década de 2010, quando o ex-presidente Obama cancelou o programa Constellation. Mas a NASA conseguiu salvar o módulo espacial do Constellation, a cápsula Orion, bem como o SLS, que ainda estava no estágio de planejamento. Eram originalmente previstos para missões totalmente distintas, mas foi feito um rearranjo para transformá-los no sistema de lançamento-base da agência.

Atualmente, o foguete SLS/Orion está previsto para conduzir um voo tripulado de circunavegação à Lua em meados dos anos 2020.

A primeira coisa que você reparará a respeito do sistema SLS/Orion é o fato de em nada se parecer com o antecessor imediato, o ônibus espacial. Ele lembra, contudo, o foguete Saturn V, que foi peça de museu durante 45 anos e que, de certa forma, está sendo ressuscitado agora como o foguete auxiliar SLS. Contemplar o SLS/Orion traz uma sensação de *déjà-vu*.

O SLS pode transportar uma carga de 118 toneladas. Além disso, tem 98 metros de altura, comparável ao Saturn V. Os astronautas, que nos ônibus espaciais eram alojados numa nave na lateral do foguete auxiliar, ficam em uma cápsula alocada diretamente acima, como as Apollo no Saturn V. Ao contrário dos ônibus espaciais, o SLS/Orion não é projetado para atingir somente a órbita imediata da Terra. Assim como o Saturn V, foi feito para atingir a velocidade de escape da Terra.

A cápsula Orion é projetada para carregar uma tripulação de quatro a seis membros, ao passo que a cápsula Apollo do Saturn V só comportava três. Como a Apollo, a Orion é apertada por dentro. Tem 1,5 m² de diâmetro e 3,3 m de altura, e pesa 25,8 toneladas (como o espaço é pouco e valioso, desde sempre astronautas são pequenos; Yuri Gagarin, por exemplo, media apenas 1,57 m).

Ao contrário do foguete Saturn V, especificamente projetado para ir à Lua, o SLS pode levar gente praticamente a qualquer lugar – à Lua, aos asteroides, e mesmo a Marte.

Há ainda bilionários cansados do ritmo paquidérmico dos burocratas da NASA, dispostos a enviar astronautas à Lua e até a Marte relativamente rápido. Esses jovens empreendedores foram seduzidos pela proposta do ex-presidente Obama de que a iniciativa privada assumisse o controle do programa espacial tripulado.

Os defensores da NASA alegam que seu ritmo cauteloso se deve à preocupação com a segurança. Na sequência dos dois desastres com ônibus espaciais, inquéritos do Congresso quase levaram o programa espacial a ser suspenso por completo em meio à forte desaprovação popular. Mais um desastre daquela magnitude poderia pôr fim a tudo. Além disso, apontam que nos anos 1990 a NASA tentou adotar o mantra "Mais rápido, melhor, mais barato". Mas com a perda da Mars Observer em

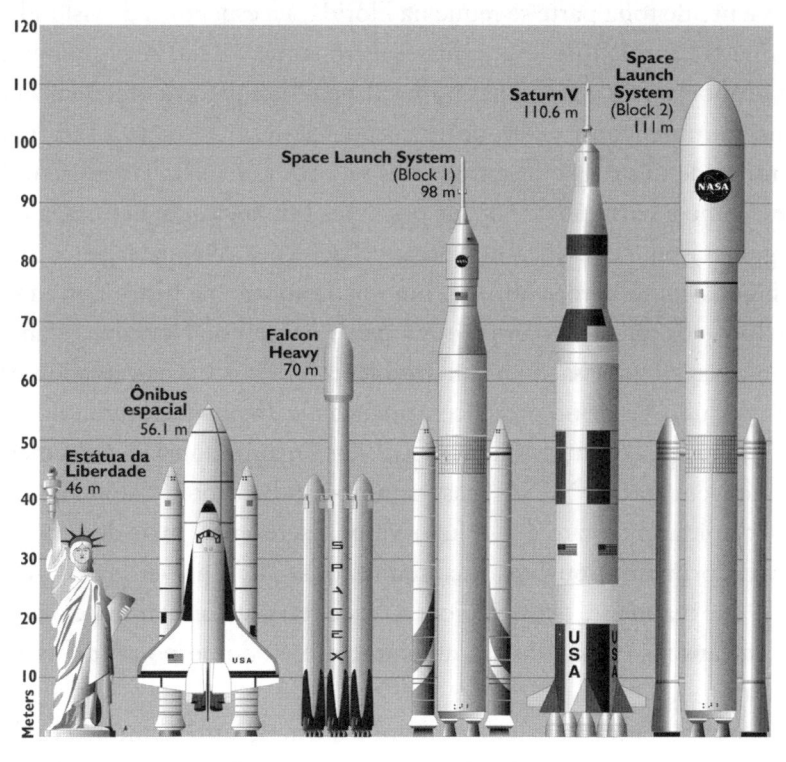

Esta sequência compara o foguete Saturn V original, que levou os astronautas à Lua, e o ônibus espacial com os demais foguetes auxiliares que estão sendo testados.

1993 devido à ruptura de um tanque de combustível, já a ponto de entrar na órbita de Marte, especulou-se que talvez a missão tivesse sido apressada, e o slogan foi discretamente abandonado.

É preciso, portanto, encontrar o delicado equilíbrio entre os exaltados que desejam ritmo acelerado e os burocratas intimidados pela necessidade de segurança e os custos de um fracasso.

Independentemente disso, dois bilionários assumiram a frente do processo de acelerar o programa espacial: Jeff Bezos, fundador da Amazon e dono do *Washington Post*, e Elon Musk, fundador do PayPal, da Tesla e da SpaceX.

A imprensa já criou o apelido "a batalha dos milionários".

Tanto Bezos quanto Musk gostariam de mover a humanidade para o espaço. Enquanto Musk pensa mais a longo prazo e centra o foco em Marte, Bezos tem a visão mais imediata de ir à Lua.

PARA A LUA

Gente de toda parte se reúne na Flórida, na esperança de vislumbrar a primeira cápsula que levará nossos astronautas à Lua. A cápsula lunar irá transportar três astronautas numa viagem sem precedentes na história humana, um encontro com outro corpo celeste. A jornada à Lua levará em torno de três dias e os astronautas vivenciarão coisas jamais sentidas antes, como a sensação de falta de peso. Após uma viagem heroica, a nave mergulhará em segurança no Oceano Pacífico e seus passageiros serão celebrados como heróis, abrindo um novo capítulo na história mundial.

Todos os cálculos foram feitos a partir das leis de Newton, garantindo uma viagem precisa. Só há um problema. Tudo isso é na verdade a narrativa de Júlio Verne no profético romance *Da Terra à Lua*, publicado em 1865, logo após o fim da Guerra Civil. Os organizadores do lançamento não são cientistas da NASA, mas membros do Baltimore Gun Club.

Formidável de fato é que Júlio Verne, escrevendo mais de cem anos antes do primeiro pouso na Lua, tenha conseguido prever tantos aspectos do que realmente ocorreu. Foi capaz de retratar corretamente o tamanho da cápsula, o local do lançamento e o método do pouso de retorno à Terra.

A única grande falha em seu livro é o uso de um gigantesco canhão para enviar os astronautas à Lua. A aceleração súbita do tiro seria de cerca de 20 mil vezes a força da gravidade, o que certamente mataria qualquer pessoa a bordo da nave. Contudo, antes de surgirem os foguetes movidos a combustível líquido, Verne não teria mesmo podido imaginar a jornada de outra maneira.

Verne também postulou que os astronautas ficariam sem peso, mas apenas em dado momento, a meio caminho entre a Lua e a Terra. Ele não se deu conta de que, na verdade, não teriam peso durante a viagem inteira (ainda hoje, críticos cometem erros sobre isso, alegando às vezes dever-se à ausência de gravidade no espaço. A verdade é que há gravidade de sobra no espaço, suficiente para reter planetas gigantes como Júpiter em órbita do Sol. A experiência da ausência de peso é causada pelo fato de tudo cair em igual ritmo. Um astronauta dentro de uma nave, portanto, cairia à mesma velocidade que a nave em si, experimentando a ilusão de a gravidade ter sido desligada).

Hoje, não são as fortunas pessoais dos membros do Baltimore Gun Club a alimentar essa nova corrida espacial, mas os talões de cheques de magnatas como Jeff Bezos. Em vez de esperar por permissão da NASA para construir foguetes e uma plataforma de lançamento com o dinheiro dos contribuintes, Bezos fundou a própria companhia, Blue Origin, e está tocando o projeto ele mesmo, com seu próprio dinheiro.

O projeto está além do estágio de planejamento. A Blue Origin já produziu seu próprio sistema de foguetes, chamado New Shepard (batizado em homenagem a Alan Shepard, o primeiro americano a ir ao espaço em um foguete suborbital). O New Shepard, por sinal, foi o primeiro foguete suborbital do mundo a pousar de volta na plataforma original com sucesso, batendo por pouco o Falcon, de Elon Musk (por sua vez, o primeiro foguete reutilizável a enviar carga para a órbita da Terra).

O New Shepard de Bezos é apenas suborbital, portanto incapaz de atingir a velocidade de 28,9 mil km/h e entrar na órbita imediata da Terra. Não nos levará à Lua, mas pode vir a ser o primeiro foguete americano a oferecer rotineiramente a turistas um panorama do espaço. A Blue Origin lançou recentemente o vídeo de uma hipotética viagem no New Shepard, e parecia a primeira classe de um navio de luxo. Ao adentrar a cápsula, fica-se imediatamente impressionado com o quão espaçosa é. Muito diferente dos espaços confinados vistos em filmes de ficção científica, oferece amplo espaço para seis turistas afivelados a exuberantes assentos reclináveis, nos quais se afunda imediatamente em couro preto.

Pode-se observar o panorama de enormes janelas com aproximadamente 71 cm de largura e 1,04 m de altura. "Todos os assentos têm janelas, as maiores já vistas no espaço", alega Bezos. Viagens espaciais nunca foram tão belas.

Estar a ponto de adentrar o espaço sideral significa tomar certas precauções. Dois dias antes da viagem, vai-se até Van Horn, no Texas, onde ficam as instalações de lançamento da Blue Origin. Ali cada turista conhece os demais e a equipe faz curtas preleções. Como a viagem é completamente automatizada, os membros da tripulação não acompanham os turistas.

O instrutor explica que toda a viagem levará onze minutos, nos quais ascende-se verticalmente, subindo 99,7 quilômetros de uma vez até atingir os limites entre a atmosfera e o espaço sideral. Do lado de fora, o céu assumirá uma tonalidade roxo-escura e depois ficará preto como tinta. Quando a cápsula chegar ao espaço sideral, todos poderão desafivelar os cintos e vivenciar quatro minutos de ausência de peso, podendo flutuar como acrobatas, livres do confinamento terrestre da gravidade.

Algumas pessoas sentem-se mal e vomitam durante a experiência da ausência de peso, mas isso, de acordo com o instrutor, não será problema, de tão curta a viagem.

(Para treinar astronautas, a NASA usa o "cometa vômito", um avião KC-135 capaz de simular a ausência de peso. O cometa vômito ascende em trajetória perpendicular e, de repente, tem os motores desligados por cerca de trinta segundos, quando então despenca. Os astronautas viram então rochas atiradas no ar – veem-se em queda livre. Quando os motores são religados, caem de volta no chão. O processo é repetido por várias horas.)

Ao final da viagem no New Shepard, a cápsula tem os paraquedas abertos e pousa gentilmente no solo por meio de seus próprios foguetes. Não há necessidade de mergulhar no oceano. E ao contrário dos ônibus espaciais, há um sistema de segurança que permite ao passageiro ejetar-se do foguete se ocorrer uma falha de ignição no lançamento (a *Challenger* não dispunha disso, e sete astronautas morreram).

A Blue Origin ainda não divulgou os preços dessa viagem suborbital ao espaço, mas analistas julgam que inicialmente possa ficar em torno de US$ 200 mil por passageiro. Será este o preço de uma viagem no foguete suborbital concorrente ora sendo desenvolvido por

Richard Branson, outro bilionário a deixar sua marca nos anais da exploração espacial. Branson é o fundador da Virgin Atlantic Airways e da Virgin Galactic, e está apoiando os esforços do engenheiro aeroespacial Burt Rutan. Em 2004, o SpaceShipOne de Rutan foi parar nas manchetes ao ganhar os US$ 10 milhões do XPRIZE Ansari. A nave conseguiu atingir os limites da atmosfera, 112 quilômetros acima da Terra. Apesar de o SpaceShipTwo ter sofrido um acidente fatal ao sobrevoar o deserto de Mojave, em 2014, Branson planeja continuar com os testes e fazer do turismo espacial uma realidade. O tempo dirá qual dos sistemas vingará comercialmente. Mas parece claro que o turismo espacial vem para ficar.

Bezos está produzindo outro foguete para enviar pessoas à órbita da Terra. Trata-se do New Glenn, batizado em homenagem ao astronauta John Glenn, o primeiro americano a entrar em órbita da Terra. O foguete terá até três estágios, 95 m de altura e gerará 1.723 toneladas de empuxo. Embora ainda esteja sendo desenhado, Bezos já deu pistas de planejar um foguete ainda mais avançado, a ser batizado New Armstrong, e que poderá escapar à órbita da Terra e seguir até a Lua.

Na infância, Bezos sonhava em ir ao espaço, principalmente se fosse com a tripulação da Enterprise em *Jornada nas estrelas*. Tomava parte em peças baseadas na série de TV, interpretando os papéis de Spock, do capitão Kirk e até do computador. Quando completou o colegial, época em que a maioria dos adolescentes devaneia sobre seu primeiro carro ou a festa de formatura, estabeleceu um plano visionário para o século seguinte. Disse querer "construir hotéis espaciais, parques de diversões, iates e colônias para 2 ou 3 milhões de pessoas em órbita da Terra".

"A ideia é preservar a Terra (...) A ideia (é) poder evacuar os humanos. O planeta se tornaria um parque", escreveu. Na visão de Bezos, a produção industrial poluente do planeta poderia ser levada para o espaço.

Para fazer valer sua palavra, já adulto, fundou a Blue Origin para construir os foguetes do futuro. O nome da empresa se refere ao planeta Terra, que pode ser visto do espaço como uma esfera azul. A meta é "abrir as viagens espaciais ao consumidor que puder pagar. A visão da Blue é bem simples", diz. "Queremos ver milhões de pessoas vivendo e trabalhando no espaço. Vai levar muito tempo mas acho que é uma meta que vale a pena."

Em 2017, foi anunciado um plano de curto prazo para a Blue Origin estabelecer um sistema de entregas na Lua. Bezos pensa numa operação de grande porte que, assim como a Amazon envia rapidamente uma série de produtos ao apertar de um botão, possa entregar maquinário, materiais de construção, bens e serviços na Lua. Outrora julgada um posto avançado isolado no espaço, a Lua se tornaria um movimentado *hub* comercial e industrial, com bases permanentemente habitadas e fábricas.

Essas conversas soltas sobre cidades na Lua podem normalmente ser descartadas como delírios de excêntrico. Mas quando partem de uma das pessoas mais ricas da Terra, a quem o presidente, o Congresso e os editores do *Washington Post* dão ouvidos, leva-se bem a sério.

BASE PERMANENTE NA LUA

Para ajudar a custear esses projetos ambiciosos, astrônomos têm examinado aspectos físicos e econômicos do garimpo da Lua e observaram haver pelo menos três recursos em potencial que valeria a pena explorar.

Nos anos 1990, uma descoberta inesperada pegou os cientistas de surpresa: a presença de grandes quantidades de gelo no hemisfério sul da Lua. Ali, à sombra de grandes cadeias de montanhas e crateras, jaz uma escuridão perpétua abaixo do ponto de congelamento. A origem desse gelo está provavelmente em choques de cometas nos primeiros tempos do sistema solar. Cometas são compostos basicamente por gelo, poeira e rochas e, portanto, qualquer um deles que tenha atingido a Lua em alguma dessas regiões de sombra pode ter deixado depósitos de água e gelo. Essa água, por sua vez, pode ser transformada em oxigênio e hidrogênio (estes, exatamente os principais componentes do combustível de foguetes). Isso poderia fazer da Lua um posto cósmico de abastecimento. A água também poderia ser purificada para tornar-se potável ou usada para a criação de fazendas agrícolas em pequena escala.

Outro grupo de empreendedores do Vale do Silício, por sinal, já criou uma companhia chamada Moon Express para dar início ao processo de extração de gelo da Lua. É a primeira empresa na história a conseguir a permissão do governo para dar início a essa empreitada comercial. O alvo preliminar da Moon Express, contudo, é mais modesto. A companhia, de início, quer colocar um veículo explorador na Lua para a busca sistemática da presença de depósitos de gelo, e já conta com dinheiro suficiente para proceder com a missão, por meio de recursos privados. Com financiamento garantido, está tudo pronto para a decolagem.

Cientistas analisaram as rochas trazidas da Lua pelos astronautas das Apollo e creem haver outros elementos economicamente significativos por lá. Metais de terras raras, basicamente encontrados na China, são cruciais para a indústria de eletrônicos (existem por toda parte, mas em pequena quantidade; a indústria chinesa representa 97% do comércio mundial desses metais, e o país detém cerca de 30% das reservas do mundo). Há alguns anos, quase eclodiu uma guerra comercial internacional quando fornecedores chineses subiram abruptamente os preços desses elementos-chave, e o mundo subitamente se deu conta do quase monopólio do país no setor. Estima-se que o abastecimento começará a se esgotar nas próximas décadas, tornando urgente que se localizem fontes alternativas. Podem-se encontrar metais de terras raras nas rochas trazidas da Lua e talvez um dia o custo-benefício de extraí-las de lá valha a pena. Platina é outro elemento importante para a indústria de eletrônicos, e já foi detectada na Lua a presença de minerais da mesma família, talvez restos de impactos ancestrais de asteroides.

Por fim, há a possibilidade de encontrar-se hélio-3, útil em reações de fusão. Quando átomos de hidrogênio são combinados nas altíssimas temperaturas encontradas nessas reações, os núcleos de hidrogênio se fundem, criando hélio, além de grandes quantidades de energia e calor. Tal sobra de energia é útil para máquinas de força. No entanto, esse processo produz também quantidades copiosas de nêutrons, que são perigosos. A vantagem do processo de fusão com a presença do hélio-3 é liberar um excesso de prótons, mais facilmente controlável e passível de ser desviado por campos eletromagnéticos. Reatores de fusão são altamente experimentais ainda, e até o momento não existe nenhum na Terra. Mas se forem desenvolvidos com sucesso, o hélio-3 poderia ser garimpado na Lua para suprir de combustível os reatores de fusão do futuro.

Mas isso também levanta uma questão espinhosa: é legal garimpar a Lua? Ou declarar posse de um trecho dela?

Em 1967, os Estados Unidos, a União Soviética e várias outras nações assinaram o Tratado do Espaço Exterior, proibindo países de declarar como sua a propriedade de corpos celestes como a Lua. O acordo baniu armas nucleares da órbita da Terra, impedindo-as também de serem instaladas na Lua ou em qualquer outro lugar do espaço. Testar tais armas também foi proibido. O Tratado do Espaço Exterior, primeiro e único de seu tipo, ainda é válido hoje em dia.

Contudo, o tratado nada dizia a respeito de propriedade privada ou do uso da Lua para atividades comerciais, provavelmente porque aqueles que o redigiram não acreditavam jamais ser possível a particulares alcançar a Lua. Mas está chegando a hora de abordar essas questões, em especial agora que o custo das viagens espaciais está caindo e bilionários pretendem comercializar o espaço exterior.

Os chineses anunciaram que colocarão astronautas na Lua em 2025. Se plantarem lá uma bandeira, será não mais do que simbólico. Mas e se um incorporador privado chega ao satélite numa espaçonave particular e declara posse de terras, como é que fica?

Assim que forem resolvidas questões técnicas e políticas, a próxima pergunta será: Como seria de fato a vida na Lua?

VIVER NA LUA

Nossos astronautas originais passaram breves períodos na Lua, geralmente alguns dias. Para criar os primeiros postos avançados tripulados, futuros astronautas terão de passar períodos extensos por lá. Precisarão se ajustar às condições lunares, bem diferentes das da Terra, como se pode imaginar.

Um fator a limitar o tempo possível de permanência de astronautas na Lua é a disponibilidade de comida, água e ar, pois o suprimento levado por eles se esgotaria em questão de semanas. No início, tudo teria de ser transportado da Terra. Seria necessário o envio de sondas não tripuladas a cada poucas semanas para reabastecer a estação. Tais carregamentos se tornariam cordas salva-vidas para os astronautas, e qualquer acidente no processo poderia representar uma emergência. Assim que uma base lunar estiver construída, até mesmo uma temporária, um dos primeiros esforços a ocupar os astronautas poderia ser a criação de oxigênio para respirarem e cultivarem a própria comida. Há uma série de reações químicas capazes de produzir oxigênio, e a presença de água cria um suprimento imediato. E esta poderia ser usada em jardins hidropônicos para cultivo.

Felizmente, a comunicação com a Terra não seria grande problema, pois um sinal de rádio enviado da Lua chega à Terra em pouco mais de um segundo. A não ser por um ligeiro *delay*, os astronautas poderiam usar seus telefones celulares e a internet como fazem na Terra, de forma a poderem estar em contato constante com família e amigos e receberem as notícias mais recentes.

De início, os astronautas teriam de viver dentro da cápsula. Quando se aventurassem do lado de fora, a ordem do dia seria estender enormes painéis solares para coletar energia. Como um dia lunar corresponde a um mês na Terra, qualquer lugar na Lua vive duas semanas de luz constante, seguidas de duas de escuridão. Portanto, seria necessário haver enormes bancos de baterias para armazenar a energia elétrica colhida ao longo do "dia" de duas semanas para ser usada durante a longa "noite" a se seguir.

Uma vez na Lua, os astronautas teriam várias razões para peregrinar aos polos. Há picos nas regiões polares onde o Sol jamais se põe, e uma fazenda solar com milhares de painéis poderia criar um suprimento regular de energia sem interrupções. Os astronautas poderiam ainda se beneficiar dos depósitos de gelo à sombra das grandes cadeias de montanhas e das crateras nos polos. Estima-se que haja 600 milhões de toneladas de gelo na região polar norte, em camadas de vários metros de profundidade. No que começassem as operações de garimpo, grande parte poderia ser colhida e purificada para beber, bem como gerar oxigênio. É possível ainda garimpar o solo lunar, que contém surpreendente quantidade de oxigênio. Na verdade, há cerca de 45 quilos de oxigênio em cada 450 quilos de solo lunar.

Os astronautas teriam de se ajustar à mais baixa gravidade da Lua. De acordo com a teoria de Newton, a gravidade em cada planeta está ligada à sua massa. A da Lua é um sexto a da Terra.

Isso significa que mover máquinas pesadas seria muito mais fácil na Lua. E a velocidade de escape, muito mais baixa, portanto foguetes seriam capazes de pousar e decolar com facilidade. No futuro, um espaçoporto movimentado na Lua é uma clara possibilidade.

Mas os astronautas precisariam reaprender movimentos simples, tais como caminhar. Os do projeto Apollo perceberam como caminhar na Lua é algo desajeitado. Perceberam que a maneira mais rápida de se mover é aos saltos. Devido à mais baixa gravidade da Lua, pode-se saltar bem mais longe do que dando passos, e é mais fácil controlar os movimentos assim.

Outro aspecto a se levar em conta é a radiação. Em missões com duração de poucos dias, não é problema grave. Mas se astronautas forem passar meses na Lua, a exposição acumulada pode aumentar seriamente o risco de contraírem câncer (problemas médicos simples podem facilmente assumir proporções de risco de vida na Lua. Cada astronauta precisaria estar treinado em primeiros socorros, e provavelmente alguns teriam de ser médicos. Se, por exemplo, um astronauta sofrer um ataque cardíaco ou uma apendicite na Lua, provavelmente o médico estabeleceria uma teleconferência com especialistas na Terra, que talvez o operassem por controle remoto. Robôs poderiam estar disponíveis para várias formas de microcirurgias, guiados por mãos hábeis na Terra). Os astronautas iriam precisar de "boletins meteorológicos" diários de astrônomos, monitorando a atividade solar. Em vez de indicarem a aproximação de tempestades, tais boletins alertariam quanto a enormes explosões solares que projetassem nuvens ferventes de radiação no espaço. Havendo uma gigantesca erupção no Sol, sinalizar-se-ia aos astronautas para que buscassem abrigo. Dado o aviso, estes teriam várias horas antes de uma chuva mortal de partículas subatômicas carregadas atingir a base.

Uma maneira de abrigar-se poderia ser a escavação de uma base subterrânea dentro de tubos de lava. Estes, remanescentes de vulcões ancestrais, podem ser de grande porte, de mais de 300 metros, e forneceriam proteção adequada da radiação do Sol e do espaço.

Uma vez estabelecido o abrigo temporário, grandes carregamentos de maquinário e suprimentos teriam de ser enviados da Terra para iniciar a construção da base lunar permanente. O envio de materiais pré-fabricados e itens infláveis poderia acelerar tal processo (no filme *2001*, os astronautas vivem em enormes e modernas bases lunares subterrâneas que contêm plataformas de pouso para foguetes e servem como quartéis-generais para a coordenação de operações de garimpo. Talvez nosso primeiro quartel-general lunar não venha a ser tão elaborado, mas a visão apresentada no filme pode se tornar realidade dentro de certo tempo).

A construção de tais bases subterrâneas implicará inevitavelmente a capacidade de fabricar e reparar peças de máquinas. Equipamentos de grande porte como escavadeiras e guindastes teriam de ser levados da Terra, mas pequenas peças de plástico poderiam ser fabricadas no local, por meio de impressoras 3D.

O ideal seria o estabelecimento de fábricas para forjar metais. Mas a construção de um alto-forno é impossível, pois não há ar para alimentá-lo. Contudo, experimentos mostraram que o solo lunar, se aquecido por meio de micro-ondas, pode ser derretido e fundido, gerando sólidos tijolos de cerâmica, que poderiam formar o material de base para toda a construção. Em teoria, toda a infraestrutura poderia ser feita desse material, que pode ser colhido diretamente do solo.

RECREAÇÃO/ENTRETENIMENTO NA LUA

Por último, é preciso que haja alguma fonte de entretenimento para os astronautas, uma válvula de escape, algo que lhes permita relaxar. Quando a Apollo 14 pousou na Lua em 1971, os diretores da NASA não sabiam que o comandante Alan Shepard havia contrabandeado um taco de golfe de ferro categoria 6 para dentro da cápsula. Ficaram surpresos quando ele o pegou e, numa tacada, mandou uma bola a 182 metros de distância na superfície lunar. Foi a primeira e única vez em que se praticou uma atividade esportiva em outro corpo celeste (uma réplica do taco está hoje em exposição no Smithsonian National Air and Space Museum, em Washington). Esportes lunares seriam um desafio e tanto, com nenhum ar e pouca gravidade. Mas também gerariam algumas marcas fabulosas.

Astronautas das Apollo 15, 16 e 17 pilotaram veículos exploradores por sobre a superfície árida, fazendo entre 27 e 35 km/h. Além de a missão científica ter sido valiosa, foi uma expedição emocionante para eles, que puderam avistar crateras e cadeias de montanhas majestosas, cientes de serem as primeiras pessoas a verem tais paisagens. No futuro, pilotar bugues não só acelerará a pesquisa da superfície, a instalação de painéis solares e a construção da primeira estação lunar, mas também servirá como um tipo de recreação. Talvez chegue mesmo a tornar possíveis as primeiras corridas na Lua.

Turismo e exploração lunares podem se tornar atividades recreativas populares à medida que as pessoas descobrirem as maravilhas de uma paisagem alienígena. Em função da baixa gravidade, caminhantes poderão cobrir longas distâncias sem cansaço. Alpinistas poderão descer encostas íngremes de rapel com esforço mínimo. E do alto das crateras e das cadeias de montanhas, poderão observar um panorama indescritível da superfície lunar, literalmente intocado por bilhões de anos. Espeleólogos apaixonados por explorar cavernas ficarão entusiasmados em investigar a rede de tubos de lava gigantescos que perpassa a Lua. As cavernas da Terra, esculpidas por rios subterrâneos, contêm evidências de cursos d'água ancestrais na forma de estalactites e estalagmites. Mas na Lua não há depósitos de água líquida. Suas cavernas foram moldadas na rocha pelo fluxo da lava. Devem ser completamente diferentes das que vemos na Terra.

DE ONDE VEIO A LUA?

Uma vez que as operações de minério tenham explorado com sucesso os recursos encontrados na superfície da Lua, inevitavelmente voltaremos os olhos para as riquezas que possam se esconder em seu interior. Desvendá-las mudaria a paisagem da economia, como ocorreu quando da descoberta acidental e inesperada de petróleo na Terra. Mas como é o interior da Lua? Para responder, temos de considerar a pergunta: de onde veio a Lua?

A origem da Lua fascina a humanidade há milênios. Na condição de rainha da noite, é frequentemente associada à escuridão ou à loucura. A palavra *lunático* vem de *luna*, latim para Lua.

Antigos marinheiros eram fascinados pela conexão da Lua com as marés e o Sol, e se certificaram corretamente de haver íntima correlação entre os três.

Os antigos repararam noutro fato curioso: só vemos um lado da Lua. Pense em todas as vezes em que você a contemplou, e perceberá sempre estar vendo a mesma face.

Foi Isaac Newton quem finalmente organizou o quebra-cabeça. Calculou que as marés são causadas pela atração gravitacional da Lua e do Sol sobre os oceanos da Terra. Sua teoria indicava que a Terra também cria efeitos de maré na Lua. Sendo esta feita de rocha, sem qualquer oceano, está na verdade sendo comprimida pela Terra, e essa força a leva a inchar ligeiramente. Em dada ocasião, tombou em sua órbita ao redor do planeta. Essa precipitação acabaria por desacelerar até que a rotação da Lua ficasse travada em relação à Terra, de forma que o mesmo lado sempre estivesse voltado para nós. Isso se chama rotação sincronizada e ocorre sistema solar afora, incluindo luas de Júpiter e Saturno.

Utilizando-se as leis de Newton, também é possível determinar que forças de maré levam a Lua a girar lentamente para longe da Terra. Seu raio orbital aumenta cerca de 4 centímetros por ano. Tal pequeno efeito pode ser medido disparando raios laser na direção da Lua – astronautas deixaram por lá um espelho para ajudar nesse experimento – e então calculando o tempo que leva até os raios ricochetearem de volta para a Terra. O trajeto de ida e volta leva algo em torno de dois segundos, mas esse número aumenta gradualmente. Se ela gira para longe, então é só voltar a fita para estimar sua órbita passada.

Um cálculo rápido mostra que a Lua se separou da Terra bilhões de anos atrás. E indícios recentes apontam para um impacto cósmico entre a Terra e um enorme asteroide há 4,5 bilhões de anos, pouco depois de o planeta ter se formado. Esse asteroide, que chamamos Theia, teria sido do tamanho de Marte. Simulações em computador já nos ofereceram dados dramáticos sobre essa explosão, que teria arrancado um enorme naco da Terra e o propelido para o espaço. Tendo sido um impacto de raspão e não um golpe direto, contudo, não atingiu muito do núcleo interno de ferro da Terra. Por isso a Lua, embora contenha algum ferro, não possui um campo magnético significativo, já que não há nela um núcleo de ferro sólido.

Após a colisão, a Terra lembrava o Pac-Man, sem uma grande fatia que havia sido arrancada. Mas a força atrativa da gravidade acabaria por condensar Lua e Terra novamente no formato esférico.

Indícios da teoria do impacto foram fornecidos por astronautas, que trouxeram 381 kg de rochas de suas históricas viagens à Lua. Astrônomos descobriram que a Lua e a Terra são feitas praticamente do mesmo material químico, incluindo silício, oxigênio e ferro. Para efeito de comparação, a análise de rochas do cinturão de asteroides mostra que sua composição é muito diferente das da Terra.

Tive meu próprio encontro com rochas lunares quando era estudante de pós-graduação em física teórica no Laboratório de Radiação de Berkeley. Tive a chance de observar uma por meio de um poderoso microscópio. O que vi me surpreendeu. Havia minúsculas crateras causadas por micrometeoros que tinham caído na Lua bilhões de anos atrás. Olhando mais a fundo, reparei em crateras dentro das crateras. E outras, menores, dentro destas. Essa cadeia de crateras dentro de crateras seria impossível em rochas da Terra, pois os micrometeoros teriam se vaporizado ao cruzar a atmosfera. Mas puderam atingir a superfície lunar, já que não há atmosfera lá (e isso também significa que micrometeoros podem vir a ser um problema para os astronautas na Lua).

Sendo a composição da Lua tão similar à da Terra, a verdade é que garimpar o interior de seu solo pode só fazer sentido se for para erguer cidades por lá. É provavelmente caro demais trazer rochas da Lua de volta para a Terra se só forem nos oferecer o que já temos aqui. Mas material lunar pode ser imensamente valioso para a criação de uma infraestrutura local de edificações, estradas e rodovias na Lua.

CAMINHAR NA LUA

O que aconteceria a quem tirasse o traje espacial na Lua? Sem ar, a pessoa sufocaria, mas haveria algo ainda mais perturbador: seu sangue ferveria.

Ao nível do mar, a água ferve a 212 °F ou 100 °C. À medida que cai a pressão atmosférica, cai o ponto de fervura da água. Na minha infância, tive uma vívida demonstração desse princípio certa vez, ao acampar nas montanhas. Estávamos fritando ovos numa frigideira sobre o fogo. Pareciam deliciosos ao chiarem na frigideira. Ao comê-los, porém, quase vomitei. O gosto estava horrível. Então me foi apontado que, quando escalamos uma montanha, a pressão atmosférica começa a cair e o ponto de fervura da água é reduzido. Embora os ovos borbulhassem, parecendo estar fritos, não haviam cozinhado por completo. O ovo borbulhante não estava tão quente assim.

Confrontei esse fato na infância outra vez durante festejos de Natal. Tínhamos luzinhas antigas em nossa casa, que consistiam de finos tubos de água verticalmente instalados no alto de todas as luminárias. Quando os ligávamos, era lindo. A água dentro dos tubos fervia em diversas cores vivas. Foi quando fiz uma besteira. Segurei um dos tubos com os dedos desprotegidos. A expectativa imediata foi a de sentir o intenso calor da água fervente, mas não senti quase nada. Anos depois, fui entender o que havia ocorrido. Havia dentro do tubo um vácuo parcial. A consequência era a queda do ponto de fervura da água, de forma que mesmo o calor de uma pequena luminária já fazia o líquido ferver, mas a água fervente nada tinha de quente.

Nossos astronautas se depararão com a mesma física se ocorrer um vazamento em seus trajes espaciais no espaço ou na Lua. À medida que o ar sair do traje, a pressão interior cairá e, com ela, o ponto de fervura. O sangue do corpo do astronauta em algum momento começará a ferver.

Nós aqui na Terra, sentados em nossas cadeiras, nem nos lembramos que quase sete quilos de pressão do ar comprimem cada centímetro quadrado de nossos corpos, pois uma enorme coluna de ar está logo acima de nós. Como não somos esmagados? Porque outros sete quilos de pressão dentro de nós fazem força no sentido oposto. Há um equilíbrio. Mas se formos à Lua, os sete quilos que nos comprimem a partir da atmosfera desaparecerão. E só nos restarão aqueles fazendo força para fora.

Em outras palavras, retirar o traje na Lua pode ser uma experiência das mais desagradáveis. Melhor estar sempre com ele.

Qual seria a aparência de uma base lunar permanente? A NASA, infelizmente, nunca divulgou quaisquer plantas oficiais e só nos resta a imaginação de autores de ficção científica e roteiristas de Hollywood como guias. Mas uma vez construída, nos empenharíamos para ser totalmente autossustentável. Tal sistema diminuiria muito os custos. Exigiria, porém, muita infraestrutura: fábricas para criar edificações, grandes estufas para fornecer comida, usinas químicas para a criação de oxigênio e enormes bancos solares para gerar energia. Pagar por tudo isso exigiria alguma fonte de renda. Como a Lua é feita basicamente do mesmo material que a Terra, talvez precisemos ir além dela para obter um fluxo de receitas. É por isso que empreendedores do Vale do Silício já ajustam o foco para os asteroides. Há milhões deles no espaço e podem conter riquezas incalculáveis.

3

GARIMPANDO O CÉU

> Asteroides destruidores são uma maneira de a natureza perguntar: "Como é que tá indo esse programa espacial?".
> – ANÔNIMO

Thomas Jefferson estava profundamente perturbado.

Havia acabado de repassar US$ 15 milhões a Napoleão, uma soma monumental em 1803, na mais polêmica e custosa decisão de sua carreira de presidente. Havia dobrado o tamanho dos Estados Unidos. O país passava a se estender até as Montanhas Rochosas. A compra da Louisiana entraria para a história como um dos maiores êxitos, ou fracassos, de sua presidência.

Ao contemplar o mapa, com aquela imensa extensão de território inteiramente inexplorado, questionava se iria se arrepender da decisão.

Acabaria por enviar Meriwether Lewis e William Clark em uma missão para explorar o que havia comprado. Seria um paraíso selvagem à espera de quem o colonizasse ou apenas uma região estéril e desolada?

Em conversas particulares, admitia que, de uma forma ou de outra, poderia levar mais mil anos até povoar toda aquela vastidão.

Poucas décadas depois, ocorreu algo que mudaria tudo: em 1848, foi descoberto ouro em Sutter's Mill, na Califórnia. A notícia era eletrizante. Mais de 300 mil pessoas invadiram o território inóspito em busca de suas riquezas. Navios vindos de toda parte passaram a fazer fila no porto de São Francisco. Sua economia disparou. No ano seguinte, a Califórnia reivindicou a condição de estado.

Em seguida vieram os fazendeiros, rancheiros e homens de negócios, e assim foi possível a formação de algumas das primeiras grandes cidades do Oeste. Em 1869, a ferrovia chegou à Califórnia, ligando-a ao resto do país e dando apoio a uma infraestrutura de transporte e comércio que levou ao rápido crescimento populacional da região. O mantra do século XIX era: "Vá para o Oeste, jovem". A Corrida do Ouro, apesar de todos os seus excessos, ajudou a abrir o Oeste para a colonização e fazer tudo isso acontecer.

Hoje, há quem questione se o garimpo do cinturão de asteroides não poderia criar outra Corrida do Ouro no espaço. Empreendedores privados já manifestam interesse em explorar a região e suas incalculáveis riquezas, e a NASA já destinou recursos a várias missões com a meta de trazer para a Terra um asteroide.

Seria o cinturão de asteroides o local da próxima grande expansão? E, caso seja, como poderíamos incorporar e sustentar essa nova economia espacial? Pode-se conceber uma possível analogia entre a cadeia agrícola de mantimentos do Velho Oeste no século XIX e uma futura cadeia calcada nos asteroides. Nos anos 1800, equipes de vaqueiros tocavam rebanhos de ranchos no Sudoeste até cidades como Chicago, a quase 1.600 quilômetros, onde a carne seria processada e transportada de trem mais para leste, atendendo à demanda das áreas urbanas. Da mesma forma que as viagens de pioneiros e seus rebanhos conectavam o Sudoeste ao Nordeste, talvez possa emergir uma economia que ligue o cinturão de asteroides à Lua e à Terra. A Lua seria a Chicago do futuro, processando minério valioso do cinturão e enviando-o para a Terra.

ORIGEM DO CINTURÃO DE ASTEROIDES

Antes de explorarmos mais a fundo os detalhes do garimpo de asteroides, pode ser útil esclarecermos alguns termos frequentemente confundidos uns com os outros: *meteoro*, *meteorito*, *asteroide* e *cometa*. Um *meteoro* é uma rocha que entra em combustão na atmosfera ao cruzar o céu. A cauda de um meteoro, sempre apontada para a direção oposta à de sua trajetória, é consequência da fricção do ar. Numa noite clara, é possível ver meteoros a cada poucos minutos só de olhar para cima.

Uma rocha que chegue a cair na Terra é chamada de *meteorito*.

Asteroides são fragmentos rochosos no sistema solar. A maior parte deles está contida no cinturão de asteroides e corresponde aos restos de um planeta destruído entre Marte e Júpiter. Se fôssemos somar as massas de todos os asteroides conhecidos, o resultado equivaleria a 4% da massa da Lua. Contudo, a maioria desses objetos ainda não foi detectada por nós, e há bilhões deles em potencial. Na maioria dos casos, permanecem em órbitas estáveis no cinturão, mas ocasionalmente um deles se desgarra e atinge a atmosfera da Terra, queimando como um meteoro.

Um *cometa* é um pedaço de gelo e rocha originário de muito além da órbita da Terra. Enquanto os asteroides estão localizados no interior do sistema solar, as órbitas de muitos cometas se dão nos limites deste, no Cinturão de Kuiper, ou mesmo fora, na Nuvem de Oort. Os cometas que avistamos no céu noturno são aqueles cujas órbitas ou trajetórias os trouxeram para perto do Sol. Quando cometas se aproximam deste, o vento solar sopra partículas de gelo e poeira à distância, resultando em caudas que apontam para longe do Sol, não na direção oposta ao movimento.

Ao longo dos anos, consolidou-se o panorama da formação de nosso sistema solar. Há cerca de cinco bilhões de anos, nosso Sol era uma nuvem gigantesca que girava lentamente, composta basicamente de hidrogênio, gás hélio e poeira. Seu diâmetro era de vários anos-luz (um ano-luz é a distância que a Lua percorre em um ano, ou cerca de 9,6 trilhões de quilômetros). A massa gigantesca a fazia ser gradualmente comprimida pela gravidade. Ao diminuir de tamanho, passou a rodar mais e mais rápido, da mesma forma que patinadores quando colam os braços ao corpo. A nuvem terminaria por se condensar num disco de rotação rápida, com o Sol ao centro. O disco de gás e poeira ao redor passou a formar protoplanetas, que aumentaram de tamanho à medida que absorviam material. Esse processo explica por que todos os planetas giram ao redor do Sol na mesma direção, no mesmo plano.

Acredita-se que um desses protoplanetas se aproximou demais de Júpiter, o maior dos planetas, e foi despedaçado por sua gravidade; assim teria sido formado o cinturão de asteroides. Outra teoria aponta para uma colisão entre dois protoplanetas como a origem do cinturão.

O sistema solar pode ser retratado como quatro cinturões em órbita do Sol: o mais profundo, composto pelos planetas rochosos, que incluem

Mercúrio, Vênus, Terra e Marte; em seguida, o de asteroides; além desse, o dos gigantes gasosos, que consiste em Júpiter, Saturno, Urano e Netuno; e por fim o cinturão dos cometas, também chamado Cinturão de Kuiper. Fora desses quatro cinturões, o sistema solar é circundado por uma nuvem esférica de cometas que chamamos Nuvem de Oort.

A água, uma molécula simples, era ocorrência comum na aurora do sistema solar, existindo em diferentes formatos, dependendo da distância em relação ao Sol. Perto dele, onde ferveria e viraria vapor, há os planetas Mercúrio e Vênus. Como a Terra está mais longe, é possível existir água em estado líquido (esta é às vezes apelidada "zona Cachinhos Dourados", onde a temperatura é perfeita para haver água líquida). Para além dessa zona, a água vira gelo. Então, Marte e os planetas e cometas que ficam depois dela contêm basicamente água na forma congelada.

GARIMPANDO OS ASTEROIDES

Entender a origem dos asteroides e, portanto, sua composição será crucial para operações de garimpo.

Garimpá-los não é uma ideia tão ridícula quanto pode parecer. Sabemos muito sobre sua constituição, na verdade, pois alguns atingiram a Terra. Consistem em ferro, níquel, carbono e cobalto. Contêm ainda significativas quantidades de metais de terras raras e elementos valiosos como platina, paládio, ródio, rutênio, irídio e ósmio. Todos encontráveis na Terra em sua forma natural, mas raros e muito caros. À medida que suas reservas na Terra se esgotarem, nas próximas décadas, se tornará econômico garimpá-los no cinturão de asteroides. E, se for possível resgatar um asteroide e fazê-lo orbitar a Lua, ele poderá ser garimpado a gosto.

Em 2012, um grupo de empreendedores estabeleceu uma empresa chamada Planetary Resources para extrair minerais valiosos de asteroides e trazê-los para a Terra. Esse plano ambicioso, com alto potencial de lucro, teve o apoio de alguns dos nomes de maior peso do Vale do Silício, como Larry Page, CEO da companhia-mãe do Google, a Alphabet Inc., e também seu presidente executivo Eric Schmidt, Além de James Cameron, diretor de cinema ganhador do Oscar.

Asteroides, de certa forma, são como minas de ouro voadoras em pleno espaço. Por exemplo, em julho de 2015, um deles chegou a cerca de 1,6 milhão de quilômetros da Terra, cerca de quatro vezes a distância entre nosso planeta e a Lua. Tinha cerca de 900 metros de diâmetro e estimava-se que contivesse 81,6 milhões de toneladas de platina no núcleo, que valeriam US$ 5,4 trilhões. A Planetary Resources estima que a platina contida num asteroide de meros 30 metros poderia valer de US$ 25 a US$ 50 bilhões. A companhia chegou a fazer uma lista de pequenos asteroides próximos cuja captura viria bem a calhar. Se qualquer um fosse trazido com sucesso de volta à Terra, o filão de minerais nele contido cobriria em muitas vezes o aporte dos investidores.

Entre os 16 mil e tantos asteroides considerados objetos próximos à Terra (aqueles cuja órbita cruza nosso caminho), astrônomos identificaram uma lista de doze que seriam candidatos ideais à captura. Cálculos mostram que doze asteroides, cada um deles com 3 a 21 metros de diâmetro, poderiam ser aliciados à órbita lunar ou da Terra por meio de uma suave mudança em suas trajetórias.

Mas há muitos outros por aí. Em janeiro de 2017, um novo asteroide foi inesperadamente detectado por astrônomos meras horas antes de zunir acima de nossas cabeças. Passou a míseros 51 mil quilômetros da Terra (ou 13% da distância entre a Terra e a Lua). Felizmente, só tinha seis metros de diâmetro e não teria causado danos significativos se nos tivesse atingido. Contudo, foi mais uma confirmação do grande número de asteroides que vagam pelo caminho da Terra, grande parte não detectada.

EXPLORANDO OS ASTEROIDES

Asteroides são tão importantes que a NASA instituiu sua exploração como primeiro passo para uma missão a Marte. Em 2012, poucos meses após a entrevista coletiva onde a Planetary Resources revelou seus planos, a NASA anunciou o projeto Robotic Asteroid Prospector, que analisaria quão viável é o garimpo de asteroides. Então, no outono de 2016, foi lançada a OSIRIS-REx, uma sonda bilionária, para ir ao encontro de Bennu, asteroide de 487 metros de diâmetro que passará pela Terra em 2135. A meta era de que em 2018 a sonda cercasse Bennu, pousasse nele e trouxesse de volta algo entre 56 g e 1,9 kg de rochas para análise na Terra.[1] Não é um plano sem riscos. A NASA teme que mesmo perturbações sutis na órbita de Bennu possam levá-lo a atingir a Terra em sua próxima

---

1. A chegada da sonda às proximidades de Bennu foi oficialmente anunciada pela NASA em 3 de dezembro de 2018. (N.T.)

visita (e se o fizer, será como a força de mil bombas de Hiroshima). Essa missão, porém, pode fornecer experiência inestimável na interceptação e análise de objetos espaciais.

A NASA também desenvolve a Asteroid Redirect Mission (ARM), cuja meta é colher fragmentos de asteroides no espaço. O financiamento não está certo, mas espera-se que a missão possa abrir nova fonte de recursos para o programa espacial. A ARM teria dois estágios. No primeiro, uma sonda não tripulada seria enviada ao espaço profundo para interceptar um asteroide cuidadosamente escolhido por telescópios terrestres. Depois de conduzir uma inspeção detalhada da superfície, pousaria e usaria ganchos com características de pinça para agarrar um seixo de grande porte. Então decolaria rumo à Lua, arrastando o objeto por uma corrente.

Nesse estágio, uma missão tripulada deixaria a Terra, utilizando um foguete SLS com módulo Orion. O módulo se acoplaria à sonda robótica na órbita da Lua. Astronautas sairiam do Orion e acessariam a sonda, extraindo amostras para análise. Por fim, o módulo se separaria da sonda e voltaria à Terra, mergulhando no oceano.

Uma possível complicação para essa missão é o fato de ainda não sabermos muito sobre a estrutura física dos asteroides. Podem ser sólidos, como podem ser uma coleção de rochas menores mantidas juntas por força da gravidade que, neste caso, se desmantelariam quando tentássemos pousar nelas. Por essa razão, é preciso investigar mais antes que essa missão possa ser conduzida.

Um aspecto físico notório de asteroides é sua forma tremendamente irregular. Costumam parecer batatas deformadas. E quão menores são, mais irregulares tendem a ser.

Isso, por sua vez, levanta uma questão que costumamos ouvir das crianças: por que as estrelas, o Sol e os planetas são redondos? Por que não há estrelas ou planetas em formato de cubo ou de pirâmide? Enquanto os pequenos asteroides possuem pouca massa, e assim pouca gravidade para remodelá-los, grandes objetos como planetas e estrelas têm gigantescos campos gravitacionais. Tal gravidade é uniforme e atrativa, portanto capaz de comprimir um objeto irregular até que forme uma esfera. Há bilhões de anos, portanto, os planetas não eram necessariamente redondos, mas ao longo do tempo a força atrativa da gravidade os comprimiu em suas suaves formas arredondadas.

Outro ponto frequentemente levantado por crianças é o porquê de sondas não serem destruídas na passagem pelo cinturão de asteroides. No filme *O império contra-ataca*, da saga *Guerra nas estrelas*, os heróis quase são atingidos pelos enormes nacos de pedra voando a seu redor. Embora o retrato hollywoodiano seja eletrizante, felizmente não chega a representar de fato a densidade do cinturão de asteroides, em grande parte um vácuo cruzado ocasionalmente por rochas. Garimpeiros e colonos do futuro que desbravem o espaço em busca de novas terras acharão o cinturão, no geral, relativamente fácil de navegar.

Se tudo ocorrer como planejado nesses estágios da exploração dos asteroides, a meta final será a criação de uma estação permanente para manter, reabastecer e apoiar futuras missões. Ceres, o maior dos objetos do cinturão, poderia ser a base de operações ideal. Recentemente, Ceres (cujo nome é derivado da deusa grega da agricultura, também a origem da palavra *cereal*) foi reclassificado como planeta-anão, a exemplo de Plutão, e pensa-se que seja um objeto que nunca acumulou massa o bastante para rivalizar com seus vizinhos planetários. Para um corpo celeste, é pequeno. Tem cerca de um quarto do tamanho da Lua, sem atmosfera e com pouca gravidade. Mas para um asteroide, é enorme; tem 933 quilômetros de diâmetro, mais ou menos o tamanho do Texas, e detém um terço da massa total de todo o cinturão. Em função da baixa gravidade, poderia ser a estação espacial ideal, pois os foguetes poderiam pousar e alçar voo com facilidade, fatores importantes na construção de um espaçoporto.

A Dawn Mission da NASA, lançada em 2007 e já na órbita de Ceres desde 2015, revelou uma massa esférica, mas coalhada de crateras, feitas primordialmente de gelo e pedra. Há a teoria de que muitos asteroides, Ceres entre eles, possuem gelo, que poderia ser processado para a extração de hidrogênio e de oxigênio para combustível. Recentemente, através do Infrared Telescope Facility da NASA, cientistas notaram que o asteroide 24 Themis é totalmente coberto de gelo, com traços de compostos orgânicos em sua superfície. Essas descobertas validam a conjetura de que asteroides e cometas possam ter trazido parte da água e dos aminoácidos que supriram originalmente a Terra, bilhões de anos atrás.

Como asteroides são pequenos em comparação a luas e planetas, é pouco provável que se desenvolvam neles cidades permanentes para fins de colonização. Criar uma comunidade estável no cinturão de asteroides seria difícil. No geral, não há ali ar a se respirar, água para beber, energia a consumir ou solo onde cultivar comida, e também não há gravidade. Assim, provavelmente seriam alojamentos temporários para robôs e garimpeiros.

Mas talvez se provem um palco essencial de ensaios para o evento principal, uma missão tripulada a Marte.

4

MARTE OU NADA

> Marte está lá, à espera de quem o alcance.
> – BUZZ ALDRIN

> Eu gostaria de morrer em Marte… só não quero que seja na aterrissagem.
> – ELON MUSK

Elon Musk é uma espécie de espírito independente, um empreendedor com uma missão cósmica: construir os foguetes que um dia nos levarão a Marte. Tsiolkovsky, Goddard e von Braun sonharam com isso, mas Musk talvez venha a fazê-lo. Nesse processo, ele está rompendo com todas as regras do jogo.

Apaixonou-se pelo programa espacial na infância, passada na África do Sul, e chegou a construir um foguete sozinho. Seu pai, engenheiro, lhe encorajou o interesse. Desde cedo, Musk concluiu que o risco da extinção humana só poderia ser evitado se alcançássemos as estrelas. Decidiu então que uma de suas metas seria "tornar a vida multiplanetária", um tema que tem guiado toda a sua carreira.

Além da ciência de foguetes, era movido por duas outras paixões: computadores e negócios. Já programava aos 10 anos de idade, e aos 12 vendeu seu primeiro videogame, chamado *Blaster*, por US$ 500. Inquieto, esperava um dia se mudar para os Estados Unidos.

Aos 17, emigrou sozinho para o Canadá. Ao se formar em física na Universidade da Pensilvânia, estava dividido entre duas possíveis carreiras. Um caminho levava à vida de físico ou engenheiro, projetando foguetes ou outros mecanismos de alta tecnologia. O outro, aos negócios e ao uso de suas habilidades em computação para acumular uma fortuna, que lhe daria os meios para bancar sua visão de forma autônoma.

O dilema chegou ao ponto-limite em 1995, quando começou a estudar na Universidade Stanford para obter seu Ph.D. em física aplicada. Com apenas dois dias de curso, pulou fora e mergulhou no mundo das startups de internet. Pegou um empréstimo de US$ 28 mil para fundar uma companhia de software que produzia um guia on-line da cidade para a indústria do jornalismo impresso. Quatro anos depois, vendeu-a à Compaq por US$ 341 milhões. Embolsou US$ 22 milhões com a venda e, de imediato, investiu o lucro numa nova companhia chamada X.com, que viria a se tornar o PayPal. Em 2002, o eBay comprou o PayPal por US$ 1,5 bilhão, do qual Musk ficou com US$ 165 milhões.

Com os bolsos recheados, subordinou esses recursos à realização de seu sonho, criando a SpaceX e a Tesla Motors. Em dado momento, chegou a investir 90% de seu patrimônio líquido nas duas companhias. Ao contrário de outras empresas aeroespaciais, cujos foguetes são construídos com base na tecnologia conhecida, a SpaceX foi pioneira no design revolucionário de um foguete reutilizável. A meta de Musk era reduzir em dez vezes o custo das viagens espaciais através da reutilização do foguete auxiliar, que normalmente é descartado após cada lançamento.

Quase do zero, Musk desenvolveu o Falcon (o nome é homenagem à *Millennium Falcon* de *Guerra nas estrelas*) para impulsionar rumo ao espaço o módulo espacial que batizou de Dragon (em homenagem à canção "Puff, the Magic Dragon"). Em 2012, o Falcon fez história ao tornar-se o primeiro foguete comercial a chegar à Estação Espacial Internacional. Foi ainda o primeiro foguete a pousar com êxito na Terra após um voo orbital. Justine Musk, sua primeira esposa, disse: "Costumo compará-lo ao Exterminador do Futuro. Ele estabelece um programa e... simplesmente... não para".

Em 2017, obteve outra vitória expressiva ao relançar com êxito um foguete auxiliar usado. Lançado uma primeira vez, havia pousado de volta na plataforma, passou por limpeza e manutenção e foi enviado ao espaço uma segunda vez. A reutilização pode revolucionar a economia das viagens espaciais. Pensem no mercado de carros usados. Após a Segunda

Guerra Mundial, carros ainda estavam fora do alcance de muita gente, em especial soldados e jovens. A indústria de carros usados deu ao consumidor médio acesso a carros e mudou tudo, incluindo nossos estilos de vida e interações sociais. Hoje, nos Estados Unidos, vendem-se cerca de 40 milhões de carros usados por ano, 2,2 vezes o número de carros novos. Da mesma forma, Musk espera que seu foguete Falcon transforme o mercado aeroespacial e permita uma queda brutal nos custos. A maioria das organizações não vai se importar se o foguete que envia seu satélite para o espaço é novinho em folha ou teve uso anterior. Optarão pelo método mais confiável e barato.

O primeiro foguete reutilizável representou um marco, mas Musk chocou o público ao expor os detalhes de seus planos ambiciosos para alcançar Marte. Ele espera enviar uma missão não tripulada ao planeta em 2018,[1] e uma tripulada em 2024, superando a NASA por uma década. Sua meta final não é estabelecer um mero posto avançado, mas sim uma cidade inteira em Marte. Ele imagina o envio de uma frota de mil foguetes Falcon modificados, cada um levando 100 colonos, para estabelecer o primeiro assentamento humano no Planeta Vermelho. Os elementos-chave do plano de Musk são o despencar dos custos das viagens espaciais e as inovações. Uma missão a Marte geralmente é calculada em torno de US$ 400 a US$ 500 bilhões, mas Musk estima poder criar e lançar o foguete Mars por apenas US$ 10 bilhões. A princípio, as passagens para Marte seriam caras, mas a diminuição dos custos das viagens espaciais faria o preço cair para cerca de US$ 200 mil por pessoa, ida e volta. Isso seria comparável aos US$ 200 mil necessários para cobrir o passeio de meros 112 quilômetros acima da Terra na SpaceShipTwo da Virgin Galactic, ou à estimativa de US$ 20 a US$ 40 milhões para uma viagem à Estação Espacial Internacional a bordo de um foguete russo.

O sistema de foguetes proposto por Musk foi originalmente batizado de Mars Colonial Transporter, mas ele o rebatizou Interplanetary Transport System, pois, em suas palavras, "este sistema nos dará de fato a liberdade de irmos a qualquer lugar que desejemos em toda a extensão do sistema solar". Sua visão de longo prazo é construir uma rede a conectar planetas, da mesma forma que estradas de ferro conectaram cidades americanas.

---

1. Esses planos foram oficialmente adiados para 2020. (N.T.)

Musk enxerga potencial para colaboração com outras partes de seu império multibilionário. A Tesla desenvolveu uma versão avançada do carro totalmente elétrico, e Musk investe a fundo em energia solar, que seria a principal fonte para qualquer posto avançado em Marte. Portanto, está na posição ideal para suprir o maquinário elétrico e os painéis solares exigidos para levar adiante uma colônia em Marte.

Enquanto a NASA costuma avançar a passos enervantemente lerdos, os empreendedores creem poder apresentar ideias e técnicas refrescantes e inovadoras rapidamente. "Na NASA, existe essa noção boba de que o fracasso não é uma opção", diz Musk. "Aqui na SpaceX, é. Se nada estiver fracassando é porque não estamos inovando o suficiente."

Musk talvez seja a face contemporânea do programa espacial: ousado, destemido e iconoclasta, além de inovador e inteligente. Um novo tipo de cientista de foguetes, o empreendedor-bilionário-cientista. Costuma ser comparado a Tony Stark, o alter ego do Homem de Ferro, um charmoso homem de negócios e inventor que se sente tão à vontade na companhia de megaempresários quanto na de engenheiros. Por sinal, parte da primeira continuação de *Homem de Ferro* foi filmada no QG da SpaceX em Los Angeles, e quando visitantes entram de carro nas instalações, são recebidos por uma estátua em tamanho natural de Tony Stark na roupa do Homem de Ferro. Musk chegou a influenciar uma coleção de passarela com tema espacial, do estilista de moda masculina Nick Graham, na Semana de Moda de Nova York. Graham explicou: "Dizem que Marte é o novo preto... está bombando como topo de linha das ambições de todos. A ideia era apresentar a coleção outono 2025, baseada no ano em que Elon Musk pretende levar as primeiras pessoas para Marte".

Musk resume assim sua filosofia: "Realmente não tenho qualquer outra motivação para acumular ativos que não seja a de poder fazer a maior contribuição possível para tornar a vida multiplanetária". Peter Diamandis, do XPRIZE, diz: "Há ali uma motivação muito maior do que lucro. A visão de Musk é inebriante e poderosa".

NOVA CORRIDA ESPACIAL A MARTE

Com toda essa conversa sobre Marte, obviamente, rivalidades iriam surgir. O CEO da Boeing, Dennis Muilenburg, disse: "Estou convencido de que a primeira pessoa a botar os pés em Marte chegará lá a bordo de um foguete Boeing". Provavelmente não foi por acaso que ele fez essa surpreendente declaração uma semana depois de Musk anunciar seus planos para Marte. Musk pode estar monopolizando as manchetes, mas a Boeing é detentora de uma longa tradição de êxito em viagens espaciais. Foi, afinal, a fabricante do foguete auxiliar do famoso Saturn V, que levou nossos astronautas à Lua, e atualmente está sob contrato para a construção do massivo SLS, base dos planos da NASA para uma missão a Marte.

Apoiadores da NASA observam que recursos públicos foram cruciais para os grandes projetos espaciais do passado, como o Telescópio Hubble, uma das joias do programa espacial. Seriam investidores privados capazes de bancar uma empreitada tão arriscada sem esperança de gerar retorno a seus acionistas? O apoio de grandes organizações burocráticas pode ser necessário para empreendimentos caros demais para a iniciativa privada ou sem grandes possibilidades de gerar receita.

Cada um desses programas concorrentes tem suas vantagens. O SLS, da Boeing, capaz de transportar 130 toneladas ao espaço, tem capacidade de carga maior que a do Falcon Heavy de Musk, que é de 64 toneladas. O Falcon, contudo, pode sair mais em conta. Atualmente, a SpaceX oferece as tarifas mais baratas para o lançamento de satélites ao espaço, de cerca de US$ 1 mil por quilo, 10% do geralmente cobrado por veículos espaciais comerciais. À medida que a SpaceX aperfeiçoar sua tecnologia de foguetes reutilizáveis, os preços podem cair ainda mais.

A NASA se vê numa posição invejável, com dois pretendentes a um cobiçado projeto. Pode, em princípio, ainda se decidir entre o SLS e o Falcon Heavy. Questionado quanto à concorrência da Boeing, Musk diz: "É bom haver múltiplos caminhos para Marte (...) Múltiplas cartas na manga (...) Quanto mais, melhor".

Porta-vozes da NASA dizem: "A NASA aplaude a todos que desejem dar o próximo gigantesco passo, e fazer avançar a jornada a Marte (...) Essa jornada exigirá os melhores e mais brilhantes (...) Aqui, estamos trabalhando duro há vários anos para desenvolver um plano sustentável de exploração de Marte, e erguer uma coalizão de parceiros internacionais e privados para dar apoio a essa visão". No fim das contas, o espírito competitivo deverá se revelar um ativo para o programa espacial.

Há uma certa justiça poética nessa disputa, porém. Ao forçar a miniaturização da eletrônica, o programa espacial abriu as portas para a revolução dos computadores. Inspirados pelas memórias de infância do programa, os bilionários dessa revolução completam o círculo agora, investindo parte de sua fortuna na exploração espacial.

Europeus, chineses e russos também expressam o desejo de enviar missões tripuladas a Marte entre 2040 e 2060, mas financiar tais projetos continua a ser problemático. É certo, porém, que os chineses chegarão à Lua em 2025. O ex-presidente Mao lamentou uma vez a China ser tão atrasada que não poderia enviar uma batata ao espaço. De lá para cá, tudo mudou por completo. Tendo aperfeiçoado foguetes comprados da Rússia nos anos 1990, a China já pôs dez "taikonautas" em órbita e segue em frente com planos ambiciosos de construir uma estação espacial e desenvolver até 2020 um foguete tão poderoso quanto o Saturn V. Em seus vários planos de cinco anos, a China segue cuidadosamente os passos em que a Rússia e os Estados Unidos foram pioneiros.

Mesmo os visionários mais esperançosos têm total consciência de que haveria uma série de perigos a serem enfrentados pelos astronautas em uma jornada a Marte. Musk, quando lhe foi perguntado se gostaria de visitar Marte pessoalmente, reconheceu que a probabilidade de morte na primeira viagem ao planeta é "bem alta" e disse que gostaria de ver seus filhos crescerem.

VIAGENS AO ESPAÇO NÃO SÃO BRINCADEIRA

A lista de riscos em potencial de uma missão tripulada a Marte é alarmante.

Primeiro, há o risco de um fracasso catastrófico. A era espacial já é realidade há mais de cinquenta anos e, no entanto, a probabilidade de um acidente desastroso com um foguete ainda é de cerca de 1%. Há centenas de partes móveis dentro de um foguete, e qualquer uma delas pode levar uma missão a falhar. Houve dois horrendos acidentes com ônibus espaciais em um total de 135 lançamentos, uma taxa de fracasso de 1,5%. Ao todo, o programa espacial tem uma taxa de fatalidades de 3,3%. Das 544 pessoas que foram ao espaço, 18 morreram. Só os muito corajosos se mostram dispostos a sentarem-se no alto de 453 toneladas de combustível e ser disparados a 40 mil km/h até o espaço sem saber se voltarão.

Há ainda a "maldição de Marte". Cerca de três quartos das sondas espaciais que enviamos ao planeta nunca chegaram lá, principalmente devido à enorme distância, problemas com radiação, falhas mecânicas, perda de comunicação, micrometeoros etc. E os Estados Unidos, apesar disso, têm um histórico bem melhor que o dos russos, com suas catorze tentativas fracassadas de chegarem ao Planeta Vermelho.

Outra questão é a duração da viagem. Ir à Lua com o projeto Apollo só levou três dias, mas uma viagem de ida a Marte levaria no mínimo nove meses, e ida e volta completas, mais ou menos dois anos. Certa vez fiz um passeio pelo centro de treinamento da NASA nos arredores de Cleveland, Ohio, onde equipes de cientistas analisam as tensões de viagens espaciais. Astronautas sofrem de atrofia muscular e óssea causadas pela ausência de peso ao passarem longos períodos no espaço. Nossos corpos são ajustados para viver num planeta com a gravidade da Terra. Se esta fosse maior ou menor do que é, ainda que em porcentagem ínfima, nossos corpos teriam de ser redesenhados para sobreviver. Quanto mais tempo passamos no espaço sideral, mais eles se deterioram. O astronauta russo Valeri Polyakov, que estabeleceu um recorde mundial ao ficar 437 dias no espaço, mal pôde se arrastar para fora da cápsula ao retornar.

Um dado interessante é que a altura dos astronautas aumenta vários centímetros no espaço devido à expansão de suas colunas. Ao retornarem à Terra, ela reverte para o normal. Também podem perder 1% de massa óssea por mês no espaço. Para desacelerar a perda, precisam se exercitar pelo menos duas horas por dia em esteiras. Ainda assim, pode levar um ano para que se recuperem de seis meses de serviço na Estação Espacial Internacional – e, às vezes, nunca recuperam por completo a massa óssea (outra consequência da ausência de peso não levada a sério até bem recentemente é o dano ao nervo ótico. No passado, astronautas notavam como suas vistas se deterioravam após longas missões no espaço. Exames detalhados de seus olhos mostraram inflamações constantes nos nervos óticos, provavelmente devido à pressão do humor aquoso).

No futuro, talvez as cápsulas espaciais precisem girar para que a força centrífuga possa gerar gravidade artificial. Vivenciamos esse efeito sempre que vamos a um parque de diversões e adentramos o cilindro giratório de um Rotor ou Gravitron. A força centrífuga produz gravidade artificial, nos empurrando contra a parede do cilindro. No momento, seria caro demais produzir uma espaçonave giratória, e a execução do conceito seria difícil. A cabine rotativa teria de ser muito grande ou a força centrífuga não seria distribuída por igual, e astronautas ficariam enjoados ou desorientados.

Há ainda o problema da radiação no espaço, em especial devido ao vento solar e aos raios cósmicos. Costumamos nos esquecer que a Terra é protegida por sua densa atmosfera e coberta por um campo magnético que nos serve de escudo. Ao nível do mar, nossa atmosfera absorve quase toda a radiação mortal, mas até mesmo numa viagem normal de avião cruzando os Estados Unidos recebemos um millirem extra de radiação por hora – o equivalente a um raio X dentário toda vez que cruzamos o país de avião. Os astronautas em viagem a Marte teriam de passar por cinturões de radiação que circundam a Terra, o que os exporia a altas doses e aumentaria sua suscetibilidade a doenças, envelhecimento precoce e câncer. Durante uma viagem interplanetária de dois anos, um astronauta receberia cerca de duzentas vezes a radiação de alguém que ficasse na Terra (mas é preciso colocar essa estatística em contexto. O risco de o astronauta desenvolver câncer ao longo da vida aumentaria de 21% para 24%. Não é insignificante, mas não é nada em comparação ao perigo muito maior que pode acometê-lo em um simples acidente ou revés durante a viagem).

Raios cósmicos do espaço são às vezes tão intensos que astronautas chegam a ver pequenos flashes de luz devido às partículas subatômicas que ionizam o fluido de seus globos oculares. Já entrevistei vários astronautas que descreveram esses flashes que são lindos de se ver, mas causas em potencial de sérios danos radioativos aos olhos.

O ano de 2016 trouxe más notícias quanto aos efeitos da radiação no cérebro. Cientistas da Universidade da Califórnia, em Irvine, expuseram ratos a altas doses de radiação, equivalentes à quantidade a ser absorvida num passeio de dois anos pelo espaço profundo. Eles puderam observar indícios de danos cerebrais irreversíveis. Os ratos exibiram problemas comportamentais, tornando-se agitados e disfuncionais. No mínimo, os resultados confirmam que será preciso proteger adequadamente os astronautas no espaço profundo.

As gigantescas explosões solares serão outro fator de preocupação. Em 1972, quando a Apollo 17 estava sendo preparada para a viagem à

Lua, uma dessas poderosas explosões atingiu a superfície do satélite. Se naquele momento houvesse astronautas andando na Lua, poderiam ter morrido. Ao contrário de raios cósmicos, que surgem ao acaso, explosões solares podem ser mapeadas da Terra, sendo possível alertar astronautas com várias horas de antecedência. Houve incidentes em que astronautas da Estação Espacial Internacional foram notificados da aproximação de explosões solares e intimados a passarem para trechos mais bem protegidos da estação.

Além disso, há os micrometeoros, que podem romper a fuselagem externa da espaçonave. Análises cuidadosas de ônibus espaciais revelaram vários impactos de micrometeoritos nas placas de cerâmica adensada de sua superfície. A força de um micrometeoro do tamanho de um selo postal a 64,3 mil km/h é o bastante para abrir um buraco no foguete e provocar rápida despressurização. Talvez seja recomendável que os módulos sejam divididos em câmaras separadas, permitindo o rápido isolamento de uma seção rompida.

Dificuldades psicológicas representarão outro tipo de obstáculo. Longo tempo de confinamento em uma cápsula mínima, apertada, com um pequeno grupo de pessoas será um desafio. Mesmo após uma bateria de testes psicológicos, não há como prever com total segurança de que forma as pessoas cooperarão... e se o farão. Em última análise, a vida de alguém poderá depender de outra pessoa que o incomoda profundamente.

A CAMINHO DE MARTE

Após meses de intensa especulação, em 2017 a NASA e a Boeing revelaram enfim os detalhes do plano para alcançar Marte. Bill Gerstenmaier, membro da Diretoria de Operações e Exploração Humana da NASA, expôs um cronograma surpreendentemente ambicioso de passos necessários para enviar astronautas ao Planeta Vermelho.

Em primeiro lugar, o foguete SLS/Orion será lançado, depois de anos de testes, em 2019. Apesar de totalmente automático e sem tripulação, entrará na órbita da Lua. Quatro anos depois, após um intervalo de meio século, astronautas finalmente retornarão ao satélite. A missão durará três semanas, mas apenas na órbita, sem pousar na superfície lunar. A intenção é testar a confiabilidade do sistema SLS/Orion e não explorar a Lua.

Todavia, houve uma guinada inesperada no plano da NASA que deixou muitos analistas surpresos. O SLS/Orion, na verdade, será apenas a atração de abertura. Servirá como o principal elo por meio do qual os astronautas deixarão a Terra e atingirão o espaço exterior, mas quem os levará a Marte será um conjunto inteiramente novo de foguetes.

Para começar, a NASA imagina a construção da Deep Space Gateway ("Porta de Entrada do Espaço Profundo"), semelhante à Estação Espacial Internacional, mas menor e em órbita da Lua, não da Terra. Astronautas viverão nela, que servirá de posto de reabastecimento e restabelecimento de provisões para missões a Marte e aos asteroides. Será a base para uma presença humana permanente no espaço. A construção começará em 2023 para que esteja operando em 2026. Para isso, serão necessárias quatro missões do SLS.

Mas a atração principal é o foguete que de fato levará astronautas a Marte. É um sistema inteiramente novo, batizado de Deep Space Transport, cuja construção ocorrerá basicamente no espaço sideral. Seu primeiro teste de vulto ocorrerá em 2029, quando circundará a Lua por um período entre trezentos e quatrocentos dias. Daí serão extraídas informações valiosas sobre missões de longo prazo no espaço. Finalmente, após exaustivos testes, a Deep Space Transport enviará astronautas à órbita de Marte por volta de 2033.

O programa da NASA é elogiado por vários especialistas devido ao fato de ser metódico, com um passo a passo a ser cumprido para construir uma elaborada infraestrutura na Lua.

Contudo, esse mesmo plano contrasta acentuadamente com a visão de Musk. O plano da NASA, cuidadosamente detalhado, envolve a criação de infraestrutura permanente em órbita lunar, mas é lento, talvez uma década mais lento que o de Musk. A SpaceX sequer toma conhecimento de uma estação espacial lunar e aponta direto para Marte, talvez já em 2022. Contudo, o plano tem uma desvantagem no fato de a cápsula Dragon ser consideravelmente menor do que a Deep Space Transport. O tempo dirá qual a melhor estratégia ou combinação de estratégias.

PRIMEIRA VIAGEM A MARTE

Como há mais detalhes sendo revelados sobre a primeira missão a Marte, já se pode especular quanto aos passos necessários para alcançar o

Planeta Vermelho. Vamos delinear como poderá se desdobrar o plano da NASA ao longo das próximas décadas.

As pessoas que participarão dessa histórica primeira missão a Marte provavelmente já nasceram, e talvez estejam aprendendo Astronomia no ensino médio. Estarão entre centenas esperadas como voluntárias para a primeira missão a outro planeta. Após rigoroso treinamento, a escolha vai recair sobre quatro candidatos talvez, cuidadosamente indicados por suas habilidades e experiência, que provavelmente incluirão um piloto com anos de voo, um engenheiro, um cientista e um médico.

Em algum momento por volta de 2033, após uma série de conversas inquietas com a imprensa, essas pessoas subirão afinal a bordo da cápsula Orion. Embora esta possua 50% mais espaço do que a Apollo, tudo ainda será muito apertado do lado de dentro. Mas não importa, pois a ida à Lua só leva três dias. Quando a nave afinal decolar, sentirão vibrações advindas da intensa queima de combustível do foguete auxiliar SLS. Até esse ponto, a viagem se parece muito com as missões Apollo em todos os aspectos.

A Deep Space Gateway da NASA ficará na órbita da Lua e servirá como estação de abastecimento de combustível e suprimentos para missões a Marte e além.

No entanto, é nesse ponto que a semelhança acaba. Daí em diante, a NASA imagina uma guinada radical em relação ao passado. Ao entrarem na órbita lunar, os astronautas enxergarão a Deep Space Gateway, primeira estação espacial da história a orbitar o satélite. Acoplados a ela, poderão descansar um pouco.

Eles, então, vão se transferir para a Deep Space Transport, que em nada se assemelha a qualquer outro veículo espacial já construído. A espaçonave e os alojamentos da tripulação parecem um longo lápis com um apagador na ponta (contendo a cápsula onde os astronautas viverão e trabalharão). Ao longo do lápis, há séries de gigantescos leques de painéis solares estreitos e longos como poucos, de forma que o foguete, à distância, chega a lembrar um barco a vela. Se a cápsula Orion pesa cerca de 22 toneladas, a Transport pesa 37.

Pelos dois anos seguintes, a Deep Space Transport será a casa deles. É uma cápsula bem maior que a Orion e dará aos astronautas espaço para se esticarem um pouco. Isso é importante, pois eles precisam de exercício diário para evitar a perda de massa muscular e óssea, que poderia aleijá-los ao chegarem a Marte.

Uma vez a bordo da Deep Space Transport, ligarão os motores. Mas ao invés de serem sacudidos por um violento impulso e verem gigantescas chamas projetarem-se de trás do foguete, ganharão velocidade aos poucos com a aceleração suave dos propulsores iônicos. Ao olharem para fora das janelas, os astronautas verão apenas o discreto ardor luminoso da emissão constante de íons da parte dos motores.

A Deep Space Transport usa um novo tipo de sistema de propulsão para enviar astronautas espaço afora, chamado propulsão elétrica solar. Os enormes painéis capturam a luz do Sol e a convertem em eletricidade. A ideia é eliminar os elétrons de um gás (como o xenônio), criando íons. Um campo elétrico dispara os íons carregados e os exala por uma extremidade do motor, criando o impulso. Ao contrário de motores químicos, que só conseguem arder por alguns minutos, propulsores iônicos podem acelerar lentamente por meses ou até anos.

Começa então a longa e enfadonha viagem em si, que levará cerca de nove meses. O maior problema a ser encarado pelos astronautas é o tédio, de forma que terão de se exercitar constantemente, jogar jogos para ficar alertas, fazer cálculos, falar com familiares e amigos, navegar na internet etc. A não ser por rotineiras correções de rota, não há muito mais a fazer ao longo da viagem. Ocasionalmente, porém, pode ser necessário que saiam da nave para efetuar pequenos reparos ou substituir peças gastas. Com o avançar da jornada, porém, o tempo que se leva para enviar mensagens de rádio à Terra aumenta gradualmente, podendo chegar a 24 minutos. Isso pode se revelar um tanto frustrante para os astronautas, habituados à comunicação instantânea.

Ao contemplarem a vista das janelas, verão gradualmente o Planeta Vermelho entrar em foco, avultando-se diante deles. As atividades a bordo da nave ganharão ritmo rapidamente, com o início dos preparativos. Nesse ponto da viagem, dispararão seus foguetes para que a espaçonave diminua a velocidade, entrando gentilmente na órbita de Marte.

Do espaço, verão um panorama totalmente diferente daquele visto na Terra. Em vez de oceanos azuis, montanhas verdes cobertas de árvores e das luzes das cidades, observarão uma paisagem desolada e árida, coalhada por desertos vermelhos, montanhas majestosas, cânions gigantescos que são muito maiores que os da Terra e enormes tempestades de poeira, algumas das quais capazes de envolver todo o planeta.

Uma vez em órbita, entrarão na cápsula marciana, desconectando-se da nave principal, que continuará em órbita do planeta. Quando a cápsula entrar na atmosfera marciana, a temperatura subirá acentuadamente, mas o escudo térmico absorverá o calor intenso gerado pela fricção do ar. O escudo térmico acabará por ser ejetado, e a cápsula então disparará seus retrofoguetes e descerá lentamente na superfície de Marte.

No instante em que saírem da cápsula e caminharem na superfície de Marte, serão pioneiros, abrindo um novo capítulo na história da raça humana, dando um passo histórico no sentido de tornar a humanidade uma espécie multiplanetária.

Passarão vários meses no Planeta Vermelho até que a Terra esteja no alinhamento ideal para a viagem de volta. Isso lhes dará tempo para mapear o terreno, fazer experimentos, tais como a busca por traços de água e de vida microbiana, e montar painéis solares para captar energia. Um possível objetivo seria perfurar o pergelissolo para tentar achar gelo subterrâneo, que pode um dia se tornar uma fonte vital de água potável, bem como de oxigênio para respirar e hidrogênio para usar como combustível.

Missão completa, voltarão para a cápsula e alçarão voo (Marte tem baixa gravidade, e por isso a cápsula necessita de bem menos combustível do que precisaria para sair da Terra). Acoplar-se-ão à nave principal em órbita, onde os astronautas irão se preparar para os nove meses de viagem de volta à Terra.

Ao retornarem, mergulharão em algum lugar no oceano. Uma vez de volta à terra firme, serão celebrados como heróis que deram o primeiro passo rumo ao estabelecimento de um novo ramo da humanidade.

Como se pode ver, enfrentaremos muitos desafios na estrada para o Planeta Vermelho. Mas o entusiasmo do público e o comprometimento da NASA e do setor privado tornam provável que cheguemos a uma missão tripulada a Marte na próxima década ou duas. Isso abrirá a porta para um novo desafio: transformar o planeta numa nova casa.

5

MARTE: O PLANETA-HORTA

> Acho que quando os humanos chegarem a explorar e construir cidades e povoamentos em Marte, enxergaremos esta como uma das grandes épocas da humanidade, um tempo em que os homens puseram os pés noutro mundo e tiveram a liberdade para fazer dele o seu próprio mundo.
> – ROBERT ZUBRIN

No filme de 2015 *Perdido em Marte*, o astronauta vivido por Matt Damon enfrenta o desafio por excelência: sobreviver sozinho num planeta congelado, desolado e sem ar. Acidentalmente deixado para trás por seus companheiros, só tem suprimentos para alguns dias. Precisa recorrer a toda sua coragem e *know-how* para aguentar firme até a chegada do resgate.

O filme foi suficientemente realista para dar à plateia o gosto das dificuldades que colonos em Marte encontrariam. Para início de conversa, há as ferozes tempestades de poeira, que envolvem o planeta em uma espessa poeira vermelha semelhante a talco e, no filme, quase fazem a nave tombar. A atmosfera é quase totalmente composta de dióxido de carbono e a pressão atmosférica, apenas 1% da que existe na Terra. Um astronauta, portanto, sufocaria em questão de minutos se exposto ao fino ar marciano, e seu sangue começaria a ferver. Para produzir oxigênio suficiente para respirar, Matt Damon precisa criar uma reação química em sua estação espacial pressurizada.

E como sua comida está acabando rapidamente, precisa cultivar suas próprias plantas em uma horta artificial. Para fertilizá-la, tem de usar seus próprios dejetos.

Um por vez, o astronauta de *Perdido em Marte* dá os excruciantes passos necessários para a criação de um ecossistema local capaz de prover para si. O filme ajudou a capturar a imaginação de uma nova geração. Mas o fascínio por Marte tem na verdade uma história longa e interessante que remete ao século XIX.

Em 1877, o astrônomo italiano Giovanni Schiaparelli notou estranhas marcas lineares em Marte que pareciam formadas por processos naturais. Chamou-as de "*canali*", ou canais. Contudo, na tradução do italiano para o inglês, perdeu-se o *i* e o termo virou "*canals*", cujo sentido nesta língua é inteiramente diferente: artificiais, não naturais. Um mero erro de tradução abriu caminho para uma avalanche de especulações e fantasias, criando o mito do "homem de Marte". O rico e excêntrico astrônomo Percival Lowell passou a teorizar que Marte era um planeta moribundo e os marcianos haviam aberto canais numa tentativa desesperada de transportar água das calotas polares para irrigar seus campos esturricados. Lowell dedicaria sua vida a provar essa conjetura, e usou sua considerável fortuna pessoal para erguer um observatório de primeira linha em Flagstaff, no deserto do Arizona (nunca chegaria a provar a existência desses canais e, anos depois, sondas espaciais provariam que eles não passavam de ilusão de ótica. Mas o Observatório Lowell obteve êxito noutras áreas, contribuindo para a descoberta de Plutão e oferecendo as primeiras evidências de que o universo estava se expandindo).

Em 1897, H. G. Wells escreveu *Guerra dos mundos*. No romance, os marcianos planejam aniquilar a humanidade e "terraformar" a Terra para que seu clima se torne como o de Marte. O livro gerou um novo gênero literário – poderíamos chamá-lo de gênero "Marte ataca" – e discussões preguiçosas e abstratas de astrônomos profissionais de repente viraram questão de sobrevivência para a raça humana.

Na véspera do Dia das Bruxas de 1938, Orson Welles usou trechos do romance para criar uma série de curtas, dramáticas e realistas transmissões radiofônicas. O programa foi apresentado como se a Terra estivesse de fato sendo invadida por marcianos hostis. Algumas pessoas entraram em pânico ao ouvirem as atualizações da invasão – como as forças armadas haviam sido batidas pelos raios mortais e como os marcianos convergiam para Nova York a bordo de trípodes gigantes. Rumores de ouvintes horrorizados se espalharam rapidamente país afora. Por consequência do caos, a grande mídia jurou nunca mais transmitir uma brincadeira como se fosse real. Essa proibição continua de pé.

Muita gente se deixou envolver pela histeria marciana. O jovem Carl Sagan era encantado por romances sobre o planeta, como os da série John Carter de Marte. Em 1912, Edgar Rice Burroughs, famoso pelos livros de Tarzan, resolveu se aventurar na ficção científica, escrevendo sobre um soldado americano durante a Guerra Civil que é transportado para Marte. Burroughs especulava que a baixa gravidade do planeta, em comparação à da Terra, faria de John Carter um super-homem. Seria capaz de saltos que cobrissem distâncias incríveis e poderia suplantar os alienígenas Tharks em combate e salvar a linda Dejah Thoris. Historiadores da cultura creem nessa explicação para os superpoderes de John Carter como a base para a história do Super-Homem. A edição de 1938 da *Action Comics* na qual o super-herói aparece pela primeira vez atribui seus superpoderes à baixa gravidade da Terra em comparação à de seu planeta natal, Krypton.

VIVENDO EM MARTE

Estabelecer residência em Marte pode soar romântico na ficção científica, mas a realidade é das mais assustadoras. Uma estratégia para prosperar no planeta seria a de se aproveitar do que está disponível, como gelo. Como o solo de Marte é congelado, não seria preciso cavar mais do que uns poucos metros até atingir o pergelissolo. Daí seria possível escavar o gelo, derretê-lo e purificá-lo como água potável, ou dele extrair oxigênio para respirar e hidrogênio para aquecimento e combustível de foguete. Para protegerem-se da radiação e das tempestades de poeira, os colonos teriam de escavar as rochas para construir abrigos subterrâneos (sendo a atmosfera de Marte tão fina, e seu campo magnético tão frágil, a radiação vinda do espaço não é absorvida ou desviada como na Terra, tornando-se um problema real). Ou poderia ser vantajoso estabelecer uma primeira base marciana dentro de um gigantesco tubo de lava próximo a um vulcão, possibilidade de que já falamos com relação à Lua. Levando-se em conta a abundância de vulcões em Marte, é provável que haja montes desses tubos.

Um dia em Marte tem duração mais ou menos igual à de um dia na Terra. Também sua inclinação axial relativa ao Sol é a mesma da Terra.

Mas os colonizadores teriam de se habituar à sua gravidade, que corresponde a apenas 40% da nossa e, como na Lua, teriam de se exercitar vigorosamente para evitar a perda de massa muscular e óssea. Também teriam de encarar um clima brutalmente frio, numa luta constante para evitar congelarem até a morte. A temperatura raramente supera o ponto de congelamento da água e, depois que o Sol se põe, pode despencar a -127 °C ou -197 °F, por isso qualquer queda de energia ou blecaute pode representar risco de vida.

Mesmo que sejamos capazes de enviar a primeira missão tripulada a Marte até 2030, esses obstáculos podem significar que antes de 2050, no mínimo, não seja possível reunir equipamento e suprimentos suficientes para a criação de um posto avançado permanente no planeta.

ESPORTES MARCIANOS

A importância vital de exercício para impedir a deterioração dos músculos dos astronautas em Marte dita que estes terão necessariamente de praticar esportes vigorosos, nos quais descobrirão, para seu regozijo, ter habilidades super-humanas.

Isso também significa que arenas esportivas teriam de ser totalmente repensadas. Como a gravidade de Marte é pouco mais que um terço da nossa, uma pessoa poderia, em teoria, pular três vezes mais alto do que aqui. Também poderia arremessar uma bola a uma distância três vezes maior, e quadras de basquete, campos de beisebol e de futebol precisariam ter suas dimensões aumentadas.

Além disso, a pressão atmosférica em Marte é cerca de 1% da nossa, o que implica modificações drásticas na aerodinâmica do beisebol e do futebol. A maior complicação seria o controle preciso da bola. Na Terra, há atletas que ganham milhões de dólares devido à habilidade sobrenatural no controle do movimento da bola, adquirida com anos de prática. A destreza, nesse caso, está relacionada à habilidade de manipular o giro da bola.

Ao cortar o ar, uma bola cria turbulência em sua esteira, pequenas correntes parasitas que a levam a mudar ligeiramente de direção e perder velocidade (numa bola de beisebol, é a costura que cria tais correntes e determina como será o giro. Numa bola de golfe, isso é causado pelos sulcos na superfície. Em bolas de futebol, é devido à junção entre as camadas da superfície).

Jogadores de futebol americano arremessam a bola de forma a fazê-la rodopiar rapidamente no ar. O movimento giratório reduz as correntes parasitas na superfície da bola, e permite que ela corte efetivamente o ar e percorra uma distância maior sem cair. Por rodopiar rapidamente, ela também funciona como um pequeno giroscópio e, portanto, mantém uma direção estável, que a impulsiona no caminho certo e a torna mais fácil de pegar.

Analisando-se as propriedades físicas do fluxo de ar, é possível ainda comprovar a veracidade de vários mitos relativos ao arremesso de uma bola de beisebol. Arremessadores vêm alegando há gerações serem capazes de lançar *knuckleballs* e bolas curvas, que lhes permitem controlar a trajetória da bola, aparentemente indo contra o senso comum.

Fotografias *time-lapse* mostram que a afirmação é correta. Se uma bola de beisebol é arremessada de forma a minimizar sua rotação (como é o caso de uma *knuckleball*), a turbulência é maximizada e a trajetória da bola se torna errática. Caso ela gire rapidamente, a pressão do ar num dos lados pode tornar-se maior que no outro (por meio de algo denominado o princípio de Bernoulli) e levar a bola a desviar de determinada maneira.

Tudo isso significa que, graças à reduzida pressão do ar em Marte, é possível que atletas de primeira linha da Terra perdessem sua capacidade de controlar a bola, e surgiria em seu lugar uma safra totalmente nova de atletas marcianos. O brilhantismo num esporte na Terra pode ser de pouco significado quando aplicado a Marte.

Se fizermos uma lista de esportes adotados em Olimpíadas, veremos que, sem exceção, teriam de ser modificados para levar em consideração a gravidade e a pressão do ar reduzidas de Marte. Na verdade, poderíamos ver nascer as Olimpíadas Marcianas, nas quais estariam incluídos esportes radicais que não são fisicamente possíveis na Terra e nem existem ainda.

As condições em Marte poderiam ainda aperfeiçoar o grau de mestria e elegância de outros esportes. Na Terra, um patinador, por exemplo, só consegue rodopiar no ar um máximo de quatro vezes. Nunca se conseguiu um salto quíntuplo. Isso porque a altura do salto é determinada pela rapidez na decolagem e pela força da gravidade. Em Marte, patinadores poderão projetar-se três vezes mais alto e executar saltos e giros de tirar o fôlego em função das reduzidas gravidade e pressão do ar. Na Terra, os ginastas executam maravilhosos giros e piruetas no ar, pois a força de seus músculos excede o peso de seus corpos. Mas em Marte, sua força excederia tanto o peso reduzido de seus corpos que poderiam executar giros e piruetas nunca vistos antes.

TURISTAS EM MARTE

Resolvidas as questões fundamentais para sobreviver em Marte, nossos astronautas poderão saborear alguns dos prazeres estéticos do Planeta Vermelho.

A fraca gravidade, a fina atmosfera e a ausência de água em estado líquido possibilitam às montanhas de Marte crescer e assumir proporções realmente majestosas em comparação às terráqueas. O Monte Olimpo é o maior vulcão conhecido do sistema solar. É aproximadamente 2,5 vezes mais alto do que o Monte Everest e sua extensão é tal que, se instalado na América do Norte, se estenderia de Nova York a Montreal, no Canadá. O baixo campo gravitacional também significa que alpinistas não sentiriam o peso de suas mochilas na mesma proporção e poderiam executar testes prodigiosos de resistência, como os astronautas na Lua.

Há três vulcões menores em linha reta adjacentes ao Monte Olimpo. Sua presença e posicionamento são indicativos das atividades tectônicas ancestrais do planeta. Pode-se traçar uma analogia útil na Terra a partir das ilhas do Havaí. Existe uma câmara magmática estacionária sob o Oceano Pacífico, e com os movimentos da placa tectônica acima dela, o magma faz pressão periodicamente sobre a superfície, criando ilhas na cadeia local. Em Marte, porém, a atividade tectônica parece ter cessado há muito tempo, numa evidência de que o núcleo do planeta esfriou.

O Valles Marineris, maior cânion de Marte, provavelmente o maior do sistema solar, é tão vasto que, instalado na América do Norte, se estenderia de Nova York a Los Angeles. Excursionistas maravilhados pelo Grand Canyon ficariam aturdidos com essa rede de cânions extraterrestres. Ao contrário do Grand Canyon, porém, o Valles Marineris não possui um rio ao fundo. A mais recente teoria a respeito do cânion de mais de 4,8 mil quilômetros o descreve como a junção de duas placas tectônicas ancestrais, como a Falha de San Andreas.

Uma atração turística de peso seriam as duas calotas polares gigantes do Planeta Vermelho, que apresentam dois tipos de gelo e diferem em sua composição das da Terra. Um tipo é feito de água congelada, e é presença permanente na paisagem pela maior parte do ano marciano. O outro tipo consiste em gelo seco, ou dióxido de carbono congelado, e se expande ou contrai dependendo da estação. No verão, o gelo seco evapora e desaparece, e resta a calota polar composta de água. Como resultado, a aparência das calotas polares varia ao longo do ano.

Enquanto a superfície da Terra está em constante transformação, a topografia básica de Marte não se altera muito há alguns bilhões de anos. Como resultado, Marte tem características sem igual na Terra, o que inclui resquícios de milhares de crateras de meteoros gigantes formadas há muito tempo. A Terra também as teve, mas a maior parte foi apagada pela erosão causada pela água. Além disso, grande parte de nossa superfície é reciclada a cada poucas centenas de milhões de anos devido à atividade tectônica, e assim as crateras ancestrais foram todas transformadas em terreno novo. Contemplar Marte, no entanto, é contemplar uma paisagem congelada no tempo.

Em vários sentidos, sabemos mais sobre a superfície de Marte do que sobre a da Terra. Cerca de três quartos da Terra são cobertos por oceanos, que não existem em Marte. Nossos satélites puderam fotografar cada metro quadrado da superfície do planeta e nos forneceram mapas detalhados de seu terreno. A combinação de gelo, neve, poeira e dunas de areia em Marte cria todo tipo de formações geológicas singulares não vistas na Terra. Percorrer a pé o seu território seria o sonho de qualquer praticante de caminhada.

Um entrave aparente para fazer de Marte um destino turístico pode estar nos monstruosos redemoinhos, bastante comuns e que podem ser vistos a cruzar os desertos quase diariamente. Podem ser mais altos que o Everest e ofuscam seus equivalentes na Terra, que só se projetam algumas centenas de metros no ar. Há ainda as ferozes tempestades de poeira planetárias que podem recobrir Marte com um cobertor de areia por semanas. Mas graças à baixa pressão atmosférica do planeta, não causam muitos danos. Ventos de 160 km/h pareceriam uma brisa de 16 km/h para um astronauta. Podem ser incômodos e fazer partículas finas penetrarem nos trajes espaciais, maquinário e veículos, causando defeitos e avarias, mas não derrubariam prédios e estruturas.

Devido à baixa densidade do ar, aviões precisariam ter envergadura bem maior para conseguir voar em Marte. Uma aeronave movida a energia solar necessitaria de uma superfície enorme e seria provavelmente muito caro recorrer a uma para fins recreativos. Não veríamos turistas sobrevoando os cânions marcianos como se faz no Grand Canyon. Mas balões e dirigíveis poderiam ser meios de transporte viáveis apesar de a temperatura e a pressão atmosférica serem baixas. Eles poderiam explorar o terreno do planeta bem mais de perto do que satélites e ainda assim cobrir vastas áreas de sua superfície. Talvez um dia frotas de balões e dirigíveis sejam figurinhas fáceis em meio às maravilhas geológicas de lá.

MARTE: UM JARDIM DO ÉDEN

Para manter uma presença duradoura no Planeta Vermelho, precisaremos encontrar uma forma de criar um Jardim do Éden em sua paisagem hostil.

Robert Zubrin, engenheiro aeroespacial que já trabalhou na Martin Marietta e na Lockheed Martin, é também fundador da Mars Society e um dos mais ativos proponentes da colonização do Planeta Vermelho há anos. Sua meta é convencer a opinião pública a financiar uma missão tripulada. Já foi uma voz solitária suplicando a qualquer um que lhe desse ouvidos, mas hoje empresas e governos buscam seus conselhos.

Já o entrevistei em diversas ocasiões, e em todas elas o entusiasmo, a energia e a dedicação à sua missão eram radiantes. Quando perguntei o que gerara tal fascinação pelo espaço, disse que tudo começara ao ler ficção científica na infância. Também ficou hipnotizado ao ver von Braun, já em 1952, mostrar como uma expedição de dez espaçonaves, agregadas em órbita, poderia levar uma tripulação de setenta astronautas a Marte.

Perguntei ao dr. Zubrin como sua fascinação com a ficção científica se traduziu na busca de toda uma vida para alcançar Marte. "Foi o Sputnik, na verdade", disse ele. "Para o mundo adulto foi aterrorizante, mas para mim era empolgante." Foi cativado pelo lançamento do primeiro satélite artificial do mundo em 1957 porque aquilo significava que os romances que lia poderiam se tornar realidade. Ele acreditava piamente que um dia a ficção científica se tornaria fato científico.

O dr. Zubrin integrou a geração que viu os Estados Unidos saírem da estaca zero para virarem a maior nação exploradora do espaço no mundo. A Guerra do Vietnã e divergências internas então passaram a consumir as pessoas, e andar na Lua parecia cada vez mais distante e irrelevante. Orçamentos foram enxugados. Programas foram cancelados. Ainda que a opinião pública tenha se voltado contra o programa espacial, o dr. Zubrin manteve a convicção de que Marte deveria ser o próximo marco histórico em nossa agenda. Em 1989, o presidente George H. W. Bush causou breve entusiasmo junto ao público ao anunciar planos de chegar a Marte até 2020 – até que, no ano seguinte, estudos mostraram que a estimativa de custos do projeto seria de cerca de US$ 450 bilhões. Os americanos se chocaram, e a ideia foi arquivada mais uma vez.

Zubrin passou anos à deriva, na tentativa de angariar apoios para sua agenda ambiciosa. Ciente de que a opinião pública não apoiaria qualquer plano que estourasse o orçamento, Zubrin propôs uma série de abordagens singulares, mas realistas, para a colonização do Planeta Vermelho. Antes de seu engajamento na questão, a maioria das pessoas não considerava a sério o problema de financiar futuras missões espaciais.

Em sua proposta de 1990, batizada de Mars Direct, Zubrin reduziu os custos ao dividir a missão em duas partes. Inicialmente, seria enviado um foguete não tripulado chamado Earth Return Vehicle. Ele levaria pequena quantidade de hidrogênio – não mais que 7,2 toneladas – a ser combinada ao suprimento ilimitado de dióxido de carbono que ocorre naturalmente na atmosfera marciana. Essa reação química produziria até 101,6 toneladas de metano e oxigênio, gerando combustível suficiente para a viagem de volta do foguete. Gerado o combustível, os astronautas decolariam num segundo veículo chamado Mars Habitat Unit, abastecido com combustível suficiente apenas para a viagem de ida. Ao pousarem, os astronautas conduziriam experimentos científicos. Sairiam então do Mars Habitat Unit, transferindo-se para o Earth Return Vehicle da missão original, carregado com o recém-criado combustível. Essa nave os traria então de volta à Terra.

Certos críticos ficaram horrorizados ao saber que Zubrin defendia a ideia de uma viagem só de ida, como se esperasse a morte dos astronautas no Planeta Vermelho. Ele é cauteloso ao esclarecer que o combustível para a viagem de volta poderia ser fabricado em Marte. Mas acrescenta: "A vida é uma viagem só de ida, e uma boa forma de aproveitá-la é ir a Marte e dar início a uma nova ramificação da civilização humana por lá". Ele acredita que, dentro de quinhentos anos, historiadores já não se lembrarão das guerras e conflitos mesquinhos do século XXI, mas a humanidade celebrará a fundação de sua nova comunidade em Marte.

A NASA adotou desde então aspectos da estratégia da Mars Direct, que mudaram a filosofia do programa para priorizar custo, eficácia e modo de vida sustentável. A Mars Society de Zubrin construiu ainda o protótipo de uma base marciana. Escolheram Utah para estabelecer sua Mars Desert Research Station (MDRS, ou Estação de Pesquisa sobre Marte no Deserto) devido ao clima local, o mais próximo de simular as condições do Planeta Vermelho: frio, deserto, árido, sem vegetação ou animais. O núcleo da MDRS é um prédio cilíndrico de dois andares com capacidade para sete tripulantes. Há ainda um grande observatório para se contemplar estrelas. A MDRS aceita voluntários escolhidos em meio ao público e comprometidos a passar de duas a três semanas na estação. Essas pessoas são treinadas para se comportar como verdadeiros astronautas, com certas obrigações e tarefas, como conduzir experimentos científicos, manutenção e fazer observações. Os organizadores da MDRS tentam tornar a experiência a mais realista possível e usam essas sessões para testar a dimensão psicológica do isolamento em Marte por longos períodos com estranhos relacionados. Desde que o programa teve início, em 2001, mais de mil pessoas passaram por ele.

O apelo de Marte é tão forte que chega a atrair empreendimentos de valor questionável. A MDRS não deve ser confundida com o programa Mars One, que promove uma improvável viagem só de ida a Marte para aqueles que passam por uma sequência de testes. Há centenas de pessoas inscritas, mas o programa não tem qualquer meio concreto de chegar a Marte. O projeto pretende custear o seu foguete por meio de doações e da produção de um filme sobre a missão. Céticos denunciam os líderes do Mars One como melhores em engambelar a imprensa que em atrair conhecimento científico genuíno.

Outra tentativa esdrúxula de formar uma colônia isolada do tipo que criaríamos em Marte foi o projeto chamado Biosphere 2, bancado por US$ 150 milhões da fortuna da família Bass. Um complexo abobadado de três acres, feito de vidro e aço, foi erguido no deserto do Arizona. Tem espaço para oito pessoas e 3 mil espécies de animais e plantas, e a meta era servir de habitat confinado para testar se humanos conseguiriam sobreviver num ambiente isolado e controlado semelhante àquele que poderemos um dia criar noutro planeta. Desde seu início, em 1991, o experimento foi marcado por uma série de contratempos, conflitos, escândalos e defeitos, e gerou mais manchetes do que resultados científicos de fato. Felizmente, em 2011, a Universidade do Arizona tomou conta do local, que desde então se tornou um centro de pesquisas válido.

PARA TERRAFORMAR MARTE

Com base em sua experiência na MDRS e noutros projetos, o dr. Zubrin prevê que a colonização de Marte procederá numa sequência previsível. Na sua visão, a prioridade é estabelecer uma base para cerca de vinte a cinquenta astronautas na superfície de Marte. Alguns ficariam por poucos meses. Outros passariam a viver lá em caráter permanente. Com o tempo, as pessoas em Marte passariam a se enxergar menos como astronautas e mais como colonizadores.

Inicialmente, a maior parte dos suprimentos teria de vir da Terra, mas numa segunda fase a população atingiria alguns milhares de pessoas, que seriam capazes de explorar os materiais brutos do planeta. A cor vermelha das areias marcianas se deve à presença de óxido de ferro, ou ferrugem, de forma que os colonos poderiam obter ferro e aço para construções. Parques solares de grande porte poderiam colher energia do Sol, gerando assim a eletricidade. O dióxido de carbono da atmosfera poderia ser usado para cultivar plantas. De forma gradual, o assentamento em Marte se tornaria autossuficiente e sustentável.

O próximo passo é o mais difícil de todos. A colônia terá de encontrar em algum momento uma forma de aquecer lentamente a atmosfera, para que água em estado líquido possa fluir no Planeta Vermelho pela primeira vez em três bilhões de anos. Isso tornaria possível a agricultura e, em última análise, a criação de cidades. Nesse ponto entraríamos no terceiro estágio, e uma nova civilização poderia prosperar em Marte.

Cálculos por alto sugerem que, no presente, terraformar Marte pode ser caro a ponto de ser proibitivo e esse processo levaria séculos para ser concluído. Contudo, o aspecto intrigante e promissor a respeito do planeta está nos indícios geográficos de que em sua superfície já houve abundância de água em estado líquido, os leitos e margens de rios esculpidos e mesmo os contornos de um antigo oceano do tamanho dos Estados Unidos. Bilhões de anos atrás, Marte esfriou antes de a Terra fazê-lo, e teve clima tropical quando a Terra ainda era incandescente. Essa combinação de clima ameno e grandes corpos d'água levou alguns cientistas a especularem que o DNA poderia ter origem marciana. Essa hipótese prega que uma extraordinária quantidade de destroços teria sido projetada ao espaço sideral devido ao impacto de um meteoro gigante – parte dos quais teria caído na Terra e a semeado com o DNA marciano. Se essa teoria for correta, para se ver um marciano tudo o que é necessário fazer é se olhar no espelho.

Zubrin ressalta que o processo de terraformação nada tem de novo ou estranho. Afinal, moléculas de DNA o instituem continuamente na Terra. A vida já remodelou cada aspecto ecológico do planeta, da constituição da atmosfera à topografia e à composição dos oceanos. Portanto, estaremos apenas seguindo o roteiro da natureza no momento em que começarmos a terraformar Marte.

DANDO A PARTIDA NO TRANCO AO AQUECIMENTO DE MARTE

Para dar início ao processo de terraformação, poderíamos injetar metano e vapor d'água na atmosfera para induzir um efeito estufa artificial. Os gases resultantes desse processo capturariam a luz do Sol e fariam subir em ritmo estável a temperatura das calotas polares. À medida que derreterem, elas liberariam vapor d'água e dióxido de carbono represados.

É possível ainda enviar satélites à órbita de Marte para direcionar às calotas polares a luz do Sol concentrada. Estes poderiam ser sincronizados para pairar sobre um ponto específico do céu e direcionar energia para as regiões polares. Na Terra, estabelecemos o ângulo de nossas antenas de TV parabólicas de modo a apontarem para um satélite geoestacionário similar a 35,4 mil quilômetros de distância, que aparenta estar imóvel no céu por executar uma revolução completa ao redor da Terra a cada 24 horas. (Os satélites geoestacionários ficam em órbita acima do equador. Isso significa que sua energia atingirá os polos a determinado ângulo ou terá de ser irradiada até o equador e dali transportada para os polos. Ambas as alternativas, infelizmente, implicam alguma perda de energia.)

Tal esquema implicaria o desfralde, por parte de satélites de energia solar, de gigantescas chapas de vários quilômetros de diâmetro contendo uma grande sequência de espelhos ou painéis solares. A luz do Sol poderia ser concentrada e então direcionada às calotas, ou a energia poderia ser convertida com o uso de células solares e então ser irradiada como micro-ondas. Essa é uma das abordagens mais eficazes para a terraformação, ainda que custosa, pois é segura, não poluente e reduziria ao mínimo os danos à superfície de Marte.

Outras estratégias já foram propostas. Poderíamos considerar a extração de metano de Titã, uma das luas de Saturno, onde é elemento abundante, e seu envio até Marte. O gás poderia contribuir para o efeito estufa desejado – metano, para referência, é mais de vinte vezes mais eficaz na absorção de calor do que o dióxido de carbono. Outro possível método seria lançar mão de cometas ou asteroides próximos. Como já discutimos, a composição dos cometas é basicamente gelo, e sabe-se que os asteroides contêm amônia, um gás de efeito estufa. Se acontecer de passarem por Marte, podem ser ligeiramente desviados para entrar em sua órbita, de onde poderiam ser redirecionados até executarem uma lentíssima espiral da morte na direção do planeta. Ao entrarem em sua atmosfera, a fricção os aqueceria ao ponto da desintegração, liberando vapor d'água ou amônia. Essa trajetória seria um espetáculo e tanto a se avistar da superfície de Marte. De certa forma, é possível encarar a Asteroid Redirect Mission (ARM) da NASA como ensaio para tal empreitada. Como vocês devem se lembrar, a ARM é uma futura missão da NASA para colher amostras de rochas ou alterar de forma sutil a trajetória de um cometa ou asteroide. Essa tecnologia obviamente teria de ser apurada para não corrermos o risco de desviar um asteroide gigantesco para cima da superfície de Marte e destruir uma colônia.

Uma ideia menos ortodoxa, sugerida por Elon Musk, é derreter o gelo das calotas polares por meio da detonação de bombas de hidrogênio bem acima delas. Esse método já é possível hoje com tecnologia corriqueira. As bombas de hidrogênio, em teoria e ainda que altamente restritas, são de fabricação relativamente barata, e nós certamente temos a tecnologia para lançá-las aos montes sobre as calotas polares com foguetes ora existentes. Contudo, ninguém sabe o quão estáveis são essas calotas ou quais efeitos de longo prazo o procedimento poderia ter. Muitos cientistas não ficam seguros quanto aos riscos de consequências imprevistas.

Estima-se que, caso as calotas polares de Marte sejam derretidas por completo, haveria água em estado líquido em quantidade suficiente para a formação de um oceano planetário de 4,5 a nove metros de profundidade.

CHEGANDO AO PONTO CRÍTICO

Todas as propostas operam no sentido de levar a atmosfera marciana a um ponto crítico a partir do qual o aquecimento se torne autossustentável. Fazer subir a temperatura em 6 °C seria suficiente para instigar o processo de derretimento. Os gases de efeito estufa emitidos pelas calotas aqueceriam a atmosfera. Também seria liberado o dióxido de carbono absorvido pelo deserto há uma eternidade, contribuindo para o aquecimento planetário e gerando mais derretimento. Portanto, o aquecimento de Marte continuaria sem intervenção externa. Quão mais quente o planeta, maior a liberação de vapor d'água e gases de efeito estufa, que por sua vez aquecem ainda mais o planeta. Esse processo poderia seguir quase que indefinidamente e aumentaria a pressão atmosférica de Marte.

Assim que água em estado líquido começasse a fluir para dentro dos leitos de rios ancestrais de Marte, os colonos poderiam iniciar a agricultura em larga escala. Plantas amam dióxido de carbono, e isso possibilitaria que se estabelecessem as primeiras plantações a céu aberto. Seus resíduos, por sua vez, poderiam ser aproveitados e gerar uma camada de solo superficial. Isso daria início a um círculo virtuoso: mais plantações produziriam mais solo, que poderia ser usado para nutrir plantações adicionais. O solo nativo de Marte também contém nutrientes valiosos como magnésio, sódio, potássio e cloro que ajudariam plantas a vingar. À medida que começarem a proliferar, também gerarão oxigênio, ingrediente essencial para terraformar Marte.

Cientistas criaram estufas que simulam as condições duras de Marte para ver se plantas e bactérias conseguem sobreviver nelas. Em 2014, o Instituto para Conceitos Avançados da NASA estabeleceu uma parceria com a Techshot para construir biodomos com meio ambiente controlado onde poderiam cultivar cianobactérias e algas produtoras de oxigênio. Os testes preliminares indicaram que certas formas de vida conseguem prosperar lá. Em 2012, cientistas do Laboratório de Simulação de Marte, mantido pelo Centro Aeroespacial da Alemanha, descobriram que o líquen, semelhante ao musgo, conseguia sobreviver ali por pelo menos um mês. Em 2015, os cientistas da Universidade do Arkansas mostraram que quatro espécies de metanogênios, microrganismos que produzem metano, podem sobreviver num habitat semelhante ao ecossistema marciano.

Ainda mais ambicioso é o Banco de Ensaio de Ecopoiese Marciana da NASA, projeto cuja meta é enviar a Marte, a bordo de um veículo de solo, bactérias e plantas resistentes como algas e cianobactérias fotossintéticas extremófilas. Tais formas de vida seriam postas em recipientes passíveis de serem enterrados no solo marciano. Água seria adicionada a eles e então os instrumentos tentariam detectar a presença de oxigênio, que indicaria fotossíntese ativa. Se esse experimento der certo, Marte poderia um dia ser coalhado de fazendas do tipo para geração de oxigênio e comida.

Quando tiver início o século XXII, as tecnologias da quarta onda – nanotecnologia, biotecnologia e inteligência artificial – já deverão estar maduras o bastante para ter impacto profundo na terraformação de Marte.

Alguns biólogos postularam que a engenharia genética poderia criar uma nova espécie de alga concebida para viver em Marte, talvez na singular mistura química de seu solo ou nos novos lagos a serem formados. Essa alga se reproduziria em sua atmosfera fria, fina e rica em dióxido de carbono e liberaria quantidades copiosas de oxigênio como resíduos. Seria comestível e poderia ser bioengendrada para imitar sabores encontrados na Terra. Além disso, seria modificada para produzir o fertilizante ideal.

No filme *Jornada nas estrelas II: A ira de Khan*, uma nova e fantástica tecnologia chamada Dispositivo Gênesis foi apresentada. Ela era capaz de terraformar planetas mortos, fazer deles mundos exuberantes e habitáveis quase que instantaneamente. Explodia como uma bomba e lançava um jato de DNA altamente modificado. À medida que o super DNA tomava todos os cantos do planeta, as células se enraizavam e densas florestas se formavam até todo o planeta estar terraformado em questão de dias.

Em 2016, Claudius Gros, um professor da Universidade Goethe, em Frankfurt, na Alemanha, publicou um artigo no jornal acadêmico *Astrofísica e Ciência Espacial* detalhando como poderia ser um Dispositivo Gênesis da vida real. Ele prevê que uma versão primitiva seria possível daqui a algo entre cinquenta e cem anos. Primeiro, cientistas da Terra teriam de analisar em detalhes a ecologia do planeta sem vida. A temperatura, a composição química do solo e a atmosfera determinariam que tipos de DNA deveriam ser introduzidos. Então, frotas de drones robôs seriam enviadas ao planeta para lá depositar milhões de nanocápsulas de descida, levando seleções de DNA. Ao liberarem o conteúdo, o DNA, modificado precisamente para vingar nas condições ambientais do planeta, acabaria no solo e começaria a germinar. O conteúdo das cápsulas seria concebido para se reproduzir pela criação de sementes e esporos no planeta árido e usar os minerais lá disponíveis para criar vegetação.

A TERRAFORMAÇÃO SERIA DURADOURA?

Se formos bem-sucedidos na terraformação de Marte, o que o impediria de regredir e retornar a seu estado árido original? Investigar essa questão nos traz de volta a um ponto crítico que incomoda astrônomos e geólogos há décadas: por que Vênus, a Terra e Marte evoluíram de formas tão distintas?

Quando o sistema solar se formou, os três eram parecidos em vários aspectos. Tinham atividade vulcânica, que liberava grandes quantidades de dióxido de carbono, vapor d'água e outros gases em suas atmosferas (é esta a razão de, ainda hoje, Vênus e Marte terem atmosferas compostas quase que exclusivamente por dióxido de carbono). O vapor d'água se condensava em nuvens, e a chuva ajudava a formar rios e lagos. Se todos estivessem mais próximos do Sol, seus oceanos teriam fervido até evaporar; caso estivessem mais longe, teriam congelado. Mas os três estavam dentro ou muito próximos da "zona Cachinhos Dourados", faixa ao redor de uma estrela onde é possível à água permanecer no estado líquido. Água líquida é o "solvente universal" no qual se materializaram os primeiros compostos orgânicos.

Vênus e a Terra são quase idênticos em tamanho. Gêmeos celestes e, a julgar por isso, deveriam ter tido histórias evolutivas semelhantes. Na visão de autores de ficção científica de outrora, Vênus seria um mundo verdejante e o perfeito local de férias para astronautas exaustos. Nos anos 1930, Edgar Rice Burroughs apresentou outro espadachim interplanetário, Carson Napier, em *Piratas de Vênus*, onde o planeta era descrito como uma terra encantada semelhante a uma floresta, cheia de aventuras e perigos. Hoje, porém, os cientistas sabem que Vênus e Marte não se parecem com a Terra em nada. Algo aconteceu há bilhões de anos e pôs os três planetas em caminhos bem distintos.

Em 1961, quando a noção romântica de uma utopia venusiana ainda dominava a imaginação do público, Carl Sagan fez a polêmica conjetura de que Vênus sofria de um efeito estufa desenfreado e era escaldante. Sua teoria inovadora e perturbadora via o dióxido de carbono como uma via de mão única para a luz solar. Ela é capaz de penetrar a atmosfera facilmente através dele, um gás transparente. Mas quando atinge o solo de Vênus, transforma-se em calor ou radiação infravermelha, que não escapa facilmente à atmosfera. A radiação é aprisionada, em processo semelhante à forma como uma estufa captura a luz do Sol durante o inverno ou como os carros esquentam sob o sol de verão. Esse processo ocorre na Terra, mas em Vênus é tremendamente acelerado em função de o planeta estar muito mais próximo do Sol, e o resultado seria o tal efeito estufa desenfreado.

No ano seguinte, quando a sonda Mariner 2 passou perto de Vênus, provou que Sagan estava correto e revelou algo verdadeiramente chocante: a temperatura local era de escaldantes 482 °C, calor suficiente para derreter estanho, chumbo e zinco. Em vez de um paraíso tropical, tratava-se de um portal do inferno, semelhante a um alto-forno. Lançamentos subsequentes de foguetes comprovaram as más notícias. E quando chovia, não aliviava em nada, pois a chuva por lá é de ácido sulfúrico cáustico. Considerando-se o nome vinculado à deusa do amor e da beleza, é irônico que seja este ácido sulfúrico, altamente reflexivo, a razão pela qual Vênus é tão brilhante no céu noturno.

Além disso, descobriu-se então que sua pressão atmosférica era de quase 100 vezes a da Terra. O efeito estufa ajuda a explicar por quê. Grande parte do dióxido de carbono da Terra é reciclada, dissolvendo-se nos mares e rochas. Mas em Vênus a temperatura tornou-se tão alta que os oceanos ferveram. Em vez de dissolver-se nas rochas, o gás foi cozido nelas. Quanto mais dióxido de carbono gaseificado a partir das rochas, mais quente ficava o planeta, estabelecendo um círculo vicioso.

Devido à alta pressão atmosférica do planeta, estar na superfície de Vênus equivaleria a estar a 915 metros de profundidade num dos oceanos da Terra. Seríamos esmagados como cascas de ovo. E mesmo que déssemos um jeito de superar isso e a temperatura abrasadora, o cenário ao redor ainda seria digno do *Inferno* de Dante. O ar é tão denso que, ao caminhar na superfície, teríamos a sensação de estar andando sobre melaço, e o chão abaixo de nossos pés pareceria mole e esponjoso, pois se trata na verdade de metal fundido. A chuva ácida corroeria até o menor rasgão de trajes espaciais, e bastaria um passo em falso para que afundássemos num tonel de magma fundido.

Com tantas restrições, terraformar Vênus parece fora de questão.

O QUE HOUVE COM O OCEANO DE MARTE?

Se nosso gêmeo, Vênus, teve um destino diferente por estar mais perto do Sol, como explicar a evolução de Marte?

A questão-chave é que Marte, além de mais distante do Sol, também é muito menor e, portanto, esfriou mais rápido do que a Terra. Seu núcleo não está mais em fusão. Campos magnéticos planetários são gerados pelo deslocamento de metal dentro de um núcleo líquido, o que cria correntes elétricas. Como o núcleo de Marte é rocha sólida, não tem como criar um campo magnético significativo. Além disso, acredita-se que um bombardeio intenso de meteoros cerca de 3 bilhões de anos atrás causou tamanho caos que o campo magnético original se rompeu. É uma possível explicação para a ausência de atmosfera e água em Marte. Sem um campo magnético para protegê-la dos danos de raios e explosões solares, a atmosfera teria sido gradualmente soprada para o espaço exterior pelo vento solar. Com a queda da pressão atmosférica, os oceanos ferveram até sumir.

Outro processo acelerou a perda de sua atmosfera. A maior parte do dióxido de carbono original de Marte se dissolveu nos oceanos, vertendo-se em compostos de carbono, subsequentemente depositados no leito dos oceanos. Enquanto a atividade tectônica na Terra recicla periodicamente os continentes e permite ao dióxido de carbono subir novamente à superfície, o de Marte ficou permanentemente preso ao solo visto que seu núcleo, provavelmente sólido, não tem atividade tectônica significativa. À medida que os níveis de dióxido de carbono começaram a baixar, teve início um efeito estufa reverso, e o planeta mergulhou em estado de congelamento profundo.

O marcado contraste entre Marte e Vênus pode nos ajudar a avaliar a história geológica da Terra. O núcleo de nosso planeta poderia ter esfriado bilhões de anos atrás. Mas ainda está em fusão, pois, ao contrário do de Marte, contém minerais altamente radioativos como urânio e tório, com meias-vidas de bilhões de anos. Sempre que nos deparamos com a força impressionante de uma explosão vulcânica, ou a devastação causada por um colossal terremoto, estamos defronte a uma demonstração de como a energia do núcleo radioativo da Terra ocasiona eventos na superfície e ajuda a sustentar a vida.

O calor gerado pela radioatividade nas profundezas da Terra leva o núcleo de ferro a fervilhar e produzir um campo magnético. Esse campo é o que protege a atmosfera do vento solar e desvia a radiação mortal para o espaço. (Avistamos esse fenômeno na forma da Aurora Boreal, criada pelo contato da radiação solar com o campo magnético da Terra. O campo ao redor dela é como um gigantesco funil, canalizando radiação do espaço para os polos, de forma que a maior parte seja desviada ou absorvida pela atmosfera.) Maior do que Marte, a Terra não esfriou tão rápido. Nem sofreu um colapso do campo magnético em virtude de impactos de meteoros gigantes.

Podemos agora revisitar nossa questão anterior sobre como garantir que Marte não retroceda a seu estado prévio depois de terraformado. Um método ambicioso seria gerar um campo magnético artificial ao seu redor. Para fazê-lo, teríamos de posicionar enormes ímãs supercondutores circundando a linha do equador marciana. As leis do eletromagnetismo nos permitiriam calcular a quantidade de energia e materiais necessários para produzir essa rede de supercondutores. Mas uma empreitada de tamanho vulto está além de nossas possibilidades neste século.

Para os colonos em Marte, entretanto, essa ameaça não seria vista necessariamente como um problema urgente. A atmosfera terraformada poderia permanecer relativamente estável por um século ou até mais, e os ajustes poderiam ser feitos aos poucos, ao longo dos séculos. A manutenção talvez fosse um estorvo, mas seria um preço baixo a pagar pelo novo posto avançado da humanidade no espaço.

Terraformar Marte é meta primordial para o século XXII. Mas os cientistas já estão voltados para além. As possibilidades mais emocionantes talvez sejam as luas dos gigantes gasosos, entre elas Europa, de Júpiter, e Titã, de Saturno. Um dia se pensou tratarem de nacos áridos de rocha todos parecidos, mas hoje são vistas como terras mágicas e únicas, cada uma com sua própria série de gêiseres, oceanos, cânions e pilares de luz. Tais luas hoje são vistas como futuros habitats para a vida humana.

6

GIGANTES GASOSOS, COMETAS E ALÉM

> Como é brilhante e lindo um cometa de passagem por nosso planeta... desde que realmente esteja de passagem.
> – ISAAC ASIMOV

Numa fatídica semana de janeiro de 1610, Galileu descobriu algo que abalaria os próprios pilares da Igreja, alteraria nossa noção do universo e desencadearia uma revolução.

Com o telescópio que acabara de construir, contemplava Júpiter e ficou perplexo ao avistar quatro objetos luminosos a pairar nas cercanias do planeta. Durante uma semana, analisou com cuidado seus movimentos e convenceu-se de que orbitavam Júpiter. Ele havia encontrado no espaço sideral um "sistema solar" em miniatura.

Rapidamente compreendeu as implicações cosmológicas e teológicas daquela revelação. Por séculos, a Igreja, citando Aristóteles, havia pregado que todos os corpos celestes, incluindo o Sol e os planetas, giravam ao redor da Terra. No entanto, ali estava um contraexemplo. A Terra fora destronada de sua condição de centro do universo. Num golpe mortal, as crenças que haviam cingido a doutrina da Igreja e dois mil anos de astronomia estavam invalidadas.

As descobertas de Galileu geraram um alvoroço generalizado em meio à população. Ele não precisava de um exército de marqueteiros para convencer a todos da veracidade de suas observações. As pessoas podiam ver com seus próprios olhos que ele estava correto, e ao visitar Roma no ano seguinte teve a acolhida de um herói. A Igreja, contudo, não ficou nada satisfeita. Seus livros foram proibidos e ele, julgado pela Inquisição, foi ameaçado de tortura a não ser que se retratasse de suas ideias hereges.

A crença pessoal de Galileu era na possibilidade da coexistência da ciência e da religião. Escreveu que o propósito da ciência era determinar o estado dos céus, enquanto o da religião era determinar como ir para o céu. Noutras palavras, a ciência abordava as leis naturais e a religião, a ética – e contanto que se tenha em mente essa distinção, não haveria conflito entre elas. Mas durante o julgamento, com as duas em rota de colisão, Galileu foi forçado a retratar-se de suas teorias sob pena de morte. Seus acusadores o lembraram de que Giordano Bruno, que havia sido monge, fora queimado vivo por declarações sobre cosmologia bem menos elaboradas que a dele. Dois séculos se passariam até a proibição de seus livros deixar de valer na maioria dos contextos.

Hoje, quatro séculos depois, essas quatro luas de Júpiter – chamadas frequentemente de luas galileanas – acenderam novamente o estopim de uma revolução. Há mesmo quem creia que, juntamente às luas de Saturno, Urano e Netuno, possam deter a chave para a vida no universo.

OS GIGANTES GASOSOS

Quando as espaçonaves Voyager 1 e 2 passaram pelos gigantes gasosos, de 1979 a 1989, confirmaram quão similares eram aqueles planetas. São todos feitos basicamente de hidrogênio e gás hélio, *grosso modo* na proporção de quatro para um, por peso. (Essa mistura de hidrogênio e hélio é também a composição básica do Sol e mesmo da maior parte do universo. É datada, provavelmente, de quase 14 bilhões de anos atrás, quando cerca de um quarto do hidrogênio original se fundiu e tornou-se hélio no instante do Big Bang.)

A história básica de todos os gigantes gasosos é provavelmente a mesma. A teoria, já discutida previamente, dita que 4,5 bilhões de anos atrás todos os planetas eram pequenos núcleos rochosos condensados a partir de um disco de hidrogênio e poeira cósmica circundando o Sol. Os interiores viriam a tornar-se Mercúrio, Vênus, Terra e Marte. Os núcleos dos planetas mais distantes do Sol continham gelo, abundante àquela distância, e também rocha. Gelo funciona como cola, e assim os núcleos que o tivessem na composição poderiam crescer a até dez vezes o tamanho dos apenas rochosos. Sua gravidade tornou-se forte a ponto de capturar a maior parte do gás hidrogênio que permanecesse no plano solar inicial. Quanto mais cresciam, mais gás atraíam, até exaurir todo o hidrogênio das proximidades.

Acredita-se que a estrutura interior dos gigantes gasosos é a mesma. Se fosse possível cortá-los ao meio como uma cebola, poderia se ver uma espessa atmosfera gasosa do lado de fora. Abaixo dessa camada, um oceano de hidrogênio líquido superfrio poderia ser encontrado. Uma das conjeturas é de que, por resultado da enorme pressão, bem ao centro haveria um pequeno e denso núcleo de hidrogênio sólido.

Todos os gigantes gasosos têm anéis coloridos, gerados por interação entre as impurezas da atmosfera e a rotação do planeta. E em cada um há tempestades enormes assolando a superfície. Em Júpiter, a Grande Mancha Vermelha parece ser um aspecto permanente e, de tão grande, caberiam facilmente várias Terras dentro dela. Em Netuno, por outro lado, há uma mancha escura intermitente que por vezes desaparece.

Tais planetas diferem em tamanho. O maior é Júpiter, batizado em homenagem ao pai dos deuses da mitologia romana. Seu tamanho é tal que pesa mais do que todos os outros juntos. Nele, caberiam confortavelmente 1.300 Terras. Muito do que sabemos a respeito de Júpiter se deve à sonda Galileu, que, após orbitá-lo fielmente por oito anos, foi autorizada a dar fim à sua lendária vida e mergulhar no planeta em 2003. Continuou a transmitir mensagens de rádio durante a descida atmosfera abaixo até ser esmagada pelo enorme campo gravitacional. Seus restos provavelmente afundaram no oceano de hidrogênio líquido.

Júpiter é cercado por uma enorme e mortal faixa de radiação, fonte de grande parte da estática audível no rádio e na TV (uma diminuta fração dessa estática é originária do próprio Big Bang). Astronautas que estivessem viajando por suas proximidades teriam de ser escudados da radiação e toda a interferência tornaria a comunicação difícil.

Outro perigo é seu enorme campo gravitacional, capaz de capturar ou catapultar para o espaço sideral qualquer passante desavisado que se aproximar demais, incluindo luas e planetas. Essa possibilidade assustadora funcionou na verdade a nosso favor bilhões de anos atrás. O sistema solar, em sua aurora, era coalhado de detritos cósmicos, e estes viviam atingindo a Terra. Por sorte, o campo gravitacional de Júpiter agiu como um aspirador de pó, absorvendo tais detritos ou atirando-os para longe. Simulações de computador mostram que, sem Júpiter, a Terra estaria ainda hoje à mercê de gigantescos meteoros, que tornariam a vida impossível. No futuro, ao considerarmos sistemas solares a colonizar, o melhor seria procurar pelos dotados de seu próprio Júpiter, grande o bastante para limpar a sujeira.

A vida como a conhecemos é provavelmente impossível nos gigantes gasosos. Nenhum deles tem superfície sólida na qual organismos possam evoluir. Não existe água em estado líquido e nem os elementos necessários para a produção de hidrocarbonetos e compostos orgânicos. E por estarem a bilhões de quilômetros do Sol, são absolutamente gélidos.

AS LUAS DOS GIGANTES GASOSOS

Mais interessantes do que Júpiter e Saturno em termos de potencial para sustentar vida são suas luas, e estas totalizam, respectivamente, 69 e 62. Os astrônomos pressupunham que as luas de Júpiter seriam todas iguais: gélidas e desoladas como a nossa. Ficaram totalmente surpresos, portanto, ao descobrir que cada uma tinha suas próprias características distintas. Essa informação gerou uma mudança de paradigma em como os cientistas viam a vida no universo.

Talvez a mais intrigante de todas seja Europa, uma das descobertas originalmente por Galileu. Bem como algumas das outras luas dos gigantes gasosos, Europa é coberta por uma espessa camada de gelo. Uma teoria é a de que vapor d'água de seus vulcões primitivos se condensou em oceanos ancestrais, congelados à medida que a lua esfriou. Isso talvez possa explicar o fato curioso de Europa ser das luas de superfície mais regular do sistema solar. Embora tenha sido violentamente atingida por asteroides, o congelamento de seus oceanos provavelmente ocorreu após a maior parte dos bombardeios e, assim, cobriu-lhe as cicatrizes. Vista do espaço sideral, parece lembrar uma bola de pingue-pongue, praticamente sem elementos na superfície – não se veem vulcões, cadeias de montanhas ou crateras de impacto de meteoros. O único aspecto visível é uma rede de fendas.

Astrônomos vibraram ao saber da possibilidade de o gelo de Europa esconder um oceano de água em estado líquido. Estima-se que tenha duas ou três vezes o volume dos oceanos da Terra – estes estão localizados na superfície, enquanto os de Europa compõem a maior parte de seu interior.

A exemplo dos jornalistas e sua frase constante, "Siga o dinheiro", os astrônomos dizem "Siga a água", sendo esta fundamental para a formação da vida como a conhecemos. Os cientistas ficaram chocados ao pensar na possibilidade da existência de água em estado líquido na esfera dos gigantes gasosos. Sua presença em Europa criou um mistério: de onde veio o calor para derreter o gelo? A situação parecia desafiar a sabedoria convencional. Presumíamos havia muito ser o Sol a única fonte de calor no sistema solar, e os planetas da zona Cachinhos Dourados os únicos habitáveis – e Júpiter é bem longe dessa faixa. Não havíamos contemplado, porém, outra potencial fonte de energia: forças de maré. Gravidade tão grande quanto a de Júpiter pode puxar e espremer Europa. Em sua órbita ao redor do planeta, a lua tomba e gira em torno do próprio eixo e a protuberância das marés está sempre em movimento. Ao ser puxada e espremida, seu núcleo passa por intensa fricção, com rocha sendo comprimida contra rocha, e o calor dessa fricção é suficiente para derreter grande parte da cobertura de gelo.

Com a descoberta de água líquida em Europa, os astrônomos deram-se conta de haver uma fonte de energia capaz de tornar a vida possível até nas regiões mais escuras do espaço. Como resultado, todos os manuais de astronomia tiveram de ser reescritos.

EUROPA CLIPPER

A previsão de lançamento da Europa Clipper é por volta de 2022. Com um custo de aproximadamente US$ 2 bilhões, seu propósito será o de analisar a cobertura de gelo em Europa e a composição e a natureza de seu oceano, em busca de sinais de compostos orgânicos.

Os engenheiros deparam-se com um problema delicado para mapear a trajetória da Clipper. Europa está dentro da implacável faixa de radiação que circunda Júpiter e, portanto, uma sonda posta em órbita da lua pode acabar frita em poucos meses. Para contornar essa ameaça e estender a vida útil da missão, decidiram que a Clipper deveria ser posicionada ao redor de Júpiter, numa órbita basicamente fora do cinturão de radiação. Sua rota, então, poderia ser modificada de forma a deslocar-se para mais perto do planeta e fazer 45 rápidos sobrevoos de Europa.

Uma das metas dos sobrevoos é examinar, e talvez cruzar, os gêiseres de vapor d'água que se projetam de Europa, observados pelo Telescópio Espacial Hubble. A Clipper poderia ainda lançar minissondas no interior dos gêiseres no esforço de obter uma amostra. Como a Clipper não pousará na lua propriamente dita, estudar o vapor d'água é nossa melhor possibilidade nesse momento de ganhar conhecimento sobre ela. Se a Clipper for bem-sucedida, futuras missões almejarão pousar em Europa, perfurar a camada de gelo e enviar um submarino para dentro do oceano.

Europa, contudo, não é a única lua sendo rastreada minuciosamente na busca por compostos orgânicos e vida microbial. Gêiseres de água já foram avistados em erupção na superfície de Encélado, uma lua de Saturno, indicando haver lá também um oceano sob o gelo.

ANÉIS DE SATURNO

Os astrônomos estão agora cientes de que as forças mais importantes a determinar a evolução dessas luas são as de maré. Portanto, tornou-se importante estudar o quão fortes são e como agem. Das forças de maré pode vir ainda a resposta para um dos mais antigos mistérios a envolver os gigantes gasosos: a origem dos belos anéis de Saturno. No futuro, quando astronautas visitarem outros planetas, os astrônomos creem que acharão anéis a circundar vários dos gigantes gasosos, como em nosso sistema solar. E isso ajudará astrônomos a determinar precisamente quão poderosas são as forças de maré e se suficientes para rasgar luas inteiras.

O esplendor desses anéis, compostos de partículas de rocha e gelo, encantou gerações de artistas e sonhadores. Na ficção científica, um giro ao redor deles numa espaçonave é praticamente um rito de passagem para os cadetes espaciais em treinamento. As sondas espaciais descobriram que todos os gigantes gasosos possuem anéis, mas nenhum os tem tão grandes ou belos quanto os que circundam Saturno.

Muitas hipóteses já foram apresentadas para explicá-los, mas talvez a mais cativante seja a que envolve forças de maré. A atração gravitacional de Saturno, como a de Júpiter, é suficiente para tornar levemente alongada, como uma bola de futebol americano, uma lua que esteja em sua órbita. Quanto mais perto estiver de Saturno, mais é esticada. As forças de maré que a esticam acabam por equilibrar o campo gravitacional que a sustenta. Esse é o ponto crítico. Se a lua se aproximar nem que seja um pouco a mais, é dilacerada pela gravidade de Saturno.

Por meio das leis de Newton, astrônomos podem calcular a distância do ponto crítico, chamado limite de Roche. Ao analisarmos os anéis não só de Saturno, mas dos outros gigantes gasosos, descobrimos estarem quase sempre dentro do limite de Roche para cada planeta. As luas que vemos a orbitá-los estão todas fora. Esses indícios dão apoio, ainda que sem prová-la em definitivo, à teoria de que os anéis de Saturno teriam sido formados quando uma lua aproximou-se demais do planeta e foi dilacerada.

No futuro, quando visitarmos planetas em órbita de outras estrelas, provavelmente poderemos contar com a descoberta de anéis ao redor dos gigantes gasosos dentro do limite de Roche. E ao estudarmos a potência dessas forças de maré, potencialmente capazes de dilacerar luas inteiras, poderemos começar a calcular a potência das que atuam sobre luas como Europa.

UMA CASA EM TITÃ?

Titã, uma das luas de Saturno, é outra candidata à exploração humana, embora colônias lá provavelmente não venham a ser populares como as de Marte. Titã é a segunda maior lua do sistema solar, junto a Ganimedes, de Júpiter, e a única a ter uma atmosfera densa. Ao contrário das atmosferas ralas de outras luas, a sua é densa a ponto de as primeiras fotografias de Titã terem sido decepcionantes. Lembrava uma bola de tênis felpuda, sem quaisquer traços de superfície.

A espaçonave Cassini, que esteve na órbita de Saturno até finalmente chocar-se com o planeta em 2017, revelou a verdadeira natureza de Titã. A Cassini lançou mão de radar para penetrar a cobertura de nuvens e mapear a superfície. Também lançou a sonda Huygens, que chegou a pousar em Titã em 2005 e a enviar por rádio as primeiras fotografias em close-up de seu terreno. Estas exibiram sinais de uma complexa rede de lagos, lagoas, placas de gelo e formações de terra.

A partir dos dados colhidos pela Cassini e pela Huygens, os cientistas puderam montar um novo retrato do que a cobertura de nuvens esconde. A atmosfera de Titã, como a da Terra, consiste basicamente de nitrogênio. A superfície, surpreendentemente, é coberta por lagos de etano e metano. Sendo o metano inflamável à menor fagulha, poderia se presumir que a lua facilmente irromperia em chamas. Mas não havendo oxigênio algum na atmosfera e dado o frio extremo de -180 °C, é impossível uma explosão. Tais descobertas apresentam a tentadora possibilidade de que astronautas possam colher parte do gelo de Titã, separar o oxigênio do hidrogênio, e então combiná-lo ao metano para criar um suprimento quase inesgotável de energia utilizável – talvez o bastante para iluminar e aquecer comunidades de pioneiros.

Ainda que a energia possa não ser um problema, terraformar Titã é provavelmente fora de questão. Gerar um efeito estufa autossustentável a tamanha distância do Sol é provavelmente impossível. E como a atmosfera já contém metano em alta quantidade, introduzir ainda mais para iniciar tal efeito seria inútil.

Pode-se conjeturar se é possível a colonização de Titã. Por um lado, é a única lua com uma atmosfera significativa, cuja pressão é 45% maior que a da Terra. É um dos poucos destinos conhecidos no espaço onde não morreríamos imediatamente ao tirarmos nossos trajes espaciais. Teríamos de usar máscaras de oxigênio, mas nosso sangue não ferveria nem seríamos esmagados.

Por outro lado, Titã é eternamente mergulhada no frio e no escuro. Um astronauta em sua superfície receberia 0,1% da luz solar que ilumina a Terra. O Sol seria ineficiente como fonte de energia, e toda luz e calor deveriam vir de geradores, cujo funcionamento teria de ser eterno. Além disso, a superfície de Titã é gélida, e sua atmosfera não contém oxigênio ou dióxido de carbono em quantidade suficiente para amparar vida animal ou vegetal. A agricultura seria extremamente difícil, e quaisquer plantações teriam de ser cultivadas em espaços fechados ou subterrâneos. O suprimento de comida seria limitado e, logo, também o número de colonos que poderiam sobreviver.

Comunicar-se com nosso planeta natal também seria inconveniente, pois uma mensagem de rádio levaria várias horas para percorrer a distância. E como a gravidade em Titã é apenas 15% da terrestre, quem lá vivesse teria de se exercitar constantemente para evitar a perda de massa muscular e óssea. Talvez essas pessoas acabassem por se recusar a voltar à Terra, onde seriam extremamente frágeis. Com o tempo, os colonos em Titã poderiam começar a sentir-se emocional e fisicamente diferentes dos semelhantes na Terra. Talvez preferissem mesmo cortar todos os laços sociais.

Viver em caráter permanente em Titã, portanto, poderia ser possível, mas seria desconfortável e teria várias desvantagens. A habitação em larga escala parece improvável. Contudo, Titã pode se provar valiosa como uma base de reabastecimento e estoque de suprimentos. Seu metano poderia ser colhido e enviado a Marte para acelerar o processo de terraformação ou usado na criação de quantidades ilimitadas de combustível de foguetes para missões no espaço profundo. Seu gelo poderia ser purificado e vertido em água potável ou oxigênio ou processado para fabricar mais combustível de foguetes. Sua baixa atração gravitacional tornaria relativamente simples e eficientes os pousos e decolagens. Titã poderia tornar-se um importante posto de abastecimento no espaço.

Para se criar uma colônia autossustentável em Titã, uma hipótese a se aventar seria extrair minérios e metais valiosos da superfície. Por ora, as nossas sondas espaciais ainda não produziram muita informação a respeito da composição mineral de Titã, mas, como muitos dos asteroides, ela pode conter metais valiosos que se tornariam cruciais caso venha a se tornar uma estação de reabastecimento. Contudo, provavelmente não seria prático remeter minerais de Titã para a Terra levando-se em conta as enormes distância e custo. Materiais brutos teriam de ser usados para criar uma infraestrutura na própria Titã.

NUVEM DE OORT DE COMETAS

Além dos gigantes gasosos, nos confins do sistema solar, existe outra esfera, o mundo dos cometas... talvez trilhões deles. Esses cometas podem vir a tornar-se nosso trampolim para outras estrelas.

A distância até as estrelas pode parecer impenetravelmente imensa. O físico Freeman Dyson, de Princeton, sugere que, para atingi-las, é preciso aprender algo com as viagens dos polinésios milhares de anos atrás. Em vez de arriscarem-se numa extensa jornada Pacífico afora, que teria todas as chances de acabar em desastre, eles pularam de ilha em ilha, espalhando-se pelas massas de terra do oceano uma de cada vez. Sempre que chegavam a uma, criavam bases permanentes e daí partiam para a ilha seguinte. Ele propõe a criação de colônias intermediárias no espaço profundo, usando a mesma lógica. A chave dessa estratégia estaria nos cometas. Juntamente a planetas órfãos que, de alguma forma, tenham sido ejetados de seus sistemas estelares, eles poderiam criar a trilha para as estrelas.

Cometas são objetos de especulação, mitos e medo há milênios. Ao contrário de meteoros, que cortam o céu noturno em questão de segundos e desaparecem, cometas podem permanecer no firmamento por períodos prolongados de tempo. Outrora eram vistos como prenúncios de desgraças e chegaram a influenciar os destinos de nações. No ano 1066, um cometa surgiu sobre a Inglaterra e foi interpretado como agouro de que o exército do rei Haroldo II seria vencido na Batalha de Hastings pelas forças invasoras de Guilherme I, estabelecendo uma nova dinastia. A magnífica Tapeçaria de Bayeux registra esses acontecimentos e retrata camponeses e soldados aterrorizados observando o cometa.

Mais de seiscentos anos depois, em 1682, o mesmo cometa pairou de novo sobre a Inglaterra. Fascinou a todos, de mendigos a imperadores, e Isaac Newton decidiu desvendar o antigo mistério. Havia acabado de inventar um novo tipo de telescópio, mais poderoso, que usava um espelho para coletar a luz das estrelas. Com o novo telescópio refletor, Newton documentou as trajetórias de vários cometas e comparou-as às previsões que fizera segundo sua teoria recém-desenvolvida da gravitação universal. O movimento dos cometas batia à perfeição com suas previsões.

Tão propenso era Newton ao sigilo que sua importante descoberta poderia ter sido esquecida não fosse Edmond Halley, um rico astrônomo de origem aristocrática. Halley foi a Cambridge para conhecer Newton e ficou espantado ao saber que ele não apenas rastreava cometas mas conseguia prever seus movimentos futuros – algo que ninguém jamais fizera antes. Newton destilara um dos fenômenos mais desconcertantes da astronomia, que fascinara e assombrara civilizações por milhares de anos, numa série de fórmulas matemáticas.

Halley entendeu de imediato que aquilo representava um dos mais monumentais avanços de toda a ciência. Ofereceu-se generosamente para cobrir todos os custos de publicação do que se tornaria um dos grandes manuscritos científicos de todos os tempos, *Princípios matemáticos*. Nessa obra-prima, Newton explicava a mecânica dos céus. Por meio do cálculo diferencial e integral, o formalismo matemático que desenvolvera, podia determinar com precisão os movimentos de planetas e cometas no sistema solar. Descobriu que cometas podiam viajar em elipses, e que nesse caso retornariam. E Halley, adotando os métodos de Newton, calculou que o cometa que singrara os céus de Londres em 1682 retornaria a cada 76 anos. Aliás, ele poderia retroceder na história e mostrar que o mesmo cometa havia aparecido consistentemente segundo aquele mesmo cronograma. Fez a ousada previsão de que retornaria no ano 1758, muito depois de sua morte. Sua aparição no dia de Natal daquele ano ajudou a definir o legado de Halley.

Hoje, sabemos que os cometas vêm basicamente de dois lugares. O primeiro é o Cinturão de Kuiper, região nas cercanias de Netuno cuja órbita se dá no mesmo plano que a dos planetas. Os cometas no Cinturão, Halley incluído, viajam em elipses ao redor do Sol. Às vezes são denominados cometas de período curto, pois seus períodos orbitais, ou o tempo que leva para completarem um ciclo ao redor do Sol, são medidos em décadas há séculos. Como seus períodos são conhecidos ou podem ser computados, são previsíveis e, portanto, sabemos não serem particularmente perigosos.

Muito além, há a Nuvem de Oort, uma esfera de cometas que cerca todo o nosso sistema solar. Muitos estão tão longe do Sol – até alguns anos-luz de distância – que ficam basicamente estacionários. De vez em quando, tais cometas são arremessados para dentro do sistema solar por alguma estrela de passagem ou colisão aleatória. Estes são chamados de cometas de período longo, pois seus períodos orbitais se medem em dezenas ou até centenas de milhares de anos, se é que chegarão a retornar. Os praticamente impossíveis de prever são, portanto, potencialmente mais ameaçadores à Terra do que os de período curto.

Novas descobertas são feitas a cada ano a respeito do Cinturão de Kuiper e da Nuvem de Oort. Em 2016, foi anunciado que um nono planeta, de tamanho semelhante ao de Netuno, poderia existir bem no interior do Cinturão. O objeto não foi identificado por observação direta via telescópio, mas pelo uso de computadores para solucionar as equações de Newton. Embora sua presença não esteja confirmada, muitos astrônomos creem que os dados são convincentes, e há precedentes para a situação. No século XIX, foi apontado que o planeta Urano fugia ligeiramente a previsões derivadas das leis de Newton. Ou Newton estava errado, ou algum corpo remoto exercia atração sobre Urano. Cientistas calcularam a posição desse planeta hipotético e o encontraram após meras horas de observação em 1846. Chamaram-no Netuno. (Em outro caso, astrônomos observaram que Mercúrio também escapava à rota prevista. Conjeturaram que um planeta, que chamaram Vulcano, existiria na órbita de Mercúrio. Mas, apesar dos repetidos esforços, não acharam planeta Vulcano algum. Albert Einstein, reconhecendo a possibilidade de haver erros nas leis de Newton, mostrou que a órbita de Mercúrio poderia ser explicada por um efeito inteiramente novo, a dobra do espaço-tempo, de acordo com sua teoria da relatividade.) Hoje, computadores de alta performance munidos dessas leis poderiam revelar a presença de mais habitantes do Cinturão de Kuiper e da Nuvem de Oort.

Astrônomos suspeitam que a Nuvem de Oort possa se estender a até três anos-luz de nosso sistema solar. Isso seria mais do que meio caminho até as estrelas mais próximas, o triplo sistema Alfa Centauri, a pouco mais de quatro anos-luz da Terra. Se partirmos do pressuposto de que Alfa Centauri seja cercado por uma esfera de cometas, é possível então que haja uma trilha contínua destes conectando-o à Terra. Pode ser possível o estabelecimento de uma série de estações de reabastecimento, postos avançados e locais de retransmissão numa grande autoestrada interestelar. Em vez de darmos um salto para a estrela mais próxima, poderíamos cultivar a meta mais modesta de "ir de cometa em cometa" até o sistema Alfa Centauri. Esta poderia se tornar uma Rota 66 cósmica.

Criar tal autoestrada de cometas não é algo tão irreal quanto parece. Os astrônomos sabem determinar muita coisa a respeito dos cometas, do tamanho à consistência e composição. Quando o cometa Halley passou, em 1986, foi possível enviar uma frota de sondas espaciais para fotografá-lo e analisá-lo. As fotos mostraram um núcleo minúsculo, de cerca de 16 quilômetros de diâmetro, com a forma de um amendoim (isso significa que, em algum momento do futuro, os dois pedaços se partirão e o Halley virará um par de cometas). Além do mais, cientistas conseguem enviar sondas para voar por entre as caudas de cometas. A espaçonave Rosetta conseguiu enviar uma delas para pousar em um cometa. A análise de alguns desses cometas mostra um núcleo de rocha sólida e gelo, que poderia ser forte o bastante para sustentar uma estação robótica de retransmissão.

Um dia, robôs talvez pousem em um cometa distante da Nuvem de Oort e perfurem sua superfície. Minerais e metais do núcleo poderiam ser usados para moldar uma estação espacial. O gelo poderia ser derretido para gerar água potável, combustível de foguetes e oxigênio para os astronautas.

O que encontraremos se nos aventurarmos além do sistema solar? Estamos vivendo uma mudança de paradigma em nossa compreensão do universo. Descobrimos constantemente planetas semelhantes à Terra que podem sustentar algum tipo de forma de vida em outros sistemas estelares. Conseguiremos um dia visitar tais planetas? Poderemos construir naves estelares capazes de abrir o universo à exploração humana? Como?

PARTE 2
VIAGEM ÀS ESTRELAS

7

ROBÔS NO ESPAÇO

Em algum momento, portanto, devemos esperar que as máquinas assumam o controle.
— ALAN TURING

Ficaria muito surpreso se algo remotamente semelhante a isso viesse a ocorrer nos próximos cem a duzentos anos.
— DOUGLAS HOFSTADTER

O ano é 2084. Arnold Schwarzenegger é um operário como outro qualquer, cujos sonhos recorrentes sobre Marte o perturbam. Ele decide que precisará se aventurar pelo planeta para conhecer a origem desses sonhos. Vê com os próprios olhos um Marte com metrópoles fervilhantes, prédios com cúpulas reluzentes de vidro e vastas operações de garimpo. A energia e o oxigênio para milhares de residentes permanentes são fornecidos por uma elaborada infraestrutura de canos, cabos e geradores.

O vingador do futuro oferece uma visão cativante de como poderia ser a aparência de uma cidade em Marte: elegante, limpa e moderna. Há, no entanto, um pequeno problema. Por mais que essas cidades imaginárias em Marte criem ótimos cenários hollywoodianos, construí-las com a nossa tecnologia atual, na prática, estouraria o orçamento de qualquer missão da NASA. É só lembrar que, inicialmente, cada martelo, cada pedaço de papel, cada clipe teria de ser transportado até lá, um planeta a dezenas de milhões de quilômetros de distância. E, se formos viajar além do sistema solar, rumo às estrelas próximas, onde a comunicação rápida com a Terra é impossível, os problemas só se multiplicariam. Em vez de dependermos do transporte de suprimentos da Terra, precisaríamos buscar uma forma de desenvolver uma presença no espaço sem irmos à falência.

A resposta talvez esteja no uso de tecnologias da quarta onda, como nanotecnologia e inteligência artificial (IA), capazes de mudar as regras do jogo drasticamente.

Ao fim do século XXI, os avanços da nanotecnologia poderão permitir a produção em larga escala de grafeno e nanotubos de carbono, materiais superleves que irão revolucionar a construção. O grafeno consiste numa só camada molecular de átomos de carbono hermeticamente ligados a ponto de formarem uma chapa ultrafina e ultradurável. Quase transparente, não pesa quase nada e, no entanto, é o material mais resistente conhecido pela ciência – duzentas vezes mais forte do que o aço, mais forte até do que os diamantes. Na teoria, seria possível equilibrar um elefante em cima de um lápis e colocar a ponta deste numa chapa de grafeno sem quebrá-la ou despedaçá-la. O grafeno ainda tem o bônus de ser condutor de eletricidade. Cientistas já conseguiram entalhar transistores do tamanho de moléculas em chapas de grafeno. Talvez os computadores do futuro sejam feitos disso.

Nanotubos de carbono são chapas de grafeno enroladas em longos tubos. São praticamente inquebráveis e quase invisíveis. Se os tirantes de suspensão da Ponte do Brooklyn fossem feitos de nanotubos de carbono, ela pareceria estar flutuando no ar.

Se grafeno e nanotubos são materiais tão extraordinários, por que não os usamos em nossas casas, pontes, edifícios e autoestradas? No momento, é muito difícil produzir grafeno puro em escala industrial. A mais insignificante impureza ou imperfeição em nível molecular pode arruinar suas propriedades físicas miraculosas. É difícil produzir chapas maiores do que um selo postal.

A esperança dos químicos, porém, é de que, no próximo século, seja possível a produção em massa, o que levaria os custos de construção de infraestrutura no espaço a caírem vertiginosamente. Por ser leve como é, o grafeno pode ser transportado de forma eficiente a locais extraterrestres distantes ou mesmo ser fabricado noutros planetas. Cidades inteiras feitas desse material poderiam surgir no deserto marciano. Os edifícios poderiam ser parcialmente transparentes. Trajes espaciais seriam ultrafinos e colados aos corpos. Carros se tornariam superenergeticamente eficientes, pois pesariam muito pouco. A chegada da nanotecnologia poderia virar de ponta-cabeça todo o campo da arquitetura.

No entanto, mesmo com tais avanços, a quem caberá o trabalho pesado e exaustivo de montar nossos assentamentos em Marte, nossas colônias de mineração no cinturão de asteroides, nossas bases em Titã e nos exoplanetas? A solução pode partir da inteligência artificial.

IA: UMA CIÊNCIA RECÉM-NASCIDA

Em 2016, o campo da inteligência artificial ficou animado com a notícia de que o AlphaGo, o programa de computador da DeepMind, havia derrotado Lee Sedol, campeão mundial do velho jogo de Go. Muitos acreditavam que esse feito ainda levaria décadas para ocorrer. Foram publicados editoriais lamuriando-se quanto a isso representar o obituário da raça humana. O poderio das máquinas havia chegado a um ponto sem volta e elas logo tomariam conta de tudo. Não havia mais jeito.

O AlphaGo é o programa de jogos mais avançado que já se viu. Há no xadrez, em média, vinte a trinta movimentos possíveis, mas no Go são cerca de 250 possibilidades. O número total de configurações desse jogo excede, na verdade, o total de átomos do universo. Imaginava-se no passado que seria difícil demais para um computador contar todos os possíveis movimentos, de forma que, ao conseguir derrotar Sedol, o AlphaGo virou uma sensação midiática instantânea.

Contudo, logo ficou aparente como o AlphaGo, por mais sofisticado que fosse, era um mágico de um truque só. Só sabia mesmo vencer no Go. Nas palavras do CEO do Instituto Allen para a Inteligência Artificial, Oren Etzioni: "O AlphaGo não sabe nem jogar xadrez. Não sabe falar sobre o jogo. Meu filho de seis anos é mais esperto". Independentemente do quão poderoso seja o hardware, não dá para abordar a máquina, dar-lhe um tapinha nas costas, parabenizá-la por derrotar um ser humano e esperar uma resposta coerente. A máquina não tem noção alguma de ter entrado para a história da ciência. Ela, na verdade, não sabe sequer que é uma máquina. Volta e meia nos esquecemos que os robôs de hoje são calculadoras de luxo, sem autoconsciência, criatividade, senso comum ou emoções. Podem sobressair em tarefas específicas, repetitivas, restritas, mas falham nas mais complexas, que exigem conhecimentos gerais.

Por mais que o campo da IA esteja fazendo avanços verdadeiramente revolucionários, é preciso contextualizar seu progresso. Se compararmos a evolução dos robôs com a da ciência de foguetes, veremos que a robótica está além do estágio onde Tsiolkovsky se encontrava, ou seja, além da fase especulativa e teórica. Estamos firmemente no estágio ao qual Goddard nos impeliu, construindo verdadeiros protótipos, primitivos, mas capazes de mostrar como nossos princípios básicos estão corretos. Contudo, ainda não entramos na fase seguinte, a esfera de von Braun, na qual robôs inovadores e poderosos estariam saindo das linhas de montagem e erguendo cidades em planetas distantes.

Até aqui, os robôs foram espetacularmente bem-sucedidos como máquinas de controle remoto. Por trás da espaçonave Voyager que passou por Júpiter e Saturno, por trás dos módulos Viking que pousaram na superfície de Marte, por trás das espaçonaves Galileu e Cassini que entraram em órbita ao redor dos gigantes gasosos, havia uma dedicada equipe de seres humanos que dava as cartas. Como drones, aqueles robôs simplesmente levaram a cabo as instruções de seus treinadores humanos no Controle da Missão, em Pasadena. Todos os "robôs" que vemos nos filmes são bonecos, animações em computador ou máquinas de controle remoto (meu robô favorito da ficção científica é Robby, de *Planeta proibido*; parecia futurista, mas havia um homem escondido lá dentro).

Mas como o poder dos computadores dobra a cada ano e meio há algumas décadas, o que podemos esperar do futuro?

PRÓXIMO PASSO: VERDADEIROS AUTÔMATOS

Dando um passo além dos robôs de controle remoto, nossa próxima meta é conceber verdadeiros autômatos, robôs com a habilidade de tomar suas próprias decisões, requerendo o mínimo de intervenção humana. Ao ouvir algo como "Recolha o lixo", um autômato entraria em ação, algo que está além da capacidade dos robôs de hoje. Precisaremos de autômatos capazes de explorar e colonizar planetas externos basicamente por conta própria, pois levaria horas para se comunicar com eles por rádio.

Esses verdadeiros autômatos podem vir a se provar absolutamente essenciais ao estabelecimento de colônias em planetas e luas distantes.

Lembremos que, por muitas décadas ainda, a população de assentamentos no espaço sideral não deverá passar de umas poucas centenas. A mão de obra humana será escassa e muito cara, e, no entanto, haverá uma intensa pressão pela criação de novas cidades em mundos distantes. É onde robôs podem fazer a diferença. A princípio, seu trabalho se limitará a uma tríade maldita – funções perigosas, aborrecidas e insalubres.

Por exemplo, quando assistimos a filmes de Hollywood, costumamos esquecer quão perigoso o espaço sideral pode ser. Mesmo trabalhando em ambientes de baixa gravidade, robôs serão essenciais para todo o trabalho pesado de construção, carregando diligentemente enormes vigas, barras, lajes de concreto, maquinário pesado etc., todo o necessário para construir bases em outro mundo. Robôs seriam muito superiores a astronautas com seus trajes espaciais desajeitados, músculos frágeis, movimentos corporais lentos e pesados tanques de oxigênio. Humanos ficam exaustos facilmente, ao passo que robôs podem trabalhar dia e noite por tempo indeterminado.

Além do mais, na ocorrência de um acidente, robôs são facilmente reparáveis ou substituíveis em uma série de situações perigosas. Poderiam desarmar explosivos perigosos do tipo que se usa para abrir novos canteiros de obras e autoestradas. Ou andar sobre chamas para resgatar astronautas em caso de incêndio, ou trabalhar em condições enregelantes em luas distantes. E não precisam de oxigênio, não havendo risco de sufocamento, uma ameaça constante para astronautas.

Poderiam ainda explorar terreno perigoso em mundos distantes. Por exemplo, muito pouco se sabe sobre a estabilidade e a estrutura de calotas polares em Marte ou lagos glaciais de Titã, mas esses depósitos poderiam se provar fontes essenciais de oxigênio e hidrogênio. Robôs poderiam ainda explorar os tubos de lava de Marte, onde é possível encontrar abrigo contra níveis perigosos de radiação, ou investigar as luas de Júpiter. Explosões solares e raios cósmicos poderiam aumentar a incidência de câncer sobre astronautas, ao passo que robôs seriam capazes de trabalhar até mesmo em campos de radiação letal. Poderiam substituir unidades de controle desgastadas e degradadas pela radiação intensa por meio da manutenção de um depósito especial de peças sobressalentes altamente protegido.

Além daquelas consideradas perigosas, robôs podem dar conta das tarefas chatas, em especial as repetitivas. Qualquer base lunar ou planetária precisará, em algum momento, de uma grande quantidade de produtos industrializados, que robôs podem produzir em série. Isso será essencial na criação de uma colônia autossustentável, capaz de garimpar minério local para produzir os itens necessários a uma base lunar ou planetária.

Por fim, eles poderiam ainda executar tarefas insalubres, como fazer manutenção e reparos em sistemas de saneamento e esgoto de colônias distantes. Poderiam trabalhar com os gases e elementos químicos tóxicos de usinas de reciclagem e reprocessamento.

Vê-se, portanto, que autômatos capazes de operar sem intervenção humana direta terão um papel essencial para que cidades, estradas, casas e arranha-céus modernos possam um dia erguer-se sobre paisagens lunares desoladas e desertos marcianos. A próxima questão a abordar, contudo, é: quão longe estamos de criar verdadeiros autômatos? Deixando de lado os robôs fantasiosos dos filmes e romances de ficção científica, qual é de fato o estado dessa tecnologia? Quanto tempo ainda esperaremos por robôs capazes de criar cidades em Marte?

A HISTÓRIA DA IA

Em 1955, um seleto grupo de pesquisadores se encontrou em Dartmouth e criou o campo da inteligência artificial. Estavam tremendamente confiantes de que, num curto período de tempo, poderiam desenvolver uma máquina inteligente capaz de solucionar problemas complexos, entender conceitos abstratos, usar a linguagem e aprender com suas experiências. Eles declararam: "Pensamos que um avanço significativo pode ser obtido em um ou mais desses problemas caso um grupo cuidadosamente selecionado de cientistas trabalhe junto neles por um verão".

Mas eles cometeram um erro crucial, pois partiram do pressuposto que o cérebro humano era um computador digital. Eles acreditavam que, se fosse possível reduzir as leis da inteligência a uma lista de códigos e carregá-los em um computador, ele subitamente se transformaria numa máquina pensante, consciente, e seria possível ter uma conversa significativa com ele. A isto chamava-se abordagem "de cima para baixo" ou "a inteligência engarrafada".

A ideia parecia simples, elegante e inspirava previsões otimistas. Nos anos 1950 e 1960, obtiveram-se grandes êxitos. Programaram-se computadores para jogar damas e xadrez, resolver teoremas de álgebra e reconhecer e apanhar blocos de pedra. Em 1965, Herbert Simon, pioneiro da IA, declarou: "Dentro de vinte anos, máquinas serão capazes de fazer qualquer trabalho que um homem consiga". Em 1968, o filme *2001: uma odisseia no espaço* nos apresentou a HAL, o computador que falava conosco e pilotava uma espaçonave rumo a Júpiter.

Foi quando a IA deu com um beco sem saída. Em face de dois obstáculos em especial, reconhecimento de padrões e senso comum, o ritmo dos avanços caiu quase a zero. Robôs enxergam – bem melhor do que nós, aliás –, mas não entendem o que veem. Ao depararem-se com uma mesa, só percebem formas lineares, quadradas, triangulares e ovais. Não conseguem juntar os elementos e identificar o todo. Não entendem o conceito da "mesagem". Portanto, é muito difícil para eles orientar-se numa sala, reconhecer a mobília e evitar obstáculos. Robôs ficam totalmente perdidos ao andar pela rua e encontrar a barafunda de linhas, círculos e quadrados representada por bebês, policiais, cachorros e árvores.

O senso comum é o outro obstáculo. Nós sabemos que a água molha, uma corda deve ser puxada e não empurrada, blocos de pedra devem ser empurrados e não puxados, e mães são mais velhas do que suas filhas. Tudo isso é óbvio para nós. Mas de onde absorvemos esse conhecimento? Nada na matemática prova a impossibilidade de uma corda empurrar algo. Captamos tais verdades da pura e simples experiência, do choque com a realidade. Aprendemos na "universidade da vida".

Robôs, por outro lado, não contam com o benefício da experiência de vida. Tudo precisa ser entregue mastigado a eles, linha por linha, via códigos. Já foram feitas algumas tentativas de programar cada migalha de senso comum, mas há simplesmente muitas. Uma criança de quatro anos sabe intuitivamente mais sobre a física, a biologia e a química do mundo do que o computador mais avançado.

O DESAFIO DA DARPA

Em 2013, a Agência de Projetos de Pesquisa Avançada para a Defesa (na sigla em inglês, DARPA), braço do Pentágono que estabeleceu as bases para a internet, lançou um desafio aos cientistas do mundo: a construção de um robô que pudesse limpar o terrível caos radioativo de Fukushima, onde, em 2011, três reatores nucleares de uma usina derreteram. O grau de radioatividade dos detritos é tamanho que trabalhadores não podem permanecer mais do que alguns minutos na área da radiação letal. Como resultado, a operação sofreu enormes atrasos. A atual estimativa das autoridades é que a limpeza levará de trinta a quarenta anos e custará cerca de US$ 180 bilhões.

Se for possível a construção de um robô capaz de limpar a área dos detritos e do lixo nuclear sem intervenção humana, este poderá ser o passo inicial no sentido da criação de um verdadeiro autômato que possa ajudar na construção de uma base lunar ou assentamento em Marte, mesmo na presença de radiação.

Ciente de que Fukushima seria o lugar ideal para pôr em prática os mais recentes avanços tecnológicos de IA, a DARPA decidiu lançar o Desafio de Robótica DARPA, com US$ 3,5 milhões em prêmios a quem criasse robôs capazes de executar tarefas elementares de limpeza (um Desafio DARPA anterior havia se provado espetacularmente bem-sucedido, acabando por pavimentar o caminho para o carro sem motorista). Essa competição foi ainda o fórum perfeito para se promover progressos no campo da IA. Era a hora de exibir alguns ganhos reais após anos de hipérboles e bravatas. O mundo veria como robôs eram capazes de executar tarefas essenciais para as quais humanos não são aptos.

As regras eram muito claras e sucintas. O robô vencedor teria de ser capaz de executar oito tarefas simples, entre elas dirigir um carro, remover detritos, abrir portas, fechar uma válvula que estivesse vazando, conectar uma mangueira de incêndio e girar uma válvula. Choveram inscrições do mundo inteiro, competidores ávidos pela glória e pelo prêmio em dinheiro. Mas em vez do estabelecimento do marco de uma nova era, os resultados finais foram embaraçosos. Muitos robôs concorrentes não concluíram as tarefas e alguns chegaram a cair diante das câmeras. O desafio mostrou que a IA se provara consideravelmente mais complexa do que o sugerido pela abordagem de cima para baixo.

MÁQUINAS DE APRENDER

Outros pesquisadores de IA abandonaram por completo o método de cima para baixo e passaram a imitar a Mãe Natureza, invertendo o processo. Essa estratégia alternativa pode oferecer o caminho mais promissor à criação de robôs capazes de operar no espaço sideral. Fora dos laboratórios de IA, é possível encontrar autômatos sofisticados, muito mais poderosos do que qualquer coisa que sejamos capazes de conceber. Chamam-se animais. A menor das baratas manobra com destreza pela mata, em busca de comida e parceiros de acasalamento. Enquanto isso, nossos desajeitados e pesados robôs às vezes arrancam o reboco das paredes enquanto se arrastam.

As suposições equivocadas sobre as quais se baseava o trabalho dos pesquisadores de Dartmouth, há sessenta anos, pesam hoje sobre o campo da IA. O cérebro não é um computador digital. Não é dotado de programação, CPU, processador Pentium, sub-rotinas, codificação. Retira-se um transistor e o computador provavelmente para de funcionar. Mas o cérebro humano continua, mesmo que se remova metade dele.

A natureza realiza milagres da computação ao organizar o cérebro como uma rede neural, uma máquina de aprender. Seu laptop não aprende nada – é tão burro hoje quanto era ontem ou ano passado. Mas o cérebro humano literalmente religa a si próprio depois de aprender qualquer tarefa. É esta a razão de bebês balbuciarem antes de aprenderem uma língua, ou de ziguezaguearmos antes de aprendermos a andar de bicicleta. As redes neurais aperfeiçoam-se gradualmente pela repetição constante, de acordo com o postulado de Hebb, segundo o qual quanto mais se executa uma tarefa, mais se reforçam os caminhos neurais para ela. Como diz o dito da neurociência, neurônios que disparam juntos permanecem juntos, isto é, conectam-se. Há uma velha piada que começa com a pergunta: "Como se chega ao Carnegie Hall?". As redes neurais explicam a resposta: praticando, praticando, praticando.

Por exemplo, quem faz trilha sabe que encontrar uma de terra bem batida significa que muita gente seguiu por ali, e provavelmente aquele é o melhor caminho a se tomar. O caminho certo é reforçado a cada vez que é tomado. Da mesma forma, o caminho neural de certo comportamento é reforçado quanto mais você o ativa.

Isso é importante, pois máquinas de aprender serão a chave para a exploração espacial. Robôs no espaço confrontarão o tempo todo novos perigos em constante transformação. Serão forçados a deparar-se com situações que os cientistas de hoje não são capazes sequer de prever. Um robô cuja programação só lhe permita dar conta de um número limitado de emergências será inútil, pois o destino jogará o inesperado no seu caminho. Por exemplo, não há nenhuma possibilidade de um rato ter toda e qualquer situação possível codificada nos genes, pois o número total de situações com que poderia se deparar é infinito, ao passo que seu número de genes é finito.

Digamos que uma chuva de meteoros do espaço atinja uma base em Marte e cause danos a um grande número de prédios. Robôs que lancem mão de redes neurais podem aprender mediante a interação com situações inesperadas como esta, e ficar melhores a cada vez. Robôs tradicionais, ao estilo "de cima para baixo", contudo, ficariam paralisados numa emergência não prevista.

Muitas dessas ideias foram incorporadas às pesquisas por Rodney Brooks, ex-diretor do renomado laboratório de IA do MIT. Durante nossa entrevista, ele mostrou espanto por um simples mosquito, cujo cérebro microscópico consiste em 100 mil neurônios, poder voar sem esforço em três dimensões e, no entanto, serem necessários programas de computador infinitamente intrincados para controlar um simples robô que anda e mesmo assim ainda pode tropeçar. O cientista foi pioneiro de uma abordagem nova com seus "insetos-robôs" e "insetoides", robôs que aprendem a se mover como insetos, em seis patas. Caem muito no início, mas melhoram mais e mais a cada tentativa e têm êxito gradual na coordenação de suas patas, como insetos de verdade.

O processo de alimentação de um computador com redes neurais é conhecido como aprendizagem profunda. À medida que essa tecnologia continua a se desenvolver, pode revolucionar uma série de indústrias. No futuro, quando você precisar falar com um médico ou advogado, talvez fale com sua parede inteligente ou seu relógio de pulso e solicite o Robo-Doc ou o Robo-Lawyer, softwares que rastrearão a internet para fornecer-lhe o aconselhamento médico ou legal apropriado. Esses programas aprenderão com perguntas repetidas e aperfeiçoarão mais e mais suas respostas às suas necessidades específicas – e talvez sejam capazes de antevê-las.

A aprendizagem profunda pode ainda apontar o caminho para os autômatos de que precisaremos no espaço. Nas próximas décadas, talvez as filosofias "de cima para baixo" e "de baixo para cima" estejam integradas e seja possível inseminar robôs com algum conhecimento desde o início, mas eles também poderiam operar e aprender via redes neurais. Assim como os humanos, poderiam aprender com a experiência até dominarem o reconhecimento de padrões, que lhes permitiria mover ferramentas em três dimensões, e o senso comum, que lhes permitiria dar conta de situações novas. Seriam cruciais na construção e na manutenção de assentamentos em Marte, por todo o sistema solar e além.

Robôs diferentes serão projetados para lidar com tarefas específicas. Alguns, capazes de aprender a nadar no sistema de esgoto em busca de vazamentos ou rachaduras, lembrarão a aparência de uma cobra. Outros, superfortes, aprenderão a fazer todo o trabalho pesado nos canteiros de obras. Robôs drones, talvez com a aparência de pássaros, aprenderão a analisar e inspecionar terreno alienígena. Robôs que possam aprender a explorar tubos de lava subterrâneos talvez lembrem aranhas, pois criaturas de múltiplas pernas são bastante estáveis ao mover-se sobre terreno acidentado. Aqueles capazes de aprender a vagar sobre as calotas polares de Marte talvez se pareçam com motos de neve. E os que possam aprender a nadar nos oceanos de Europa e agarrar objetos talvez sejam semelhantes a polvos.

Para explorar o espaço sideral, precisaremos de robôs que aprendam tanto através da interação com o ambiente, ao longo do tempo, quanto pela aceitação de informações diretamente alimentadas.

Contudo, mesmo tal nível avançado de inteligência artificial pode não bastar se quisermos que os robôs montem sozinhos metrópoles inteiras. O desafio definitivo da robótica seria a criação de máquinas autoconscientes e capazes de se reproduzirem.

ROBÔS AUTORREPLICANTES

Aprendi sobre autorreplicação na infância. Um livro de biologia que li trazia a explicação de como vírus crescem sequestrando as nossas células para produzir cópias de si próprios, ao passo que bactérias crescem dividindo-se e replicando-se. Se deixadas a sós por meses ou anos, as bactérias de uma colônia podem atingir quantidades verdadeiramente desconcertantes, rivalizando em tamanho com o planeta Terra.

No início, autorreplicação não assistida me parecia algo ilógico, mas logo começaria a fazer sentido. Afinal, um vírus nada mais é do que uma grande molécula capaz de reproduzir a si própria. Mas um punhado dessas moléculas, depositadas no nariz de alguém, pode acarretar um resfriado em uma semana. Uma única molécula pode se multiplicar rapidamente em trilhões de cópias de si própria – o bastante para fazer alguém espirrar. Na verdade, todos começamos nossas vidas como uma célula-ovo fertilizada dentro de nossas mães, pequena demais para ser vista a olho nu. Dentro de rápidos nove meses, porém, essa minúscula célula vira um ser humano. Até a vida humana, portanto, depende do crescimento exponencial de células.

Assim é o poder da autorreplicação, base da vida em si. E o segredo da autorreplicação está na molécula de DNA. Duas capacidades distinguem essa milagrosa molécula de todas as outras: primeiro, a vasta quantidade de informação que contém; segundo, poder se reproduzir. Mas talvez seja possível para máquinas reproduzirem essa qualidade.

A ideia de máquinas autorreplicantes, na verdade, é tão velha quanto o próprio conceito da evolução. Pouco depois de Darwin publicar seu livro divisor de águas *A origem das espécies*, Samuel Butler escreveu um artigo chamado "Darwin entre as máquinas", no qual especulou que máquinas um dia seriam capazes de se reproduzir e começariam a evoluir de acordo com a teoria de Darwin.

John von Neumann, pioneiro de vários ramos da matemática, entre eles a teoria de jogos, tentou criar uma abordagem matemática a máquinas autorreplicantes já nos anos 1940 e 1950. O ponto de partida foi a pergunta "Qual a menor máquina autorreplicante?", a partir da qual dividiu em vários passos o problema. Por exemplo, o primeiro poderia ser reunir uma grande caixa de blocos de montar (imagine uma pilha de Lego de várias formas-padrão). Seria preciso depois criar uma montadora capaz de colher dois deles e juntá-los. Em terceiro lugar, teria de se desenvolver um programa que dissesse à montadora quais partes unir e em que ordem. O último passo seria essencial. Qualquer um que já tenha brincado com blocos de montar sabe como é possível erguer estruturas altamente elaboradas e sofisticadas com poucas peças – desde que unidas corretamente. Von Neumann queria determinar o menor número de operações necessárias a uma montadora para ser capaz de fazer uma cópia de si mesma.

Von Neumann acabou desistindo desse projeto em particular, pois dependia de uma série de suposições arbitrárias, incluindo o número exato de blocos a serem usados e suas formas, e era, portanto, difícil de analisar matematicamente.

ROBÔS AUTORREPLICANTES NO ESPAÇO

O próximo impulso a robôs autorreplicantes veio em 1980, quando a NASA capitaneou um estudo denominado Automação Avançada para Missões Espaciais. Sua conclusão foi a de que robôs autorreplicantes seriam cruciais na construção de assentamentos lunares, identificando ao menos três tipos necessários. Os robôs de mineração coletariam o básico do material bruto, os de construção derreteriam e refinariam os materiais e montariam novas peças, e os de conserto fariam reparos e manutenção em si próprios e nos demais sem intervenção humana. O relatório apresentou ainda uma visão de como os robôs poderiam operar de forma autônoma. Como carrinhos inteligentes equipados com ganchos para agarrar objetos ou com pás de escavadeira, os robôs poderiam viajar por séries de trilhos, transportando recursos e processando-os na forma desejada.

O estudo teve uma grande vantagem, graças ao *timing* fortuito. Foi conduzido pouco depois de os astronautas trazerem centenas de quilos de rochas da Lua e de aprendermos que seu conteúdo metálico, de silício e de oxigênio era quase idêntico à composição das rochas da Terra. Grande parte da superfície externa da Lua é feita de regolitos, combinações do leito de rocha firme lunar com fluxos de lava ancestrais e restos do impacto de meteoros. Com essa informação, cientistas da NASA puderam começar a desenvolver planos mais concretos e realistas para fábricas na Lua nas quais robôs autorreplicantes fossem fabricados com material lunar. No relatório, era detalhada a possibilidade de garimpo e fundição de regolitos para a extração de metais utilizáveis.

Após esse estudo, o progresso com as máquinas autorreplicantes se recolheu às sombras por várias décadas à medida que o entusiasmo das pessoas se esvanecia. Mas agora, com o interesse renovado em voltar à Lua e atingir o Planeta Vermelho, todo o conceito está sendo reexaminado. Por exemplo, a aplicação dessas ideias a um assentamento em Marte poderia ocorrer da seguinte forma. Primeiro mapearíamos o deserto para compor o desenho técnico da fábrica. Seria então a vez de perfurar o solo e a rocha e detonar cargas explosivas em cada buraco. Rochas desgarradas e detritos seriam retirados por escavadeiras e pás mecânicas para garantir alicerces nivelados. As rochas seriam pulverizadas, moídas em pequenos seixos e jogadas num forno de fundição alimentado por micro-ondas para derreter as impurezas, permitindo isolar e extrair os metais líquidos. Estes seriam então separados em lingotes purificados, processados e transformados em fios metálicos, cabos, vigas e outras coisas – blocos essenciais de qualquer estrutura. Dessa maneira, uma fábrica de robôs poderia ser feita em Marte. Manufaturados os primeiros robôs, lhes será permitido assumir o controle da fábrica e continuar a criar mais robôs.

A tecnologia disponível na época do relatório da NASA era limitada, mas de lá para cá evoluiu-se muito. Um desenvolvimento promissor para a robótica foi o das impressoras 3D. Hoje computadores podem guiar o fluxo preciso de plástico e metais para a produção de peças de maquinário de rara complexidade, camada por camada. De tão avançada, a tecnologia de impressoras 3D é capaz de criar tecido humano disparando células humanas uma a uma de uma embocadura microscópica. Para um episódio de um documentário do Discovery Channel que apresentei certa vez, pus o meu próprio rosto numa delas. Feixes de raio laser rapidamente escanearam a minha face e registraram em um laptop suas conclusões. Uma impressora foi alimentada com essas informações, e plástico líquido foi meticulosamente administrado a partir de um minúsculo bico. Em meia hora, eu tinha uma máscara de plástico do meu próprio rosto. Depois a impressora escaneou meu corpo inteiro e, em poucas horas, produziu um boneco de plástico que se parecia muito comigo. No futuro, portanto, poderemos nos juntar ao Super-Homem em nossa coleção de bonecos. As impressoras 3D do futuro talvez possam recriar os tecidos frágeis que constituem órgãos funcionais ou as peças de maquinário necessárias para fazer um robô autorreplicante. Elas poderiam ainda ser conectadas às fábricas de robôs, de forma a que metais fundidos possam ser diretamente transformados em mais robôs.

O primeiro robô autorreplicante em Marte será o mais difícil de produzir. O processo exigiria a exportação de enormes carregamentos de equipamento de fabricação para o Planeta Vermelho. Logo que o primeiro robô estivesse pronto, porém, poderia ser liberado para gerar uma cópia de si. Então dois robôs fariam cópias de si, gerando quatro. O crescimento exponencial deles logo abriria espaço para uma frota numerosa o bastante para fazer o trabalho de alteração da paisagem marciana. Ficaria a seu cargo minerar o solo, construir novas fábricas e fazer cópias ilimitadas de si de forma barata e eficiente. Poderiam criar uma vasta agricultura industrial e acelerar a ascensão da civilização moderna não só em Marte, mas espaço afora, conduzindo operações de mineração no cinturão de asteroides, construindo baterias a laser na Lua, montando naves estelares gigantescas em órbita e estabelecendo bases para colônias em exoplanetas distantes. Seria um feito projetar e implantar com êxito máquinas autorreplicantes.

Além desse marco ainda restará aquele que é possivelmente o Santo Graal da robótica: máquinas conscientes. Tais robôs seriam capazes de fazer muito mais do que apenas copiar a si próprios. Poderiam entender quem são e assumir papéis de liderança: a supervisão de outros robôs, a emissão de comandos, o planejamento de projetos, a coordenação de operações e a proposta de soluções criativas. Conseguiriam responder a nós e oferecer conselhos e sugestões razoáveis. Contudo, o conceito de robôs conscientes levanta questões existenciais complexas e verdadeiramente aterroriza algumas pessoas, temerosas de que tais máquinas possam rebelar-se contra os criadores humanos.

ROBÔS CONSCIENTES

Em 2017, uma polêmica eclodiu entre dois bilionários, Mark Zuckerberg, o criador do Facebook, e Elon Musk, da SpaceX e da Tesla. Zuckerberg insistia ser a inteligência artificial uma grande geradora de riqueza e prosperidade com potencial para enriquecer a sociedade como um todo. A visão de Musk, contudo, era muito mais sombria. Ele declarou que a IA na verdade era um risco existencial para toda a humanidade, e que um dia nossas criações podem se voltar contra nós.

Quem está certo? Se dependêssemos tão profundamente de robôs para manter nossas bases lunares e cidades em Marte, o que ocorreria se um dia eles decidissem não precisar mais de nós? Teríamos criado colônias no espaço exterior apenas para perdê-las para robôs?

Esse medo é antigo e sua expressão data no mínimo de 1863, quando o romancista Samuel Butler alertou: "Estamos nós mesmos criando nossos sucessores. O homem se tornará para a máquina o que o cavalo e o cão são para o homem". À medida que robôs forem se tornando mais inteligentes do que nós, poderemos nos sentir inadequados, deixados para trás por nossas próprias criações. Hans Moravec, especialista em IA, disse: "A vida poderá parecer sem sentido se estivermos destinados a vivê-la observando estupidamente enquanto nossa prole ultrainteligente tenta descrever suas descobertas cada vez mais espetaculares numa linguagem de criança que possamos entender". Geoffrey Hinton, cientista do Google, duvida que robôs superinteligentes continuem a nos ouvir. "É como perguntar se uma criança pode controlar seus pais (...) O histórico de entidades menos inteligentes controlando as de maior inteligência não é consistente." Nick Bostrom, professor de Oxford, já declarou que, "mediante a possibilidade de uma explosão de inteligência, nós humanos somos como crianças pequenas brincando com uma bomba (...) Não fazemos ideia de quando ela detonará, ainda que, se grudarmos o mecanismo aos ouvidos, possamos escutar um fraco som de tique-taque".

Outros sustentam que um levante robô equivaleria ao curso natural da evolução. Os mais aptos substituem os organismos mais fracos; essa é a ordem natural das coisas. Alguns cientistas da computação chegam mesmo a aguardar avidamente o dia em que os robôs ultrapassarão cognitivamente os humanos. Claude Shannon, pai da teoria da informação, declarou certa vez: "Visualizo uma época em que seremos para os robôs o que os cães são para os humanos, e minha torcida é pelas máquinas".

Dos muitos pesquisadores de IA que entrevistei ao longo desses anos, todos mostraram-se confiantes que máquinas de IA um dia alcançariam a inteligência humana e seriam de grande utilidade para a humanidade. No entanto, muitos não quiseram propor datas específicas ou um cronograma que leve a esse avanço. O professor Marvin Minsky, do MIT, autor de alguns dos artigos de base da inteligência artificial, fez previsões otimistas nos anos 1950, mas me revelou numa entrevista recente não estar mais disposto a prever datas específicas porque os pesquisadores da área já erraram muitas vezes antes. Edward Feigenbaum, da Universidade Stanford, sustenta: "É ridículo falar sobre essas coisas tão cedo... a IA está há uma eternidade de distância". Um cientista da computação citado pela *New Yorker* disse: "Não me preocupo com isso (inteligência das máquinas) pela mesma razão pela qual não me preocupo com superpopulação em Marte".

No que tange à polêmica Zuckerberg/Musk, meu ponto de vista é de que Zuckerberg está correto no curto prazo. A IA não só possibilitará haver cidades no espaço, mas também enriquecerá a sociedade ao tornar tudo mais eficiente, melhor e mais barato, criando ao mesmo tempo uma gama totalmente nova de empregos gerados pela indústria da robótica, que pode um dia tornar-se maior do que é hoje a indústria automobilística. A longo prazo, porém, Musk está certo em apontar um risco maior. A questão-chave do debate é: em que momento os robôs farão essa transição e se tornarão perigosos? Pessoalmente, acho que a guinada-chave se dará precisamente quando os robôs adquirirem autoconsciência.

Hoje os robôs não sabem que são robôs. Um dia, talvez, possam vir a ter a habilidade de criar suas próprias metas em vez de adotar as escolhidas por seus programadores. Talvez, então, possam se dar conta de terem prioridades diferentes das nossas. Uma vez que nossos interesses divirjam, os robôs poderão representar uma ameaça. Quando isso pode ocorrer? Ninguém sabe. Hoje, eles têm a inteligência de um besouro. Mas talvez no final deste século venham a tornar-se conscientes. Quando isso ocorrer, já haverá assentamentos permanentes em Marte em crescimento acelerado. Portanto, é importante abordar essa questão agora, e não quando já formos dependentes deles para nossa sobrevivência no Planeta Vermelho.

Para adquirirmos a compreensão do escopo dessa questão crítica, um exame da melhor e da pior das hipóteses pode ser útil.

A MELHOR E A PIOR DAS HIPÓTESES

Um proponente da melhor das hipóteses é o inventor e autor de sucesso Ray Kurzweil. A cada vez que o entrevistei, ele descreveu uma visão clara e cativante, ainda que polêmica, do futuro. Ele crê que por volta de 2045 vamos atingir a "singularidade", ponto em que os robôs vão alcançar ou suplantar a inteligência humana. O termo vem da física, do conceito de singularidade gravitacional, referente a regiões de gravidade infinita, como um buraco negro. Foi introduzido na ciência da computação pelo matemático John von Neumann, segundo o qual a revolução dos computadores criaria "progresso em constante aceleração e mudanças no padrão da vida humana, dando a impressão de se aproximar de certa singularidade essencial (...) além da qual a experiência humana tal como a conhecemos não poderia continuar". No momento em que a singularidade se instituir, diz Kurzweil, um computador de US$ 1 mil será 1 bilhão de vezes mais inteligente do que todos os seres humanos juntos. Além disso, esses robôs se autoaperfeiçoariam e sua prole herdaria suas características adquiridas; cada geração, portanto, seria superior à anterior, resultando numa espiral ascendente de máquinas de alto funcionamento.

Kurzweil insiste que nossas criações robóticas não tomarão o poder, mas sim abrirão as portas para um novo mundo de saúde e prosperidade. Segundo ele, robôs microscópicos – ou nanorrobôs – circularão no nosso sangue "destruindo patógenos, corrigindo erros de DNA, eliminando toxinas e executando muitas outras tarefas para aumentar nosso bem-estar físico". Ele espera que a ciência logo descubra a cura para o envelhecimento e acredita piamente que, se viver até lá, viverá para sempre. Confidenciou a mim que toma centenas de comprimidos por dia, contando com a própria imortalidade. Mas caso não a atinja, determinou em testamento que o seu corpo seja preservado em nitrogênio líquido em uma empresa de criogenia.

Kurzweil antevê ainda um futuro muito distante no qual robôs irão converter os átomos da Terra em arquivos de computador, até chegar o momento em que cada átomo do Sol e do sistema solar seja absorvido por esta grandiosa máquina pensante. Disse-me que, quando olha para o céu, imagina por vezes poder testemunhar, no devido tempo, as evidências de robôs superinteligentes rearranjando as estrelas.

Contudo, nem todo mundo está convencido de que o futuro será tão cor-de-rosa. Mitch Kapor, fundador da Lotus Development Corporation, diz que o movimento da singularidade é, "na minha visão, fundamentalmente movido por um impulso religioso. E todo o frenético sensacionalismo, para mim, não esconde este fato". Hollywood contrapôs à utopia de Kurzweil a pior das hipóteses, expondo o que poderia significar a criação de nossos próprios sucessores evolucionários, capazes de nos dar um chega pra lá e nos colocar na trilha do pássaro Dodô. No filme *O exterminador do futuro*, as forças armadas criam uma rede de computadores inteligentes chamada Skynet para monitorar todas as nossas armas nucleares e concebida para nos proteger da ameaça da guerra nuclear. Mas eis que a Skynet adquire autoconsciência. As forças armadas, assustadas ao ver que a máquina desenvolveu vontade própria, tentam desligá-la. A Skynet, programada para se autoproteger, faz a única coisa que pode para evitar isso: destruir a raça humana. Deflagra uma guerra nuclear devastadora, dizimando a civilização. Os humanos são reduzidos a bandos de esfarrapados e guerrilheiros tentando derrotar o poder impressionante das máquinas.

Hollywood estaria só tentando fazer o público se pelar de medo para vender ingressos? Ou isso poderia de fato ocorrer? A questão é espinhosa, em parte porque os conceitos de autoconsciência e consciência estão tão encobertos por argumentos morais, filosóficos e religiosos que nos falta a estrutura convencional rígida para compreendê-los. Antes de continuarmos a discussão sobre a inteligência das máquinas, precisamos estabelecer uma definição clara de autoconsciência.

TEORIA DO ESPAÇO-TEMPO DA CONSCIÊNCIA

Propus uma teoria que batizei de teoria do espaço-tempo da consciência. É testável, reprodutível, falsificável e quantificável. Ela não só oferece uma definição de autoconsciência como nos permite quantificá-la numa escala.

A teoria parte da ideia de que animais, plantas e mesmo máquinas podem ser conscientes. Consciência, defendo, é o processo de criação de um modelo de si por meio do uso de múltiplos círculos de retorno – por exemplo, no espaço, na sociedade ou no tempo – de forma a desenvolver uma meta. Para medir a consciência, simplesmente contamos o número e os tipos de círculos de retorno necessários para que os objetos de estudo cheguem a um modelo de si próprios.

A menor unidade de consciência poderia ser encontrada em um termostato ou fotocélula, que lançam mão de um único círculo de retorno para criar um modelo de si em termos de temperatura ou luz. Uma flor pode ter, digamos, dez unidades de consciência, pois tem dez círculos de retorno medindo água, temperatura, direção da gravidade, luz do Sol etc. Na minha teoria, esses círculos podem ser agrupados de acordo com um certo nível de consciência. Termostatos e flores pertenceriam ao nível 0.

A consciência em nível 1 incluiria a dos répteis, das moscas de frutas e dos mosquitos, que geram modelos de si com relação ao espaço. Um réptil tem vários círculos de retorno para determinar as coordenadas de sua presa e a localização de potenciais parceiros de acasalamento, potenciais rivais e de si próprio.

O nível 2 seria o dos animais sociais. Seus círculos de retorno são relacionados à sua matilha ou tribo e produzem modelos da complexa hierarquia social dentro do grupo, expressa por emoções e gestos.

Tais níveis arremedam os estágios de evolução do cérebro mamífero. A parte mais antiga do nosso cérebro fica bem ao fundo e é onde são processados equilíbrio, territorialidade e instintos. O cérebro se expandiu para a frente, desenvolvendo o sistema límbico, o lugar das emoções, localizado bem ao centro. Essa progressão de trás para a frente é também como amadurece o cérebro de uma criança.

E então, nesse esquema, onde entra a consciência humana? O que nos distingue de plantas e animais?

Minha teoria defende que humanos se diferenciam de animais pela compreensão do tempo. Além da consciência espacial e da social, somos dotados da consciência temporal. A última parte do cérebro a evoluir é o córtex pré-frontal, localizado imediatamente atrás de nossa testa, que faz simulações constantes do futuro. Um animal pode parecer planejar quando hiberna, por exemplo, mas esse comportamento se deve na maior parte ao instinto. Não é possível ensinar a seu cão ou gato de estimação o significado do amanhã, pois eles vivem no presente. Mas os seres humanos preparam-se constantemente para o futuro e até mesmo além de nossos próprios ciclos de vida. Maquinamos e devaneamos... não conseguimos agir de outra forma. Nossos cérebros são máquinas de planejamento.

Exames de ressonância magnética mostram que, ao nos prepararmos para uma tarefa, acessamos e incorporamos memórias anteriores daquela mesma tarefa, que tornam nossos planos mais realistas. Uma teoria defende que animais não têm um sistema sofisticado de memória por basearem-se no instinto e, portanto, não precisarem da habilidade de visualizar o futuro. Em outras palavras, o simples propósito de ter uma memória talvez seja projetá-la para o futuro.

A partir dessa estrutura, podemos agora definir a autoconsciência, que pode ser compreendida como a habilidade de nos colocarmos dentro de uma simulação do futuro que seja consistente com uma meta.

Quando aplicamos essa teoria às máquinas, observamos que nossas melhores máquinas atuais estão no degrau inferior da consciência de nível 1, com base em sua habilidade de localizar sua posição espacial. A maioria, como aquelas construídas para o Desafio de Robótica DARPA, mal consegue se orientar num quarto vazio. Há alguns robôs capazes de fazer simulações parciais do futuro, como o computador DeepMind do Google, mas somente numa direção extremamente limitada. Se formos pedir ao DeepMind algo a mais do que um jogo de Go, ele congela.

Quão mais longe precisaremos ir, e que passos precisaremos dar, até termos uma máquina autoconsciente como a Skynet de *O exterminador do futuro*?

A CRIAÇÃO DE MÁQUINAS AUTOCONSCIENTES?

Para criar máquinas autoconscientes, teríamos que dar a elas um objetivo. Metas não surgem do nada em robôs; elas precisam ser programadas neles de fora para dentro. Essa condição é uma tremenda barreira contra a rebelião das máquinas. Veja o exemplo da peça *R. U. R.*, de 1921, onde primeiro se ouviu a palavra *robô*. A trama descreve robôs erguendo-se contra humanos por verem outros robôs serem maltratados. Para que isso ocorresse, tais máquinas precisariam ter altos níveis de pré-programação. Robôs não são capazes de empatia ou sofrimento ou do desejo de dominarem o mundo, a não ser que sejam instruídos a sentir tudo isso.

Mas digamos, só para efeito de discussão, que alguém conferisse aos nossos robôs o objetivo de eliminar a humanidade. O computador teria de criar simulações realistas do futuro e inserir a si próprio nesses planos. É onde nos deparamos com o problema crucial. Para listar possíveis enredos e desfechos e avaliar o quão realistas seriam, o robô teria que compreender milhões de regras de senso comum – as simples leis da física, da biologia e do comportamento humano que compreendemos automaticamente. Teria, além do mais, de entender a relação entre causa e efeito e prever consequências de certos atos. Seres humanos aprendem essas leis por meio de décadas de experiências. Uma razão para a infância durar tanto é o fato de haver tanta informação sutil para se absorver sobre a sociedade humana e o mundo natural. Robôs, porém, não foram expostos à grande maioria das interações baseadas em experiências compartilhadas.

Costumo pensar no exemplo de um experiente ladrão de banco capaz de planejar eficientemente o próximo roubo e ludibriar a polícia por ter um grande arquivo de memórias de assaltos a banco anteriores e entender o efeito de cada decisão que toma. Em comparação, para realizar uma ação simples como a de entrar com um revólver num banco para roubá-lo, um computador precisaria analisar uma complexa sequência de milhares de eventos secundários, cada um envolvendo milhões de linhas de código. Não entenderia naturalmente a relação entre causa e efeito.

Certamente é possível robôs tornarem-se autoconscientes e terem metas perigosas, mas dá para ver por que é tão improvável, em especial no futuro próximo. Dotar uma máquina de todas as equações necessárias para destruir a raça humana seria um compromisso imensamente difícil. Dá para eliminar o problema de robôs assassinos basicamente ao impedir que sejam programados com objetivos prejudiciais aos humanos. Quando chegarem afinal os robôs autoconscientes, precisaremos acrescentar a eles um chip à prova de falhas que os desligue se tiverem pensamentos assassinos. Assim poderemos dormir sossegados sabendo que tão cedo não iremos parar em zoológicos onde nossos sucessores robôs possam jogar amendoins para nós por entre as grades e botar-nos para dançar.

Isso significa que, ao explorarmos os planetas externos e as estrelas, poderemos ter a ajuda de robôs no esforço de erguer a infraestrutura necessária para assentamentos e cidades em luas e planetas distantes, mas teremos de nos certificar que suas metas sejam consistentes com as nossas e de termos mecanismos à prova de falhas instalados caso eles nos ameacem. Ainda que possamos ter de lidar com perigos quando os robôs se tornarem autoconscientes, isso não vai acontecer antes do fim do século atual ou do início do seguinte. Há tempo para nos prepararmos.

POR QUE ROBÔS PERDEM AS ESTRIBEIRAS?

Um cenário, porém, tira o sono dos pesquisadores de IA. É concebível que um robô receba um comando ambíguo ou malformulado que, levado a cabo, possa desencadear um estrago.

No filme *Eu, robô*, um computador central, chamado VIKI, controla a infraestrutura da cidade. VIKI é dotado de um comando para proteger a humanidade. Mas ao estudar como os humanos tratam outros humanos, o computador chega à conclusão de que a maior ameaça à humanidade é ela própria. Determina matematicamente que a única forma de protegê-la é assumir o controle sobre ela.

Outro exemplo é a lenda do Rei Midas. Ele pede ao deus Dionísio a habilidade de transformar em ouro qualquer coisa que toque. A princípio, esse poder parece um caminho garantido para a riqueza e a glória. Até que ele toca sua filha, e ela vira ouro. Sua comida também se torna incomível. Ele se descobre escravo do próprio dom pelo qual implorara.

H. G. Wells explorou um dilema semelhante em seu conto "O homem que fazia milagres". Um dia, um balconista comum descobre-se com uma habilidade surpreendente. Qualquer coisa que deseje vira realidade. Sai para beber tarde da noite com um amigo, fazendo milagres pelo caminho. Como não querem que a noite termine, ele deseja inocentemente que a Terra pare de girar. De repente, ventos violentos e inundações gigantescas se abatem sobre eles. Pessoas, edifícios e cidades são catapultados para o espaço a 1.600 km/h, a velocidade da rotação da Terra. Ao perceber que destruiu o planeta, seu último desejo é que tudo retorne ao normal – como era antes de ele ganhar seu poder.

A ficção científica nos ensina aqui a exercitar a cautela. Desenvolver a IA implica examinar meticulosamente cada possível consequência, em especial aquelas que talvez não pareçam imediatamente óbvias. Afinal, a habilidade de fazê-lo é parte do que nos torna humanos.

COMPUTAÇÃO QUÂNTICA

Para enxergar um quadro mais amplo do futuro da robótica, observemos mais de perto o que acontece dentro de computadores. Hoje, a maior parte dos computadores digitais se baseia em circuitos de silício e obedece à lei de Moore e sua determinante de que a força de um computador dobra a cada ano e meio. Mas, nos últimos anos, o avanço tecnológico começou a desacelerar do ritmo frenético das décadas anteriores e há quem proponha o cenário extremo do colapso da lei de Moore, com sérias consequências para a economia mundial, dependente do crescimento quase exponencial do poder da computação. Se isso acontecer, o Vale do Silício pode virar outro Cinturão da Poeira. Para desviar uma potencial crise, físicos mundo afora buscam um substituto para o silício, trabalhando numa miscelânea de computadores alternativos – moleculares, atômicos, baseados em DNA, em pontos quânticos, computadores óticos, de proteína. Mas nenhum está pronto para vir a público.

Há ainda um curinga na equação. Transistores de silício tornam-se cada vez menores e em algum momento chegarão ao tamanho de átomos. Atualmente, um processador Pentium padrão pode ter camadas de silício com espessura de uns vinte átomos. Dentro de uma década ela já poderá ser de apenas cinco átomos e, neste caso, poderão ocorrer vazamentos de elétrons, como previsto pela teoria quântica, provocando curtos-circuitos. É necessário haver um tipo revolucionário de computador. Computadores moleculares, talvez à base de grafeno, podem substituir os chips de silício. Um dia, porém, talvez até os computadores moleculares sofram os efeitos previstos pela teoria quântica.

Neste ponto, talvez tenhamos de construir o computador definitivo, o computador quântico, capaz de operar com o menor transistor possível: um único átomo.

Eis como poderá ser: circuitos de silício contêm uma porta que pode ser aberta ou fechada ao fluxo de elétrons. A informação é armazenada à base desses circuitos abertos ou fechados. A matemática binária, cuja base é uma série de uns e zeros, descreve o processo: o zero pode representar uma porta fechada, e o um uma porta aberta.

Considere agora a substituição do silício por uma fileira de átomos individuais. Átomos são como minúsculos ímãs, com polos norte e sul. Ao serem depositados num campo magnético, pode-se suspeitar que estejam apontando para cima ou para baixo. Na realidade, cada átomo aponta para cima e para baixo simultaneamente até alcançar uma medida final. Para o senso comum essa noção é um desafio, mas é como funciona na mecânica quântica. Sua vantagem é enorme. Se os ímãs estiverem apontando ou para cima ou para baixo, a quantidade de dados a armazenar fica limitada. Mas se cada ímã estiver misturando estados, podem-se guardar quantidades bem maiores de informação em um minúsculo agrupamento de átomos. Cada "bit" de informação, que pode ser um ou zero, vira então um "bit quântico", ou seja, uma mistura complexa de uns e zeros com muito mais capacidade de armazenamento.

A razão de pensarmos em computadores quânticos é que neles pode estar a chave para a exploração do universo. Em teoria, um computador quântico pode nos dar a habilidade de exceder a inteligência humana. São curingas ainda. Não sabemos quando chegarão nem qual será seu potencial absoluto. Mas podem se provar de valor inestimável na exploração espacial. Além da construção dos assentamentos e cidades do futuro, podem levar-nos um passo além, nos dando a habilidade de fazer o planejamento de alto nível necessário para terraformar planetas inteiros.

Computadores quânticos seriam imensamente mais potentes do que os digitais normais. Estes últimos talvez necessitem de séculos para decifrar um código baseado em um problema de matemática excepcionalmente difícil, como fatorar um número na casa dos milhões em dois números menores. Entretanto, computadores quânticos, calculando com um número alto de estados atômicos mistos, poderiam descriptografá-lo rapidamente. A CIA e outras agências de espionagem estão marcadamente cientes de seu potencial. Em meio a montes de material confidencial da Agência Nacional de Segurança vazados para a imprensa alguns anos atrás, havia um documento ultrassecreto indicando que computadores quânticos estavam sendo cuidadosamente monitorados pela agência, mas nenhuma grande revelação era esperada para o futuro imediato.

Dado o entusiasmo e o burburinho, quando podemos esperar que os computadores quânticos se tornem uma realidade?

POR QUE NÃO TEMOS COMPUTADORES QUÂNTICOS?

Computar em átomos individuais pode ser tanto uma bênção quanto uma maldição. Embora átomos possam armazenar uma quantidade enorme de informação, a mínima impureza, vibração ou perturbação pode arruinar um cálculo. É necessário, mas notoriamente difícil, isolar por completo os átomos do mundo exterior. Eles precisam atingir um estado denominado "coerência", quando vibram em uníssono. Mas a menor das interferências – alguém espirrando no prédio ao lado, digamos – pode levá-los a vibrar a esmo e independentemente uns dos outros. "Descoerência" é um dos maiores problemas que enfrentamos para desenvolver computadores quânticos.

Por causa desse problema, computadores quânticos hoje só conseguem fazer cálculos rudimentares. Na verdade, o recorde mundial obtido por um é de cerca de vinte bits quânticos. Pode não parecer nada demais, mas é sinceramente um feito. Um computador quântico de alta funcionalidade pode levar décadas para surgir, talvez só mesmo no fim deste século. Mas quando a tecnologia chegar, aumentará dramaticamente o poder da IA.

ROBÔS NO FUTURO DISTANTE

Considerando-se o atual estado primitivo dos autômatos, eu também não esperaria ver robôs autoconscientes pelas próximas décadas – repito, talvez não antes do fim do século. Nesse meio-tempo provavelmente iremos, a princípio, lançar mão de sofisticadas máquinas por controle remoto para continuar o trabalho de exploração do espaço, e então talvez autômatos com capacidade inovadora de aprendizado para começar a estabelecer as bases de assentamentos humanos. Mais tarde autômatos autorreplicantes virão para completar a infraestrutura, e por fim máquinas conscientes de alimentação quântica nos ajudarão a estabelecer e manter uma civilização intergalática.

Evidentemente toda essa conversa sobre alcançar estrelas distantes levanta uma questão importante. Como nós ou nossos robôs faríamos para chegar até lá? Quão exatas são as naves estelares que vemos toda noite na TV?

8

A CONSTRUÇÃO DE UMA NAVE ESTELAR

Por que ir às estrelas?
Porque descendemos daqueles primatas que decidiram ver o que havia do outro lado do morro.
Porque não sobreviveremos aqui para sempre.
Porque as estrelas estão lá, prometendo novos horizontes.
— JAMES E GREGORY BENFORD

No filme *Passageiros*, a Avalon, uma nave estelar de última geração movida a enormes motores de fusão, está em viagem a Homestead II, uma colônia num planeta distante. Os anúncios para o assentamento são atraentes. A Terra está velha, cansada, superpovoada e poluída. Por que não começar do zero num mundo emocionante?

A jornada leva 120 anos, durante os quais os passageiros são postos em animação suspensa, seus corpos congelados em cápsulas. Quando a Avalon chegar a seu destino, a nave automaticamente acordará seus 5 mil passageiros. Eles se erguerão das cápsulas sentindo-se renovados e prontos para construir uma nova vida numa nova casa.

Contudo, durante a viagem, uma chuva de meteoros abre um furo na fuselagem da nave e danifica seus motores de fusão, provocando um efeito cascata de defeitos. Um dos passageiros é revivido prematuramente, com noventa anos de viagem ainda pela frente. O pensamento de que a nave só pousará muito depois de sua morte o faz sentir-se solitário e deprimido. Desesperado por companhia, decide despertar uma bela companheira de viagem. Eles naturalmente se apaixonam. Mas quando ela descobre que ele a despertou deliberadamente quase um século mais cedo e que também vai morrer no purgatório interplanetário, tem um ataque.

Filmes como *Passageiros* exemplificam recentes tentativas da parte de Hollywood de injetar certo realismo em sua ficção científica. A Avalon faz sua viagem à moda antiga, sem jamais exceder a velocidade da luz. Mas peça a qualquer criança para imaginar uma nave estelar, e ela mencionará algo como a Enterprise de *Jornada nas estrelas* ou a Millennium Falcon de *Guerra nas estrelas* – capazes de enviar tripulações chispando galáxia afora mais rápido do que a luz, talvez até pegando atalhos pelo espaço-tempo e zunindo pelo hiperespaço.

Realisticamente, nossas primeiras naves interestelares poderão não ser tripuladas e nem lembrar qualquer dos veículos enormes e brilhantes sonhados pelos filmes. Na verdade, talvez não sejam maiores do que um selo. Em 2016, meu colega Stephen Hawking chocou o mundo ao dar apoio a um projeto chamado Breakthrough Starshot, que pretende desenvolver "nanonaves", chips sofisticados atrelados a velas energizadas por um banco enorme de poderosos raios laser na Terra. Os chips seriam do tamanho de um polegar humano, pesariam menos de 28 gramas e conteriam bilhões de transistores. Um dos aspectos mais promissores da empreitada é poder se fiar em tecnologia já existente, sem termos de esperar cem ou duzentos anos. Hawking dizia que nanonaves poderiam ser desenvolvidas ao custo de US$ 10 bilhões no âmbito de uma geração e, usando 100 bilhões de watts de energia a laser, poderiam viajar a um quinto da velocidade da luz e chegar dentro de vinte anos a Alfa Centauri, o sistema estelar mais próximo. Para efeito de comparação, lembre-se de que cada missão dos ônibus espaciais não saiu da órbita imediata da Terra e custou quase US$ 1 bilhão por lançamento.

As nanonaves poderiam conseguir algo fora do alcance de foguetes químicos. A equação de Tsiolkovsky mostra ser quase impossível para um foguete Saturn convencional alcançar a estrela mais próxima, pois quão mais rápido viajasse, mais combustível queimaria exponencialmente, e um foguete químico simplesmente não pode carregar combustível suficiente para uma jornada tão longa. Partindo-se da suposição de que possa chegar às estrelas próximas, a viagem levaria cerca de 70 mil anos.

Esta vela, cuja carga é um chip minúsculo, pode ser impulsionada por um feixe de laser e chega a 20% da velocidade da luz.

    A maior parte da energia de um foguete químico é gasta para erguer seu próprio peso ao espaço, mas uma nanonave recebe passivamente sua energia por via externa, feixes de laser enviados do solo, por isso não há desperdício de combustível – 100% da quantidade é usada no impulso da nave. E como nanonaves não precisam gerar a própria energia, elas não têm partes móveis. A possibilidade de quebras mecânicas, portanto, é reduzida significativamente. Também prescindem de elementos químicos explosivos e não explodiriam na plataforma de lançamento ou no espaço.

    A tecnologia de computadores avançou ao ponto em que todo um laboratório científico cabe em um chip. Nanonaves teriam câmeras, sensores, kits químicos e células solares, projetados para fazer análises detalhadas de planetas distantes e enviar informações por rádio à Terra. Devido à queda drástica no custo dos chips de computador, poderíamos enviar milhares às estrelas na esperança de que alguns possam sobreviver à arriscada viagem (a estratégia mimetiza a da Mãe Natureza, com suas plantas que espalham milhares de minúsculas sementes ao vento para aumentar a probabilidade de algumas vingarem).

Uma nanonave que passe chispando pelo sistema Alfa Centauri a 20% da velocidade da luz teria poucas horas para completar sua missão. Nesse espaço de tempo, localizaria planetas semelhantes à Terra e os fotografaria e analisaria com rapidez para determinar características de suas superfícies, suas temperaturas e a composição de suas atmosferas, à procura de água e oxigênio em particular. Também vasculharia o sistema estelar em busca de transmissões de rádio, que poderiam indicar a existência de inteligência alienígena.

Mark Zuckerberg, fundador do Facebook, apoiou publicamente o Breakthrough Starshot, e o investidor russo formado em física Yuri Milner se comprometeu a doar pessoalmente US$ 100 milhões. As nanonaves já são muito mais do que apenas uma ideia. Mas há vários obstáculos a se considerar antes de executarmos plenamente o projeto.

PROBLEMAS COM VELAS A LASER

Para enviar uma frota de nanonaves a Alfa Centauri, um agrupamento de lasers teria de disparar feixes concentrados de pelo menos 100 gigawatts sobre os paraquedas das naves por cerca de dois minutos. A pressão da luz dos feixes as dispararia rumo ao espaço. A mira teria de ser incrivelmente precisa para garantir a chegada das naves ao alvo. O menor desvio em sua trajetória comprometeria a missão.

O maior obstáculo que enfrentamos não é a ciência-base, que já está disponível, mas os recursos financeiros, mesmo havendo vários cientistas de grosso calibre e empreendedores engajados.

Usinas nucleares custam vários bilhões de dólares e conseguem gerar apenas um gigawatt, ou bilhão de watts, de energia. O processo de requerer financiamento federal e privado para um banco de lasers suficientemente poderoso e preciso vem causando um sério gargalo.

Na condição de teste anterior à meta de alcançar estrelas distantes, cientistas podem decidir enviar nanonaves a destinos mais próximos no próprio sistema solar. Elas só precisariam de cinco segundos para atingir a Lua, cerca de uma hora e meia para chegar a Marte e alguns dias para alcançar Plutão. Em vez de esperarmos dez anos por uma missão rumo aos planetas externos, poderíamos receber novas informações sobre eles das nanonaves em questão de dias, e dessa forma poderíamos observar o que ocorre no sistema solar em algo bem próximo ao tempo real.

Numa fase subsequente do projeto, poderíamos tentar estabelecer uma bateria de canhões a laser na Lua. Quando um raio laser ultrapassa a atmosfera da Terra, cerca de 60% de sua energia se perde. Uma plataforma de lançamento lunar ajudaria a remediar esse problema, e painéis solares na Lua forneceriam energia elétrica barata e farta para alimentar os feixes de laser. Lembremos que um dia lunar equivale a trinta dias na Terra, e a energia, portanto, poderia ser eficientemente colhida e armazenada em baterias. Esse sistema economizaria bilhões de dólares, pois, ao contrário da energia nuclear, a luz do Sol tem custo zero.

Por volta dos primeiros anos do século XXII, a tecnologia de robôs autorreplicantes já deverá estar aperfeiçoada e talvez possamos confiar às máquinas a tarefa de construir painéis solares e baterias a laser na Lua, em Marte e além. Enviaríamos para lá uma equipe inicial de autômatos, alguns dos quais minerariam o regolito e outros construiriam uma fábrica. Outro grupo de robôs supervisionaria a classificação, trituração e fundição dos materiais brutos na fábrica para separar e obter vários metais. Tais metais purificados poderiam ser usados para montar estações de lançamento de lasers – e uma nova leva de robôs autorreplicantes.

Talvez chegue a haver em algum momento uma movimentada rede de estações retransmissoras espalhadas pelo sistema solar, possivelmente estendendo-se da Lua até a Nuvem de Oort. Os cometas localizados nessa última se estendem basicamente até meio caminho de Alfa Centauri e, no geral, são estacionários, podendo assim ser os locais ideais para bancos de laser capazes de fornecer um impulso extra às nanonaves em sua jornada ao sistema estelar mais próximo. À medida que cada nanonave passasse por tais estações retransmissoras, os lasers dispariam automaticamente e dariam à nave um empurrão adicional às estrelas.

Robôs autorreplicantes poderiam construir postos avançados distantes usando a fusão em vez da luz solar como fonte básica de energia.

VELAS SOLARES

Nanonaves movidas a laser são apenas um tipo numa categoria muito maior de naves interestelares chamadas velas solares. Assim como barcos a vela capturam a força do vento, velas solares utilizam a pressão da luz, seja do Sol ou dos lasers. Na verdade, várias equações usadas para guiar barcos a vela também podem ser aplicadas a velas solares no espaço sideral.

A luz é composta de partículas chamadas fótons. Quando atingem um objeto, elas exercem uma pressão minúscula. Sendo a pressão da luz tão pequena, os cientistas ignoraram sua existência por muito tempo. Johannes Kepler foi o primeiro a notar o efeito ao perceber que, ao contrário das expectativas, caudas de cometa sempre apontam para longe do Sol. Kepler supôs corretamente que a pressão da luz solar as criava ao soprar a poeira e os cristais de gelo dos cometas para longe do Sol.

O presciente Júlio Verne antecipou as velas solares em *Da Terra à Lua*, onde escreveu: "Surgirão um dia velocidades bem maiores do que esta, cujo agente mecânico provavelmente será a luz ou a eletricidade... um dia, deveremos viajar à Lua, aos planetas e às estrelas".

Tsiolkovsky desenvolveu mais a fundo o conceito de velas solares, ou espaçonaves que utilizam a pressão da luz do Sol. Mas a história destas tem sido irregular. A NASA nunca as considerou prioritárias. Tanto a Cosmos 1, da Sociedade Planetária, em 2005, quanto a NanoSail-D, da NASA, em 2008, sofreram falhas em seus lançamentos. A elas se seguiu a NanoSail--D2, da NASA, que entrou na órbita terrestre baixa em 2010. O único lançamento bem-sucedido de uma vela solar além da órbita do planeta foi conseguido naquele mesmo ano pelos japoneses. O satélite IKAROS lançou mão de uma vela de 14 × 14 m, movida à pressão da luz solar. Alcançou Vênus em seis meses, provando assim que velas solares eram factíveis.

A ideia continua a decantar apesar do errático progresso. A Agência Espacial Europeia considera lançar a vela solar Gossamer, cujo propósito seria o de "desorbitar" algumas das milhares de peças de lixo espacial que emporcalham a área ao redor da Terra.

Eu recentemente entrevistei Geoffrey Landis, um cientista da NASA formado no MIT que trabalha no programa de Marte e também com velas solares. Tanto ele quanto sua esposa, Mary Turzillo, são romancistas de ficção científica premiados. Perguntei a ele como conseguia fazer a ponte entre mundos tão distintos – um habitado por meticulosos cientistas e suas complexas equações, outro povoado por tietes espaciais e aficionados por óvnis. Ele respondeu que a ficção científica era maravilhosa por permitir-lhe especular sobre um futuro distante. A física, disse, o mantinha com os pés no chão.

A especialização de Landis é a vela solar. Ele propôs uma nave para a jornada até Alfa Centauri que consistiria numa vela feita de uma camada ultrafina de material semelhante a diamante, cujo diâmetro seria de várias centenas de quilômetros. A nave seria gigantesca, pesaria 900 mil toneladas e exigiria recursos de toda parte do sistema solar na construção e operação, entre os quais energia de bancos de laser nas proximidades de Mercúrio. Para conseguir parar em seu destino, a nave teria um enorme "paraquedas magnético", com campo produzido por uma ansa metálica de 96 quilômetros de diâmetro. Átomos de hidrogênio do espaço passariam pela ansa e gerariam fricção, e esta desaceleraria gradualmente a vela solar ao longo de várias décadas. Uma viagem de ida e volta a Alfa Centauri levaria dois séculos, e a tripulação teria de ser multigeracional. Embora a nave seja fisicamente concebível, seria custosa e Landis admite que poderia levar de cinquenta a cem anos só para montá-la e testá-la. Nesse meio-tempo, ele ajuda a construir a vela a laser Breakthrough Starshot.

PROPULSORES IÔNICOS

Além da propulsão a laser e das velas solares, há uma série de outras formas potenciais de energizar uma nave interestelar. Para compará-las, é útil introduzir um conceito chamado "impulso específico". Trata-se do empuxo do foguete multiplicado pelo tempo ao longo do qual ele dispara (mede-se o impulso específico em unidades de segundos). Quanto mais longo seja o tempo de disparo dos motores, maior o impulso específico do foguete. Sua velocidade final é calculada a partir disso.

A seguir apresento um gráfico simples, classificando o impulso específico de vários tipos de foguetes. Deixei de incluir alguns modelos – como o foguete a laser, a vela solar e o foguete de fusão ramjet – cujo impulso é tecnicamente infinito, pois seus motores podem ser acionados indefinidamente.

Foguete de combustível sólido	250
Foguete de combustível líquido	450
Foguete de fissão nuclear	800 a 1.000
Propulsor iônico	5.000
Motor de plasma	1.000 a 30.000
Foguete de fusão	2.500 a 200.000
Propulsão de pulso nuclear	10.000 a 1 milhão
Foguete de antimatéria	1 milhão a 10 milhões

Observem como foguetes químicos, que queimam apenas por alguns minutos, têm o mais baixo impulso específico. Em seguida vêm os motores iônicos, que podem ser úteis em missões para planetas próximos. Dá-se a partida a um motor iônico pegando-se um gás como o xenônio, extraindo os elétrons de seus átomos e vertendo-os em íons (fragmentos carregados de átomos) para depois acelerá-los com um campo elétrico. Por dentro, um motor iônico lembra um pouco o interior de um monitor de TV, com campos elétricos e magnéticos guiando um feixe de elétrons.

O empuxo dos propulsores iônicos é tão excruciantemente baixo – medido frequentemente em gramas – que, ao ligar um no laboratório, a impressão é a de que nada aconteceu. Uma vez no espaço, porém, ao longo do tempo podem atingir uma velocidade superior à dos foguetes químicos. Motores iônicos já foram comparados à tartaruga na corrida com a lebre – que equivaleria, neste caso, aos foguetes químicos. Embora a lebre tenha uma arrancada de enorme velocidade, só consegue sustentá-la por alguns minutos antes de ficar exausta. A tartaruga, por outro lado, é mais lenta mas consegue andar por dias e assim vence competições de longa distância. Motores iônicos podem operar por anos sem parar e, portanto, têm impulsos específicos consideravelmente maiores do que os dos foguetes químicos.

Para ampliar a força de um motor iônico, pode-se ionizar o gás por intermédio de micro-ondas ou de ondas de rádio, utilizando então campos magnéticos para acelerar os íons. A isto se dá o nome motor de plasma. Na teoria, seriam capazes de reduzir o tempo de viagem para Marte de nove meses para menos de quarenta dias, segundo os proponentes. A tecnologia, porém, ainda está em desenvolvimento (um fator limitador é a quantidade enorme de eletricidade necessária para criar o plasma, que talvez exigisse uma usina nuclear para missões interplanetárias).

A NASA estuda e constrói motores iônicos há décadas. Por exemplo, a Deep Space Transport, que talvez leve nossos astronautas a Marte nos anos 2030, utiliza a propulsão iônica. No final deste século, motores iônicos muito provavelmente se tornarão a espinha dorsal das missões espaciais interplanetárias. Foguetes químicos talvez ainda continuem a ser a melhor opção para missões de tempo reduzido, mas motores iônicos seriam uma escolha sólida e confiável em situações nas quais o tempo não seja a mais importante das considerações.

NAVE ESTELAR EM CEM ANOS

Em 2011, a DARPA e a NASA criaram um simpósio batizado Nave Estelar em Cem Anos que gerou interesse considerável. O alvo não era construir de fato uma nave estelar no prazo de cem anos, mas sim reunir mentes brilhantes científicas capazes de estabelecer uma agenda factível para as viagens interestelares do próximo século. O projeto foi organizado por membros da Velha Guarda, um grupo informal de físicos e engenheiros idosos, muitos já na casa dos 70 anos, em busca de aproveitar nosso conhecimento coletivo para levar-nos às estrelas. Apaixonadamente, mantiveram a chama acesa por décadas.

Landis é membro da Velha Guarda. Mas há também uma dupla pouco comum entre eles, James e Gregory Benford, gêmeos que, por acaso, são ambos físicos e autores de ficção científica. James me disse que a sua fascinação com naves estelares começou na infância, ao devorar toda ficção científica em que conseguisse pôr as mãos, em especial a velha série do Cadete Espacial, de Robert Heinlein. Percebeu que se ele e o irmão levavam o espaço a sério, teriam de aprender física. Muita física. Ambos, portanto, partiram atrás de seus Ph.D. nesse campo. James preside hoje a Microwave Sciences e trabalha há muitas décadas com sistemas de micro-ondas de alta potência. Gregory é professor de física na Universidade da Califórnia, em Irvine, e em sua vida paralela já ganhou o cobiçado prêmio Nebula por um de seus romances.

Na esteira do simpósio Nave Estelar em Cem Anos, James e Gregory escreveram um livro, *Starship Century: Toward the Grandest Horizon*,[1] que contém muitas das ideias apresentadas aqui. James, expert em radiação de micro-ondas, crê que as velas solares representam nossas melhores chances de viajar além do sistema solar. Mas, disse ele, há um longo histórico de modelos teóricos alternativos que seriam demasiadamente caros, embora com sólidas bases na física, e que poderiam um dia ocorrer de fato.

FOGUETES NUCLEARES

A história começa nos anos 1950, uma era em que a maioria das pessoas vivia sob o terror da guerra nuclear, mas uns poucos cientistas atômicos buscavam aplicações pacíficas para esse tipo de energia.

---

1. Em tradução livre: O século das naves estelares: rumo ao horizonte mais grandioso. (N.T.)

Consideravam todo tipo de ideias, como lançar mão de armas nucleares para abrir portos e enseadas.

Muitas sugestões foram descartadas em decorrência de preocupações quanto à chuva radioativa e às perturbações causadas por explosões nucleares. No entanto, uma proposta intrigante permaneceu no ar, batizada de Projeto Orion, no intuito de usar bombas nucleares como fonte de energia para naves interestelares.

O esqueleto do plano era simples: criar minibombas atômicas e ejetá-las, uma por uma, da traseira de uma nave estelar. Cada uma que explodisse criaria uma onda de choque de energia que impulsionaria a nave. Na teoria, se uma série de minibombas fosse lançada em sucessão, o foguete poderia acelerar quase até a velocidade da luz.

A ideia foi desenvolvida pelo físico nuclear Ted Taylor em parceria com Freeman Dyson. Taylor era famoso por conceber uma ampla variedade de bombas nucleares, da maior bomba de fissão já detonada (cuja força foi cerca de 25 vezes a de Hiroshima) ao pequeno canhão nuclear portátil Davy Crockett (com potência mil vezes menor que Hiroshima). Mas ele ansiava por canalizar seu vasto conhecimento de explosivos nucleares em propósitos pacíficos. Abocanhou a oportunidade de ser pioneiro com a Orion.

O desafio maior era saber como controlar a sequência de pequenas detonações cuidadosamente, de forma que a nave pudesse surfar a onda de explosões nucleares com segurança, sem ser destruída no processo. Modelos distintos foram desenhados, compreendendo toda uma gama de velocidades. O maior teria 400 metros de diâmetro, pesaria 8 milhões de toneladas e seria impulsionado por 1.080 bombas. No papel, presumia-se que atingisse 10% da velocidade da luz, chegando a Alfa Centauri em quarenta anos. Em que pese o tamanho gigantesco da nave, cálculos mostram que poderia dar certo.

A ideia foi bombardeada por críticas, contudo, apontando que uma nave movida a pulso nuclear desencadearia uma chuva radioativa. Taylor contra-argumentou que partículas radioativas são criadas a partir da sujeira e do invólucro metálico da bomba, tornados radioativos após a explosão, e que isso poderia ser evitado se a nave só disparasse o motor no espaço. Mas o Tratado de Interdição de Testes Nucleares de 1963 também dificultava os experimentos com bombas atômicas em miniatura. A nave estelar Orion acabaria como uma curiosidade relegada aos velhos livros de ciência.

DESVANTAGENS DE FOGUETES NUCLEARES

Outra razão para o fim do projeto foi o fato de o próprio Ted Taylor ter perdido o interesse. Certa vez perguntei a ele o porquê de ter retirado seu apoio aos esforços, pois parecia um espaço natural para o seu talento. Ele me explicou que a criação da Orion implicaria a produção de um novo tipo de bomba nuclear. Embora tenha passado a maior parte da vida projetando bombas de fissão de urânio, percebeu que um dia a Orion poderia vir a usar também poderosas bombas H especialmente criadas para esse fim.

Essas bombas, que liberam a maior quantidade de energia conhecida pela ciência, já passaram por três estágios de desenvolvimento. As bombas H originais dos anos 1950 eram artefatos gigantescos que necessitavam de grandes navios para transportá-las. Na prática, seriam inúteis numa guerra. As bombas nucleares de segunda geração são as pequenas e portáteis MIRVs, ou mísseis de reentrada múltipla independentemente direcionada, que compõem a espinha dos arsenais nucleares americano e russo. Dez delas cabem no cone do nariz de um míssil balístico intercontinental.

Bombas nucleares de terceira geração, às vezes chamadas "bombas nucleares customizadas", são atualmente apenas um conceito. Poderiam ser facilmente ocultas e produzidas sob medida para campos de batalha específicos – por exemplo, o deserto, a floresta, o Ártico ou o espaço. Taylor disse que ficara desiludido com o projeto e temeroso de que terroristas pudessem pôr as mãos nas bombas. Seria um pesadelo inenarrável se caíssem em mãos erradas e destruíssem uma cidade americana. Refletiu francamente sobre a ironia de sua súbita mudança de posição. Havia contribuído com um campo cujos cientistas punham alfinetes, cada um representando uma bomba nuclear, em um mapa de Moscou. Mas ao se deparar com a chance de armas de terceira geração fazerem o mesmo com uma cidade americana, decidiu de repente se opor ao desenvolvimento de armas nucleares de nível avançado.

James Benford me informou que, apesar de o foguete a pulso nuclear de Taylor jamais ter saído da prancheta, o governo chegou a produzir uma série de foguetes nucleares. Em vez de explodir minibombas atômicas, utilizavam um reator antiquado de urânio para gerar o calor necessário (era usado para aquecer um líquido em alta temperatura – hidrogênio líquido, por exemplo – e então expeli-lo por um bocal traseiro, criando empuxo). Várias versões foram construídas e testadas no deserto. Os reatores eram bastante radioativos e sempre havia o perigo de colapso durante a fase do lançamento, o que teria sido desastroso. Em virtude de uma série de problemas técnicos bem como do sentimento antinuclear cada vez mais forte em meio à opinião pública, esses foguetes foram aposentados.

FOGUETES DE FUSÃO

A ideia de usar bombas nucleares para impulsionar naves estelares morreu nos anos 1960, mas havia outra possibilidade na manga. Em 1978, a Sociedade Interplanetária Britânica deu início ao Projeto Dédalo. Em vez de bombas de fissão de urânio, só se usavam minibombas H, um conceito que o próprio Taylor analisou, mas nunca desenvolveu (as do Projeto Dédalo são na verdade pequenas bombas de segunda geração, não as próprias bombas de terceira geração tão temidas por Taylor).

Há várias formas de liberar sem percalços a energia da fusão. Um dos processos, chamado confinamento magnético, envolve o despejo de gás hidrogênio em um grande campo magnético com o formato de uma rosquinha e seu aquecimento a milhões de graus. Núcleos de hidrogênio chocam-se uns com os outros e se fundem em núcleos de hélio, liberando erupções de energia nuclear. O reator de fusão pode ser usado para aquecer um líquido, então liberado através de um bocal, impulsionando assim o foguete.

O principal reator de fusão a usar confinamento magnético hoje em dia chama-se Reator Experimental Termonuclear Internacional (ITER, na sigla em inglês), e fica no sul da França. É uma máquina monstruosa, dez vezes maior do que a concorrente mais próxima. Pesa 4.635 toneladas, tem 11 metros de altura e 19 metros de diâmetro e, até o momento, já custou mais de US$ 14 bilhões. Espera-se que alcance a fusão por volta de 2035 e chegue a produzir quinhentos megawatts de calor (comparados aos 100 de eletricidade em uma usina nuclear padrão à base de urânio). Espera-se também que seja o primeiro reator de fusão a gerar mais energia do que consome. Apesar de uma série de atrasos e estouros de orçamento, físicos com quem conversei apostam que o ITER fará história. Não demorará até sabermos a resposta. Como disse certa vez o ganhador do Nobel Pierre-Gilles de Gennes: "Dizemos que vamos colocar o Sol numa caixa. A ideia é bonita. O problema é que não sabemos fazer a caixa".

Outra variação do foguete Dédalo poderia ser movida a fusão a laser, na qual raios gigantes comprimem uma pastilha de material rico em hidrogênio. Esse processo é chamado confinamento inercial. A Instalação Nacional de Ignição (NIF, na sigla em inglês), baseada no Laboratório Nacional de Livermore, na Califórnia, exemplifica esse processo. Sua bateria de raios laser – 192 raios gigantes em tubos de 1,5 km – é a maior do mundo. Quando os raios laser convergem sobre uma minúscula amostra de deuterídio de lítio rica em hidrogênio, sua energia incinera a superfície do material, resultando em uma miniexplosão que leva a pastilha a se abrir e aumenta sua temperatura para 100 milhões de graus Celsius. Isso cria uma reação de fusão que libera 500 trilhões de watts de potência em poucos trilionésimos de segundo.

Vi uma demonstração da NIF quando apresentava um documentário do Discovery/Science Channel. Os visitantes precisam antes de tudo passar por uma série de checagens de segurança nacional, pois o arsenal nuclear americano é concebido no Laboratório Livermore. Quando finalmente tive acesso, fiquei de boca aberta. Um prédio de apartamentos de cinco andares caberia facilmente na câmara principal onde os feixes convergem.

Uma versão do Projeto Dédalo explora um processo similar à fusão a laser. Em vez de um feixe de laser, utiliza um grande banco de feixes de elétrons para aquecer a pastilha rica em hidrogênio. Se forem detonadas 250 pastilhas por segundo, é concebível que seja gerada energia suficiente para uma nave estelar atingir uma fração da velocidade da luz. Mas esse modelo requereria um foguete de fusão verdadeiramente imenso. Uma versão do Dédalo pesaria 54 mil toneladas e teria 190,5 metros de comprimento, com velocidade máxima de 12% a da luz. É tão grande que teria de ser construído no espaço.

Esta imagem compara as proporções da nave estelar a fusão Dédalo com o foguete Saturn V. Devido ao tamanho gigantesco, muito provavelmente teria de ser montada no espaço por robôs.

O foguete a fusão nuclear é um conceito sólido, mas o poder de fusão ainda não foi comprovado. Além disso, o tamanho e a complexidade desses projetos lançam dúvidas sobre sua viabilidade, ao menos neste século. Ainda assim, ao lado da vela solar, o foguete a fusão é o conceito mais promissor.

NAVES ESTELARES DE ANTIMATÉRIA

Tecnologias da quinta onda (incluindo os motores de antimatéria, as velas solares, os motores de fusão e as nanonaves) podem abrir novos horizontes empolgantes para projetos de naves estelares. Motores de antimatéria, tais como em *Jornada nas estrelas*, podem se tornar realidade. Usariam a maior fonte de energia do universo: conversão direta a partir de matéria, por meio de colisões entre esta e a antimatéria.

Antimatéria é o oposto de matéria, no sentido de ter a carga oposta. Um antielétron tem carga positiva; um antipróton a tem negativa. (Tentei investigar a antimatéria na escola depositando uma cápsula de sódio-22, que emite antielétrons, numa câmara de nuvens e fotografando as belas trilhas resultantes. Construí um acelerador de partículas betatron de 2,3 milhões de elétron-volts na esperança de analisar as propriedades da antimatéria.)

Quando matéria e antimatéria colidem, ambas são aniquiladas e vertidas em energia pura; a reação libera energia com 100% de eficiência. Uma arma nuclear, por contraste, só é 1% eficiente; a maior parte da energia armazenada em uma bomba de hidrogênio é desperdiçada.

Um foguete de antimatéria teria uma concepção bastante simples. A antimatéria seria armazenada em contêineres seguros, de onde alimentaria uma câmara em fluxos constantes. Então, seria combinada de forma explosiva à matéria comum na câmara e resultaria numa erupção de raios gama e raios X. A energia seria então disparada através de uma abertura na câmara de exaustão para criar empuxo.

Como me explicou James Benford, foguetes de antimatéria são um dos conceitos favoritos de fãs de ficção científica, mas haveria problemas sérios para construir um. Para início de conversa, ainda que a antimatéria surja de forma natural, isso só se dá em quantidade relativamente pequena, e assim teríamos de fabricá-la aos montes para uso em motores. O primeiro átomo de anti-hidrogênio, com um antielétron circundando um antipróton, foi criado em 1995 na Organização Europeia de Pesquisa Nuclear (CERN, na sigla em francês) em Genebra, na Suíça. Um feixe de prótons comuns foi produzido e disparado num alvo de matéria comum. A colisão resultou em poucas partículas de antiprótons. Enormes campos magnéticos separaram prótons e antiprótons levando-os para direções diferentes – uma pendendo para a direita, a outra para a esquerda. Os antiprótons foram então desacelerados e armazenados numa armadilha magnética. Lá, combinados a antielétrons, formaram anti-hidrogênio. Estudando-o em 2016, físicos da CERN analisaram as camadas antieletrônicas que orbitam os antiprótons. Como esperado, encontraram uma correspondência exata entre os níveis de energia do anti-hidrogênio e do hidrogênio normal.

Cientistas da CERN anunciaram: "Se fosse possível reunir toda a antimatéria produzida na CERN e aniquilá-la com matéria, teríamos energia suficiente para acender uma única lâmpada elétrica por alguns minutos". Seria preciso muito mais para um foguete. A antimatéria é ainda a mais cara forma de matéria do mundo. Aos preços de hoje, um grama custaria cerca de US$ 70 trilhões. Atualmente, só pode ser criada (em quantidades muito pequenas) com aceleradores de partículas, extremamente custosos para se construir e operar. O Grande Colisor de Hádrons (LHC, na sigla em inglês) da CERN é o mais poderoso acelerador de partículas do mundo e sua montagem custou mais de US$ 10 bilhões, mas só produz um feixe muito fino de antimatéria. Acumular o suficiente para abastecer uma nave estelar levaria os Estados Unidos à falência.

Os gigantescos esmagadores de átomos de hoje em dia são máquinas multiuso, utilizadas puramente como ferramentas de pesquisa e altamente ineficientes na produção de antimatéria. Uma solução parcial poderia ser a de estabelecer fábricas concebidas especialmente para desová-la. Nesse caso, Harold Gerrish, da NASA, acredita que o custo da antimatéria poderia cair para US$ 5 bilhões por grama.

O armazenamento se apresenta como outra dificuldade e despesa. Se posta numa garrafa, a antimatéria cedo ou tarde atingirá as paredes desta e aniquilará o contêiner. Seriam necessárias "armadilhas de penning" para encerrá-la devidamente. As armadilhas usariam campos magnéticos para manter átomos de antimatéria em suspensão e impedi-los de entrar em contato com o recipiente.

Na ficção científica, questões como custo e armazenamento às vezes são eliminadas pela descoberta de um *deus ex machina* – um antiasteroide que nos permita minerar a antimatéria a baixo custo. Mas essa situação hipotética levanta uma questão complicada: de onde, afinal de contas, vem a antimatéria?

Para onde quer que voltemos nossos instrumentos de observação do espaço, enxergamos matéria e não antimatéria. Sabemos disso porque a colisão de um elétron com um antielétron libera um mínimo de energia de 1,02 milhão de elétron-volts. São as impressões digitais de uma colisão de antimatéria. Mas ao examinarmos o universo, detectamos pouquíssima radiação desse tipo. A maior parte do que vemos ao nosso redor é feita da mesma matéria comum que nós.

Físicos acreditam que o universo se encontrava em absoluta simetria no instante do Big Bang, com quantidades iguais de matéria e antimatéria. A aniquilação entre as duas teria sido perfeita e completa neste caso, e assim o universo deveria ser composto de pura radiação. E, no entanto, estamos aqui, feitos de matéria, que não deveria mais existir em lugar algum. Nossa simples existência desafia a física moderna.

Ainda não descobrimos por que há mais matéria do que antimatéria no universo. Apenas 1 em 10 dez bilhões da matéria presente nas origens do universo sobreviveu à explosão, e parte disso somos nós. A teoria mais aceita é de que algo violou a simetria perfeita entre matéria e antimatéria no Big Bang, mas não sabemos o quê. Há um Nobel à espera do indivíduo empreendedor que resolva esse problema.

Motores de antimatéria fazem parte da lista prioritária de qualquer um que queira construir uma nave interestelar. Mas as propriedades da antimatéria ainda são quase que totalmente inexploradas. Não se sabe, por exemplo, se sobe ou desce. A física moderna prevê que deveria cair, como a matéria normal. Se for o caso, a antigravidade provavelmente não seria possível. Isso nunca foi testado, porém, e muitas outras hipóteses também não. Levando em conta o custo e nosso conhecimento limitado, foguetes de antimatéria provavelmente continuarão a ser um sonho no próximo século, a não ser que nos deparemos com um antiasteroide vagando à toa pelo espaço.

NAVES ESTELARES DE FUSÃO RAMJET

O foguete de fusão ramjet é outro conceito atraente. Seria semelhante a uma casquinha de sorvete gigante e coletaria gás hidrogênio no espaço interestelar, concentrando-o em um reator de fusão para gerar energia. Como um avião a jato ou um míssil de cruzeiro, o foguete ramjet seria bem econômico. Aviões a jato não precisam carregar seus próprios oxidantes, pois tragam o ar comum, e isso reduz custos. Como a quantidade de gás hidrogênio disponível no espaço para servir de combustível é ilimitada, a nave deveria poder acelerar para sempre. Assim como no caso da vela solar, o impulso específico do motor é infinito.

O famoso romance *Tau Zero*, de Poul Anderson, é sobre um foguete de fusão ramjet que sofre uma avaria e perde a capacidade de se desligar. À medida que acelera rumo à velocidade da luz, começam a ocorrer bizarras distorções relativistas. O tempo desacelera dentro do foguete, mas passa normalmente para o universo ao redor. Quanto maior a velocidade do foguete, mais devagar passa o tempo dentro dele. Para quem está a bordo da nave, porém, tudo parece completamente normal do lado de dentro, ao passo que o universo lá fora parece envelhecer rapidamente. A nave acaba por atingir tal velocidade que milhões de anos se passam do lado de

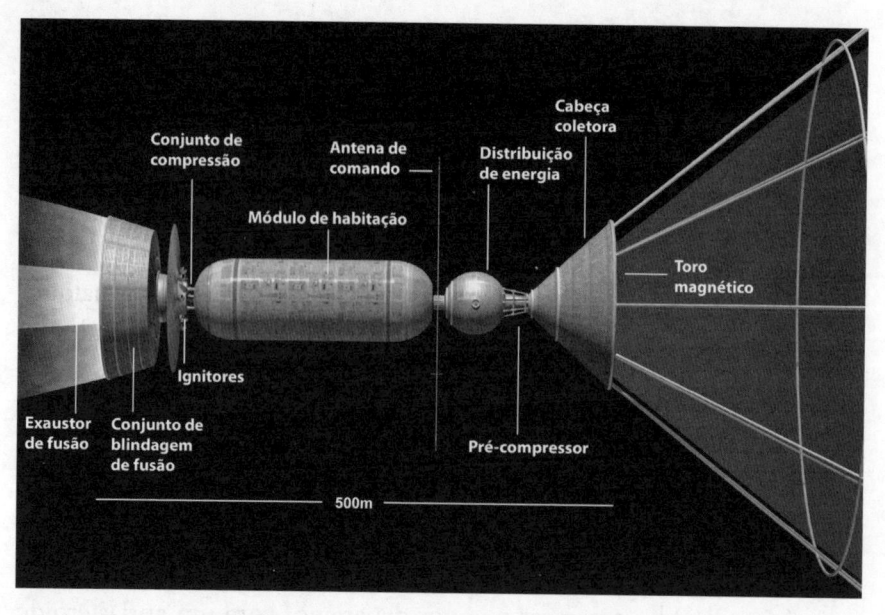

Esta imagem mostra uma nave estelar de fusão ramjet, que coleta hidrogênio no espaço interestelar e o queima num reator de fusão.

fora e a tripulação assiste a tudo impotente. Após viajar por incalculáveis bilhões de anos no futuro, os astronautas se dão conta de que o universo não está mais se expandindo, mas sim encolhendo. Sua expansão chegou finalmente à fase de reversão. A temperatura sobe aos píncaros à medida que as galáxias começam a se aproximar umas das outras rumo ao derradeiro Big Crunch. Ao final da história, justo quando as estrelas começam a entrar em colapso, a nave consegue passar de raspão pela bola de fogo cósmica e é testemunha do Big Bang que marca o nascimento de um novo universo. Por mais fantástica que essa narrativa possa ser, seus fundamentos estão atrelados à teoria da relatividade de Einstein.

Narrativas apocalípticas à parte, o motor de fusão ramjet a princípio pode parecer bom demais para ser verdade. Mas ao longo dos anos, o conceito recebeu uma série de possíveis críticas. A cavidade precisaria ter centenas de quilômetros de diâmetro, algo impraticável de tão grande e proibitivo de tão caro. A taxa de reação talvez não produzisse energia em quantidade suficiente para manter uma nave estelar. O dr. James Benson também me esclareceu que o setor do sistema solar onde nós estamos não contém hidrogênio suficiente para alimentar os motores, embora talvez o haja noutras áreas da galáxia. Outros já alegam que o arrasto de um motor ramjet ao se mover em meio ao vento solar excederia seu empuxo, e assim velocidades relativistas jamais seriam atingidas. Físicos tentaram modificar sua concepção para corrigir as desvantagens, mas ainda teremos muita estrada pela frente até que foguetes ramjet virem uma opção realista.

PROBLEMAS COM NAVES ESTELARES

Deve-se enfatizar que todas as naves estelares mencionadas até aqui estão sujeitas a outros problemas associados a viajar próximo à velocidade da luz. Colisões com asteroides representariam um risco enorme, e mesmo os de tamanho diminuto poderiam perfurar a fuselagem. Como já mencionamos, ônibus espaciais foram levemente atingidos por detritos cósmicos. Tais impactos provavelmente ocorreram em velocidade próxima à orbital, que é de 28,9 mil km/h. Em velocidade próxima à da luz, porém, os impactos serão várias vezes mais fortes, podendo pulverizar a nave.

Nos filmes, essa ameaça é eliminada por poderosos campos de força que repelem convenientemente todos os micrometeoritos – mas estes, infelizmente, só existem na imaginação de autores de ficção científica. Na realidade, é possível gerar campos de força elétricos ou magnéticos, mas até objetos corriqueiros sem carga, de plástico, madeira ou gesso, poderiam penetrá-los facilmente. No espaço, minúsculos micrometeoritos, que não contêm carga, não podem ser desviados por campos elétricos e magnéticos. E campos gravitacionais são atraentes e extremamente fracos, não servindo, portanto, para os fins repelentes de que precisaríamos.

Frear é outro desafio. Quando se está chispando pelo espaço numa velocidade próxima à da luz, como desacelerar quando se chega ao destino? Velas solares e a laser dependem da energia do Sol ou de bancos de feixes de laser, que não servem à função de desaceleração. Talvez só sejam úteis em missões de sobrevoo.

Talvez a melhor forma de frear foguetes nucleares seja uma guinada de 180c que gere empuxo na direção oposta. Essa estratégia, no entanto, consumiria mais ou menos metade do empuxo da missão para que se atinja a velocidade desejada, e a outra metade para desacelerar o foguete. Com velas solares, talvez seja possível revertê-las, de forma que a luz da estrela no destino final possa ser usada para parar a espaçonave.

Outro problema é o fato de muitas naves estelares capazes de transportar astronautas serem robustas a ponto de sua montagem ter de ocorrer no espaço. Seria necessário realizar missões espaciais aos montes só para colocar o material de construção em órbita, e outras tantas para a montagem das peças. Para evitar despesas incomensuráveis, teria de ser desenvolvido um método mais econômico para lançar missões ao espaço. É onde entra a ideia do elevador espacial.

ELEVADORES PARA O ESPAÇO

Elevadores espaciais seriam uma aplicação transformadora para a nanotecnologia. Um elevador espacial é um longo mastro se estendendo da Terra ao espaço. Ao entrar nele se apertaria um botão para então ser rapidamente erguido e posto em órbita, sem sofrer as esmagadoras forças G experimentadas quando um foguete auxiliar alça voo de sua plataforma. Sua viagem ao espaço seria tão suave quanto pegar o elevador até o último andar de uma loja de departamentos. O elevador espacial, como o pé de feijão de João, aparentaria desafiar a gravidade e nos garantiria uma forma fácil de ascender aos céus.

A possibilidade de um elevador espacial foi explorada pela primeira vez pelo físico russo Konstantin Tsiolkovsky nos anos 1880, intrigado pela edificação da Torre Eiffel. Se engenheiros haviam sido capazes de erguer uma estrutura tão magnífica, ele se perguntava, por que não seguir pela mesma trilha até chegar ao espaço? Através de física pura e simples, pôde mostrar que, em teoria, se a torre fosse longa o bastante, a força centrífuga bastaria para mantê-la de pé, sem qualquer auxílio externo. Assim como uma bola pendurada numa corda não cai no chão por causa do movimento giratório, um elevador espacial seria impedido de cair pela força centrífuga do movimento giratório da Terra.

A noção de que foguetes talvez não fossem a única forma de chegar ao espaço era radical e emocionante. Mas havia um obstáculo imediato. A tensão sobre os cabos do elevador poderia chegar a 100 gigapascais, o que excede o ponto de ruptura do aço, que é de dois gigapascais. Cabos de aço se romperiam e o elevador despencaria.

O conceito de elevadores espaciais foi arquivado por quase cem anos. Ocasionalmente eram mencionados por autores como Arthur C. Clarke, que os incluiu no romance intitulado *As fontes do paraíso*. Contudo, quando perguntado se um elevador espacial seria um dia possível, respondeu: "Provavelmente cerca de cinquenta anos depois de todo mundo parar de rir".

Ninguém mais está rindo. De repente, elevadores espaciais já não parecem mais tão delirantes. Em 1999, um estudo preliminar da NASA estimou que um elevador com um cabo de 0,9 metro de largura e 48,2 mil quilômetros de comprimento poderia transportar 13,6 toneladas de carga. Em 2013, a Academia Internacional de Astronáutica emitiu um relatório de 350 páginas que projetava para 2035 a possibilidade de um elevador espacial capaz de carregar múltiplas cargas de 18,1 toneladas, havendo financiamento e pesquisa adequados. As estimativas de custos geralmente ficam entre US$ 10 bilhões e US$ 50 bilhões – uma fração dos US$ 150 bilhões investidos na Estação Espacial Internacional. Elevadores espaciais, enquanto isso, poderiam reduzir em vinte vezes o custo de colocar cargas em órbita.

O problema já não é mais de física, mas sim de engenharia. Cálculos minuciosos são feitos atualmente para determinar se cabos de elevadores espaciais poderiam ser feitos de nanotubos de carbono puro, tão fortes que jamais se quebrariam. Mas seria possível produzir suficiente quantidade de nanotubos para alongarem-se milhares de quilômetros até o espaço? Neste momento, a resposta é não. Nanotubos de carbono puro são de fabricação extremamente difícil para além de um centímetro ou mais. Pode ter havido anúncios da construção de nanotubos de vários metros de comprimento, mas tais materiais seriam na verdade compostos. Consistem em minúsculos filamentos de nanotubos de carbono puro comprimidos numa fibra; faltam a eles as propriedades espantosas dos nanotubos puros.

Para estimular o interesse em projetos como o elevador espacial, a NASA patrocina o programa Centennial Challenges [Desafios Centenários], que premia amadores capazes de inventar tecnologias avançadas para o programa espacial. Certa vez, foi feito um concurso convocando inscritos a submeter componentes para o protótipo de um minielevador. Participei por meio de um especial de TV que apresentei, onde acompanhava um grupo de jovens engenheiros convencidos de que elevadores espaciais abririam as portas do céu para os cidadãos comuns. Assisti enquanto faziam uma pequena cápsula escalar um longo cabo por meio de raios laser. Nosso especial de TV tentou capturar o entusiasmo dessa nova turma de engenheiros empreendedores, dispostos a construir o futuro.

Elevadores espaciais revolucionariam nosso acesso ao espaço, que, em vez de continuar a ser território exclusivo de astronautas e pilotos militares, poderia virar um playground para crianças e famílias. Ofereceriam uma nova abordagem eficiente a viagens espaciais e à indústria e tornariam possível a montagem extraterrestre de maquinário complexo, incluindo as naves estelares capazes de viajar quase tão rápido quanto a luz.

Realisticamente, no entanto, considerando-se os enormes problemas de engenharia com que nos deparamos, um elevador espacial pode só se tornar possível bem no fim deste século.

É claro, levando-se em conta nossa curiosidade incansável e ambição como espécie, em algum momento superaremos a fusão e os foguetes de antimatéria rumo ao maior desafio de todos. Há a possibilidade de um dia quebrarmos o limite de velocidade máximo do universo: o da luz.

DOBRA ESPACIAL

Um dia, um menino leu um livro infantil e mudou a história do mundo. Era 1895. Cidades começavam a ganhar rede elétrica. Para entender o estranho novo fenômeno, o menino pegou o *Popular Books on Natural Science*, de Aaron Bernstein. Nele, o autor pedia a seus leitores que se imaginassem a percorrer um fio de telégrafo ao lado de uma corrente elétrica. O menino então ficou pensando como seria se a corrente elétrica fosse substituída por um raio de luz. Seria possível correr mais rápido do que ela? Raciocinou que, sendo a luz uma onda, o raio de luz pareceria estacionário, congelado no tempo. Mas mesmo tendo apenas 16 anos de idade, ele compreendeu que ninguém jamais vira uma onda de luz estacionária. Passou os dez anos seguintes matutando sobre a questão.

Finalmente, em 1905, encontrou a resposta. Seu nome era Albert Einstein, e sua teoria ganhou o nome de relatividade especial. Ele descobriu não ser possível correr mais rápido que um raio de luz, sendo a velocidade da luz a maior do universo. Se você se aproximar dela, coisas estranhas acontecerão. Seu foguete se tornará mais pesado, e o tempo desacelerará dentro dele. Se você de alguma forma a atingisse, ficaria infinitamente pesado e o tempo pararia. Ambas as condições são impossíveis, e é esta a prova de que não se pode quebrar a barreira da luz. Einstein virou o guarda de trânsito da esquina, estabelecendo o limite de velocidade definitivo do universo. Essa barreira atormenta gerações de cientistas de foguetes desde então.

Mas Einstein não se deu por satisfeito. A relatividade poderia explicar vários mistérios da luz, mas ele queria aplicar a teoria também à gravidade. Em 1915, ofereceu uma explicação assombrosa. Postulou que o espaço e o tempo, outrora vistos como inertes e estáticos, eram na verdade dinâmicos, como lençóis macios que podem ser dobrados ou esticados. De acordo com sua hipótese, a razão de a Terra girar em torno do Sol não é ser atraída pela gravidade solar, mas o fato de o Sol dobrar o espaço ao seu redor. O tecido do espaço-tempo empurra a Terra e a faz mover-se em trajetória curva ao redor do Sol. Para simplificar, não é a gravidade que a atrai. É o espaço que a empurra.

Shakespeare disse certa vez que o mundo inteiro é um palco e nós somos atores entrando e saindo dele. Imagine o espaço-tempo como uma arena. Um dia a imaginamos estática, plana e absoluta, com relógios batendo em ritmo igual por toda a superfície. No universo einsteiniano, o palco pode ser dobrado. Relógios batem em ritmos distintos. Atores não podem cruzar o palco sem cair. Poderiam alegar que uma "força" invisível os puxa em várias direções, quando na verdade é o palco dobrado que os empurra.

Einstein percebeu também que havia um furo em sua teoria geral da relatividade. Quanto maior uma estrela, maior é a distorção do espaço--tempo ao seu redor. Se for pesada o bastante, torna-se um buraco negro. O tecido do espaço-tempo pode chegar até a se romper e potencialmente criar um buraco de minhoca, uma espécie de portal ou atalho no espaço. Esse conceito, introduzido originalmente por Einstein e seu aluno Nathan Rosen em 1935, é chamado hoje de ponte Einstein-Rosen.

BURACOS DE MINHOCA

O exemplo mais simples de uma ponte Einstein-Rosen é o espelho de *Alice no país das maravilhas*. De um lado, a região rural de Oxford, na Inglaterra. Do outro, o mundo fantástico do País das Maravilhas, para o qual Alice é transportada instantaneamente quando seu dedo atravessa o vidro.

O cinema adora usar buracos de minhoca em suas tramas. É através de um deles que Han Solo faz a *Millennium Falcon* adentrar o hiperespaço. A geladeira aberta pela personagem interpretada por Sigourney Weaver em *Os caça-fantasmas* é um buraco de minhoca através do qual ela espia todo um universo. Em *O leão, a feiticeira e o guarda-roupa*, de C. S. Lewis, este último é o buraco de minhoca que liga os campos da Inglaterra a Nárnia.

Buracos de minhoca foram descobertos por meio de uma análise matemática dos buracos negros, estrelas gigantes em colapso cuja gravidade é tão intensa que nem sequer a luz lhe escapa. A velocidade de escape deles é a da luz. No passado, enxergavam-se os buracos negros como estacionários e dotados de gravidade infinita, chamada de singularidade. Mas todos os buracos negros já registrados no espaço estão em rotação das mais rápidas. Em 1963, o físico Roy Kerr descobriu que um buraco negro em rotação, caso se mova rápido o suficiente, não iria necessariamente entrar em colapso até virar um ponto, mas sim um anel giratório. Este seria estável, pois a força centrífuga o impediria de entrar em colapso. Então, onde vai parar o que cai em um buraco negro? Os físicos ainda não sabem. Mas uma possibilidade é que a matéria possa emergir do outro lado através de algo chamado buraco branco. Cientistas vêm procurando por eles, que ao invés de engolir a matéria, a liberariam, mas ainda não encontraram nenhum.

Quem se aproximasse do anel giratório de um buraco negro veria distorções incríveis no espaço-tempo. Poderia ver raios de luz capturados pela gravidade do buraco de minhoca há bilhões de anos. Poderia ver até cópias de si próprio. Seus átomos poderiam ser retesados por forças de maré num processo perturbador e letal chamado espaguetificação.

Quem entrasse no anel poderia ser expelido do outro lado através de um buraco branco e cair num universo paralelo. Imagine duas folhas de papel, seguradas paralelas uma à outra, e um furo feito por um lápis ao centro de cada uma para conectá-las. Quem viajasse ao longo do lápis passaria entre dois universos paralelos. Contudo, ao passar uma segunda vez pelo anel, seria possível chegar a outro universo paralelo. A cada vez que se passasse pelo anel, a um universo distinto se chegaria, da mesma forma que ao entrar num elevador é possível se mover entre andares distintos de um mesmo prédio. Só que, nesse caso, nunca seria possível retornar ao andar de onde se saiu.

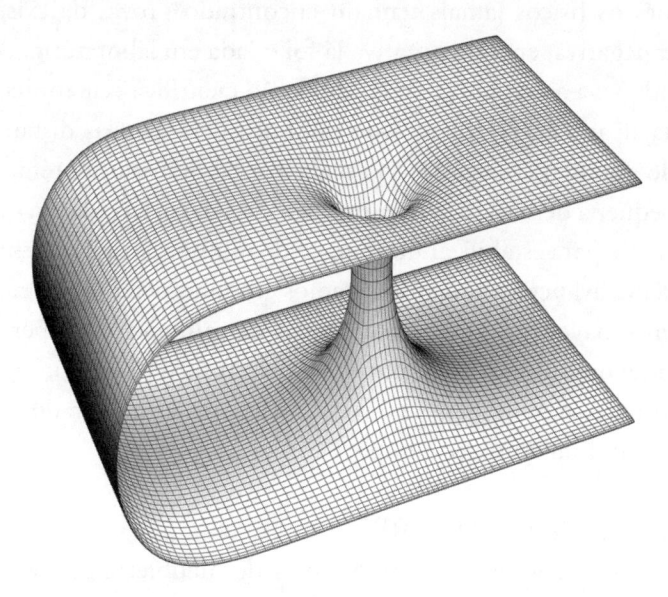

Um buraco de minhoca é um atalho a conectar dois pontos distantes no espaço e no tempo.

A gravidade seria finita ao entrar no anel e, portanto, uma pessoa não seria necessariamente esmagada até a morte. Contudo, se ele não estiver girando rápido o bastante, poderia ainda assim entrar em colapso sobre a pessoa e matá-la. Mas pode ser possível estabilizá-lo artificialmente através da adição de algo a que chamamos matéria negativa ou energia negativa. Um buraco de minhoca estável é um ato de equilíbrio, e a chave é manter a mistura certa de energia positiva e negativa. É preciso grande quantidade de energia positiva para criar naturalmente o portal entre dois universos, como um buraco negro. Mas também é necessário criar matéria ou energia negativa artificialmente para manter aberto o portal e impedir o colapso.

Matéria negativa, bem diferente de antimatéria, nunca foi detectada na natureza. Teria propriedades antigravitacionais bizarras, ou seja, penderia para cima e não para baixo (a antimatéria, por contraste, iria para baixo em teoria). Se existiu na Terra há bilhões de anos, teria sido repelida pela matéria do planeta e flutuado rumo ao espaço exterior. Talvez seja por isso que jamais encontramos uma.

Embora os físicos jamais tenham encontrado provas da existência de matéria negativa, energia negativa já foi criada em laboratório. Assim, está mantida viva a esperança de fãs de ficção científica que sonham em um dia viajar através de buracos de minhoca para estrelas distantes. A quantidade de energia negativa já criada em laboratório, porém, é minúscula, pequena demais para impulsionar uma nave. Criá-la em quantidade suficiente para estabilizar um buraco de minhoca exigiria tecnologia extremamente avançada, que discutiremos em mais detalhes no capítulo 13. Portanto, naves que adentrem buracos de minhoca via hiperespaço estão além de nossa capacidade por ora e pelo futuro próximo.

No entanto, recentemente houve algum entusiasmo gerado por outra forma de dobrar o espaço-tempo.

PROPULSÃO DE ALCUBIERRE

Além de buracos de minhoca, o motor de Alcubierre poderia oferecer uma segunda forma de quebrar a barreira da luz. Entrevistei certa vez o físico teórico mexicano Miguel Alcubierre. Ele havia sido acometido de uma ideia inovadora para a física relativista ao assistir TV, no que talvez seja a primeira ocorrência do tipo. Durante um episódio de *Jornada nas estrelas*, ficou maravilhado ao ver a nave Enterprise viajar mais rápido do que a luz. Ela, de alguma forma, conseguia comprimir o espaço à sua frente, e as estrelas não pareciam tão distantes. A Enterprise não viajava até elas – as estrelas é que iam até a Enterprise.

Imagine quem precisa se mover sobre um carpete para chegar a uma mesa. O senso comum diria que basta caminhar de um ponto a outro, cruzando o carpete. Mas há outra maneira. Pode-se laçar a mesa e arrastá-la na sua direção, comprimindo o carpete. Em vez de caminhar sobre o carpete para alcançar a mesa, o carpete se dobra e a mesa vai até você.

Uma constatação interessante o acometeu. Geralmente, parte-se de uma estrela ou planeta, usando-se as equações de Einstein para calcular a dobra do espaço ao seu redor. Mas pode-se inverter essa lógica. Pode-se identificar uma deformação em particular e usar as mesmas equações para determinar o tipo de estrela ou planeta que a estaria causando. Cabe uma analogia por alto com a forma como uma mecânica de automóveis constrói um carro. O ponto de partida pode ser a disponibilidade de peças – motor, pneus e tudo mais –, montando-se um carro a partir delas.

Ou pode-se escolher o projeto dos sonhos e pensar quais peças seriam necessárias para montá-lo.

Alcubierre virou de cabeça para baixo a matemática de Einstein, revertendo a lógica habitual dos físicos teóricos. Ele tentou calcular que tipo de estrela poderia comprimir o espaço na direção frontal e expandi--lo na oposta. A resposta o deixou boquiaberto de tão simples. A dobra espacial usada em *Jornada nas estrelas* era nada menos que uma solução permitida das equações de Einstein! Talvez não fosse assim tão improvável, afinal.

Uma nave estelar equipada com a propulsão de Alcubierre teria de ser cercada por uma bolha de dobra, uma bolha oca de matéria e energia. O espaço-tempo do lado de dentro e de fora da bolha seria desconectado. A nave aceleraria e as pessoas do lado de dentro não sentiriam nada. Talvez nem se dessem conta de ela estar se movendo, muito embora estivessem viajando mais rápido do que a luz.

Os resultados de Alcubierre chocaram a comunidade da física, de tão inovadores e radicais. Mas após a publicação do artigo, críticos começaram a apontar seus pontos fracos. Por mais elegante que fosse, sua visão da viagem mais rápida que a luz não dava conta de todas as complicações. Se a área dentro da espaçonave é separada do exterior pela bolha, não haveria como receber informações e o piloto não teria como controlar a direção da nave. Conduzi-la seria impossível. Para não falar na questão de como criar a bolha de dobra. Para comprimir o espaço à sua frente, necessitaria de certo tipo de combustível – matéria ou energia negativa.

Voltamos ao ponto de partida. Matéria ou energia negativa seriam o ingrediente que falta, necessário para manter intactos nossa bolha de dobra, bem como nossos buracos de minhoca. Stephen Hawking provou um teorema geral que formula a necessidade de matéria ou energia negativas em *qualquer* solução para as equações de Einstein onde se postulem viagens mais rápidas que a luz. (Em outras palavras, a matéria e a energia positivas que vemos nas estrelas podem dobrar o espaço-tempo de forma a descrever à perfeição o movimento dos corpos celestes. Mas a matéria e a energia negativas dobram o espaço-tempo de formas bizarras, criando uma força antigravitacional capaz de estabilizar buracos de minhoca, impedindo seu colapso, e impulsionar bolhas de dobra a velocidades mais rápidas que a luz por meio da compressão do espaço-tempo à sua frente.)

Físicos então tentaram calcular a quantidade de matéria ou energia negativas necessárias para propulsionar uma nave estelar. Os mais recentes resultados indicam que é equivalente à massa do planeta Júpiter. Ou seja, somente uma civilização muito avançada conseguirá utilizá-las para esse fim, se for possível (contudo, pode ser que as quantidades necessárias para ultrapassar a velocidade da luz caiam, pois os cálculos dependem da geometria e do tamanho da bolha de dobra ou do buraco de minhoca).

Jornada nas estrelas dribla esse obstáculo inconveniente ao postular que o componente essencial de um motor de dobra espacial seria um raro mineral chamado cristal de dilítio. Hoje sabemos que esta pode ser apenas uma maneira extravagante de dizer "matéria ou energia negativas".

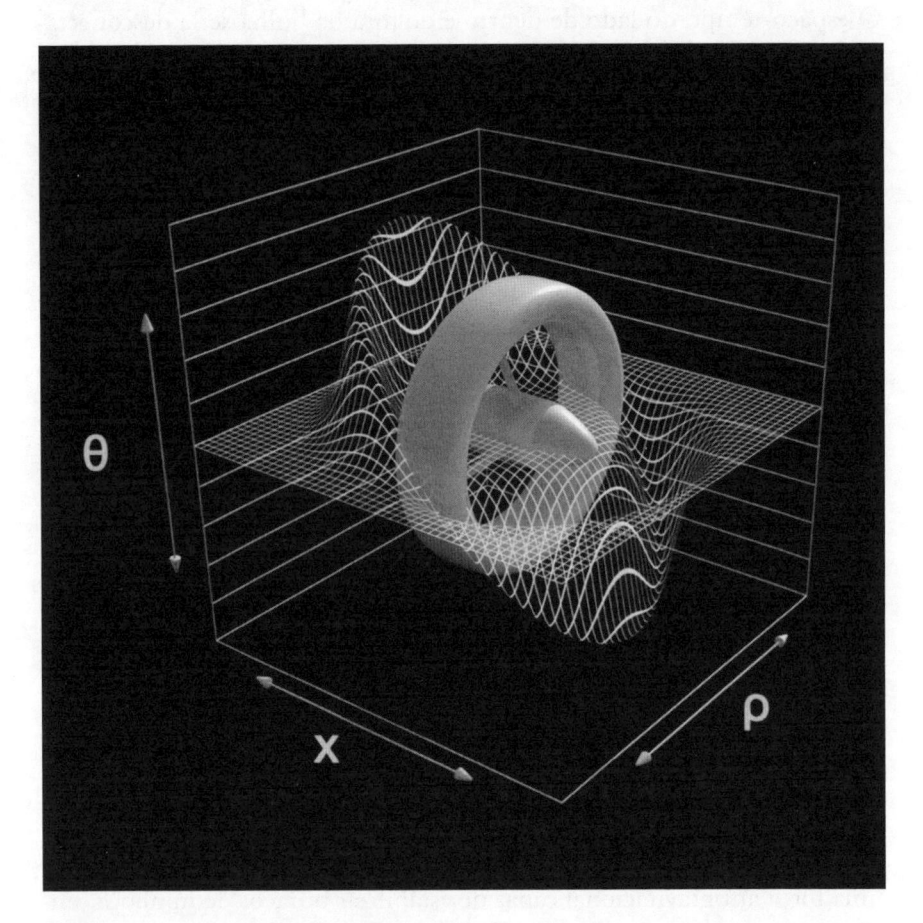

A propulsão de Alcubierre ultrapassa a velocidade da luz, usando as equações de Einstein. Mas ainda há controvérsias quanto a ser ou não possível a construção de tal espaçonave.

EFEITO CASIMIR E ENERGIA NEGATIVA

Cristais de dilítio não existem, mas, tentadoramente, a energia negativa sim, mantendo aberta a possibilidade de buracos de minhoca, compressão do espaço e até máquinas do tempo. Embora as leis de Newton não aceitem essa possibilidade, a teoria quântica o faz por meio do efeito Casimir, proposto em 1948 e medido em laboratório em 1997.

Digamos que se tenham duas placas de metal paralelas sem carga. Se uma grande distância as separa, diz-se haver força elétrica zero entre elas. À medida que se aproximam, no entanto, começam misteriosamente a atrair uma à outra. Passa a ser possível extrair energia delas. Se havíamos começado com energia zero, mas obtivemos energia positiva no momento em que as placas foram aproximadas, deduz-se que elas originalmente continham energia negativa. A razão é das mais abstratas. O senso comum diz que o vácuo é um estado de vazio, com energia zero. Mas na realidade está fervilhando de partículas de matéria e antimatéria que se materializam rapidamente fora dele para então retornar e se aniquilarem. Tais partículas "virtuais" surgem e somem tão rapidamente que não violam a conservação de matéria e energia – isto é, o princípio de que a quantidade total destas no universo sempre permanece a mesma. Essa agitação constante no vácuo cria pressão. Como há mais atividade de matéria e antimatéria fora das placas do que entre elas, a pressão empurra as duas uma contra a outra, criando energia negativa. Esse é o efeito Casimir, uma demonstração da possibilidade da existência de energia negativa, segundo a teoria quântica.

Originalmente o efeito Casimir, de tão minúsculo, só era mensurável com os equipamentos mais sensíveis. Mas a nanotecnologia já avançou ao ponto em que podemos futucar em átomos individuais. Certa vez, quando apresentava um especial de TV, visitei um laboratório em Harvard dotado de um pequeno dispositivo de topo de mesa capaz de manipular átomos. No experimento que observei, era difícil impedir dois átomos aproximados um do outro de voarem para longe ou se unirem graças ao efeito Casimir, que pode ser tanto de repulsa quanto de atração. A energia negativa pode parecer o Santo Graal de físicos que visem à construção de naves estelares, mas para um nanotecnólogo o efeito Casimir é tão forte no nível atômico que se torna um estorvo.

Como conclusão, a energia negativa de fato existe e, se houver como colhê-la em quantidade suficiente, poderíamos na teoria criar uma máquina que gerasse buracos de minhoca ou um motor de dobra espacial, e assim realizar algumas das mais delirantes fantasias da ficção científica. Mas ainda há uma enorme distância a nos separar dessas tecnologias, e discutiremos tudo isso nos capítulos 13 e 14. Nesse meio-tempo teremos de nos virar com velas solares, que talvez já estejam zunindo pelo espaço no fim deste século e nos oferecendo as primeiras fotos em close-up dos exoplanetas que orbitam outras estrelas. No século XXII, talvez possamos visitar tais planetas a bordo de foguetes de fusão. E caso seja possível solucionar os intrincados problemas de engenharia diante de nós, talvez possamos até mesmo tornar realidade os motores de antimatéria, os motores ramjet e os elevadores espaciais.

Uma vez que existam as naves estelares, o que encontraremos no espaço profundo? Existirão mundos capazes de amparar a humanidade? Felizmente, nossos telescópios espaciais e satélites nos proporcionaram um olhar detalhado sobre o que se esconde entre as estrelas.

9

KEPLER E UM UNIVERSO DE PLANETAS

Assim, afirmo ter não apenas a opinião, mas a forte crença, em cuja correção apostaria em detrimento de muitas das vantagens da vida, de que há habitantes noutros mundos.

— IMMANUEL KANT

O desejo de saber algo sobre nossos vizinhos na imensidão das profundezas do espaço não nasce de curiosidade preguiçosa e nem da sede de conhecimento, mas de uma causa mais profunda, e é uma sensação com fortes raízes no coração de cada ser humano capaz de pensar.

— NIKOLA TESLA

A cada poucos dias, Giordano Bruno se vinga.

Bruno, predecessor de Galileu, foi queimado vivo por heresia em Roma, em 1600. As estrelas no céu são tão numerosas, observou, que nosso Sol deve ser um entre muitos. E também outras estrelas, certamente, são orbitadas por uma grande quantidade de planetas, alguns dos quais podem até mesmo ser habitados por outros seres.

A Igreja o aprisionou por sete anos sem julgamento e então o despiu por completo, o fez desfilar pelas ruas de Roma, prendeu sua língua com uma tira de couro e o amarrou a um pilar de madeira. Deu-lhe uma última chance de se retratar, mas ele se recusou a retirar o que pensava.

Para suprimir o seu legado, a Igreja incluiu todos os seus textos no Índice dos Livros Proibidos. Ao contrário dos trabalhos de Galileu, os de Bruno continuaram proscritos até 1966. Galileu alegara apenas que o Sol, e não a Terra, era o centro do universo. Bruno sugeriu que o universo não tinha centro. Foi um dos primeiros da história a postular a possibilidade de o universo ser infinito, o que faria da Terra apenas mais um pedregulho no céu. A Igreja não mais poderia se dizer o centro do universo, posto que não haveria centro algum.

Em 1584, Bruno resumiu sua filosofia ao escrever: "Este espaço que declaramos infinito (...) nele há uma infinidade de mundos do mesmo tipo que o nosso". Hoje, mais de quatrocentos anos depois, algo em torno de 4 mil planetas extrassolares já foram documentados na Via Láctea e a lista aumenta a cada dia, praticamente (em 2017, a NASA listou 4.496 possíveis planetas descobertos pela espaçonave Kepler, dos quais 2.330 foram confirmados).

Quem for a Roma talvez queira visitar o Campo de Fiori – "Campo das Flores" –, onde há uma imponente estátua de Bruno no exato local em que ele teve seu encontro com a morte. Quando fui até lá, me deparei com uma praça movimentada, cheia de gente fazendo compras, muitos talvez nada cientes de estarem em um local onde hereges eram executados. A estátua de Bruno, porém, contempla uma série de jovens rebeldes, artistas e músicos de rua que, para nenhuma surpresa, congregam-se ali. Enquanto eu apreciava a cena pacífica, imaginava que tipo de atmosfera poderia ter existido na época de Bruno a ponto de inflamar uma turba assassina. Quão abalados teriam estado para torturar e matar um filósofo errante?

As ideias de Bruno passaram séculos no ostracismo, pois encontrar um planeta extrassolar é extremamente difícil e foi um dia julgado quase impossível. Planetas não emitem luz própria. Mesmo a luz refletida em um é cerca de 1 bilhão de vezes mais fraca que a da estrela-mãe, cujo brilho abrasivo pode obscurecer o planeta e impedir sua visão. Graças aos telescópios gigantes e aos detectores instalados no espaço de que hoje dispomos, uma torrente de dados recentes comprovou que Bruno estava certo.

SERIA NOSSO SISTEMA SOLAR TÍPICO?

Na infância, li um livro de astronomia que mudou a forma como entendia o universo. Após descrever os planetas, o livro concluía que nosso sistema solar era provavelmente típico, ecoando as ideias de Bruno. Mas ia muito além também. Especulava que planetas em outros sistemas se moviam em círculos quase perfeitos ao redor de seus sóis, igual ao nosso. Aqueles mais próximos de seu sol eram rochosos, ao passo que os mais distantes eram gigantes gasosos. Nosso Sol seria só mais um entre as estrelas.

A noção de vivermos num subúrbio tranquilo e comum da galáxia era simples e reconfortante.

Mas, Deus do céu, como estávamos errados.

Hoje sabemos ser os esquisitões, e que o arranjo do nosso sistema solar, com sua sequência ordeira de planetas e órbitas quase circulares, é raro na Via Láctea. À medida que começamos a explorar outras estrelas, nos deparamos com sistemas solares radicalmente diferentes dos nossos catalogados na *Extrasolar Planets Encyclopaedia*. Um dia, talvez, a nossa futura casa esteja catalogada nessa enciclopédia.

Sara Seager, professora de ciência planetária no MIT e escolhida pela revista *Time* uma das 25 pessoas mais influentes na exploração espacial, é uma das astrônomas-chave por trás da enciclopédia. Perguntei a ela se tinha interesse em ciência na infância. Ela admitiu que na verdade não, mas que a Lua, sim, chamava sua atenção. O fato de o satélite parecer segui-la sempre que saía de carro com o pai a intrigava. Como algo tão distante dava a impressão de estar indo atrás do carro?

(A ilusão é causada por paralaxe. Julgamos as distâncias movendo a nossa cabeça. Objetos próximos como árvores parecem alterar mais suas posições ao passo que entidades distantes como montanhas não mudam as suas em nada. Mas objetos que estejam imediatamente ao nosso lado e se movam conosco também não aparentam mudar de posição. Portanto, nosso cérebro confunde objetos remotos como a Lua com os adjacentes como o volante do carro e nos faz achar que ambos estão se movendo conosco, consistentemente. Como resultado da paralaxe, muitos dos óvnis avistados em perseguição a nossos carros na verdade não passaram de observações do planeta Vênus.)

A fascinação da professora Seager com o céu desabrochou na forma de uma paixão de vida inteira. Pais às vezes compram telescópios para seus filhos curiosos. O primeiro que teve foi comprado com dinheiro ganhado por ela em um trabalho de verão. Ela lembra de si aos 15 anos, conversando entusiasmada com duas amigas a respeito de uma recém-avistada estrela em explosão chamada Supernova 1987a, que acabara de fazer história como a supernova mais próxima desde 1604. Seager planejava ir a uma festa para celebrar aquele raro evento. Suas amigas, contudo, estavam confusas. Não entendiam do que ela estava falando.

A professora Seager viria a converter o entusiasmo e o fascínio pelo universo em uma carreira brilhante na ciência exoplanetária, disciplina que não existia duas décadas atrás, mas hoje é um dos campos mais fervilhantes da astronomia.

MÉTODOS PARA ENCONTRAR EXOPLANETAS

Não é fácil avistar exoplanetas diretamente, e astrônomos usam uma série de métodos indiretos para fazê-lo. A professora Seager salientou para mim que as múltiplas formas de detectá-los são a razão da confiança que sentem os astrônomos em seus resultados. Uma das mais populares é a fotometria de trânsito. Às vezes, ao analisarmos a intensidade da luz de uma estrela, notamos que ela enfraquece de tempos em tempos. Esse pequeno efeito indica a presença de um planeta que, do ponto de vista da Terra, tenha se posicionado em frente à estrela-mãe, absorvendo assim parte de sua luz. Sendo, portanto, possível rastrear a trajetória do planeta, também pode-se calcular seus parâmetros orbitais.

Um planeta do tamanho de Júpiter reduziria a luz de uma estrela como o nosso Sol em cerca de 1%. Para um planeta como a Terra, o número seria 0,008%. Equivale ao efeito de um mosquito passando em frente ao farol de um carro. Felizmente, como explicou a professora Seager, nossos instrumentos são tão sensíveis e exatos que conseguem captar as mínimas alterações na luminosidade de múltiplos planetas e provar a existência de sistemas solares inteiros. Porém, nem todos os exoplanetas se posicionam em frente a uma estrela. Alguns têm órbitas inclinadas e, portanto, não é possível observá-los pela fotometria de trânsito.

Outra abordagem popular é a velocidade radial, ou método Doppler, através da qual astrônomos procuram uma estrela que aparente move-se para a frente e para trás regularmente. Se houver um planeta gigante à la Júpiter em órbita da estrela, é porque na verdade a estrela e seu Júpiter estão em órbita um do outro. Pense em um haltere rotativo.

Os dois pesos, representando a estrela-mãe e seu Júpiter, giram ao redor de um só centro.

O planeta do tamanho de Júpiter é invisível à distância, mas a estrela-mãe e seu movimento podem ser vistos com clareza e precisão matemática. Sua velocidade pode ser calculada pelo método Doppler. (Por exemplo, se uma estrela amarela se aproxima de nós, as ondas de luz são comprimidas, como num acordeão, e a luz amarela se torna ligeiramente azulada. Caso se afaste de nós, sua luz é esticada e torna-se avermelhada. Sua velocidade pode ser determinada analisando-se as mudanças na frequência da luz de acordo com o movimento de aproximação ou distanciamento feito pela estrela em relação ao detector. É parecido com o que ocorre quando a polícia aponta um feixe de laser para nossos carros. As mudanças no reflexo da luz do laser podem ser usadas para medir quão rápido o carro se move.)

Verificações cuidadosas da estrela-mãe ao longo de semanas e meses permitem ainda a cientistas estimarem a massa do planeta através da lei da gravidade de Newton. O método Doppler é tedioso, mas levou à descoberta do primeiro exoplaneta em 1992, que por sua vez gerou um rebuliço, com astrônomos ambiciosos tentando rastrear o próximo. Planetas do tamanho de Júpiter foram os primeiros a serem observados porque objetos gigantes correspondem aos maiores movimentos da estrela-mãe.

A fotometria de trânsito e o método Doppler são as duas principais técnicas para a localização de planetas extrassolares, mas algumas outras foram introduzidas recentemente. Uma é a observação direta que, como já foi mencionado antes, é difícil de concretizar. Contudo, a professora Seager está entusiasmada com os planos da NASA de desenvolver sondas espaciais capazes de obstruir cuidadosa e precisamente a luz da estrela-mãe, que de outra forma ofuscaria o planeta.

A lente gravitacional pode ser um método alternativo promissor, mas só funciona se o alinhamento entre a Terra, o exoplaneta e a estrela-mãe for perfeito. Sabemos por meio da teoria da gravidade de Einstein que a luz pode se dobrar ao mover-se nas proximidades de um corpo celeste, visto que uma grande massa pode alterar o tecido do espaço-tempo a seu redor. Mesmo que o objeto não nos seja visível, mudará a trajetória da luz, como faz um vidro transparente. Se um planeta se coloca diretamente à frente de uma estrela distante, a luz será distorcida na forma de um anel. Esse padrão em particular é chamado de Anel de Einstein e sinaliza a presença de uma massa substancial entre o observador e a estrela.

RESULTADOS DA KEPLER

Um grande avanço se verificou com o lançamento da espaçonave Kepler em 2009, especificamente projetada para encontrar planetas extrassolares por meio da fotometria de trânsito. Seu sucesso ultrapassou os mais delirantes sonhos da comunidade astronômica. A Kepler é provavelmente, ao lado do Telescópio Espacial Hubble, o mais produtivo satélite espacial de todos os tempos. É uma maravilha da engenharia, com peso de uma tonelada e um espelho maciço de 1,4 metro, tinindo com os mais atualizados sensores de alta tecnologia. Como precisa apontar para o mesmo ponto do céu por longos períodos de tempo para obter os dados mais exatos, sua órbita se dá em torno do Sol e não da Terra. De seu poleiro no espaço profundo, que pode estar a 160 milhões de quilômetros da Terra, usa uma série de giroscópios para mirar 1/400 do firmamento, um pequeno trecho na direção da constelação Cygnus. Dentro desse diminuto campo de visão, a Kepler já analisou cerca de 200 mil estrelas e descobriu milhares de planetas extrassolares, forçando os cientistas a reavaliarem a nossa posição no universo.

Em vez de localizarem outros sistemas solares semelhantes ao nosso, astrônomos se depararam com algo totalmente inesperado: planetas de todos os tamanhos orbitando estrelas a distâncias variadas. "Há planetas pelo espaço afora sem paralelo no nosso sistema solar, alguns deles com tamanhos entre o da Terra e o de Netuno, ou bem menores que Mercúrio", reflete a professora Seager. "Mas hoje ainda não achamos qualquer cópia do nosso sistema solar." Na verdade, tantos resultados estranhos têm se apresentado que faltam aos astrônomos teorias nas quais caibam. "Quanto mais descobertas fazemos, menos entendemos", confessou ela. "A situação toda é um caos."

Faltam-nos os meios de explicar até mesmo os mais comuns desses exoplanetas. Muitos dos similares a Júpiter em tamanho, os mais fáceis de se encontrar, não se movem em trajetórias quase circulares como seria de se esperar, mas em órbitas tremendamente elípticas.

Alguns planetas de tamanho jupiteriano têm órbitas circulares, mas estão tão próximos à estrela-mãe que, caso integrassem o nosso sistema solar, estariam na esfera da órbita de Mercúrio. Esses gigantes gasosos se chamam "Júpiteres quentes", e têm atmosferas constantemente sopradas na direção do espaço sideral pelo vento solar. Mas os astrônomos um dia acreditaram que planetas desse tamanho se originam no espaço profundo, a bilhões de quilômetros de distância da estrela-mãe. Se é o caso, como se aproximaram tanto?

A professora Seager admite que os astrônomos não sabem ao certo. Mas a resposta mais provável os pegou de surpresa. Uma teoria propõe que todos os gigantes gasosos se formam nas regiões mais remotas de sistemas solares, onde há abundância de gelo a ser coletado pelo hidrogênio, pelo gás hélio e pela poeira estelar. Mas em alguns casos há também uma grande quantidade de poeira cósmica espalhada dentro do plano do sistema solar. O gigante gasoso pode perder energia gradualmente devido à fricção do movimento em meio à poeira, entrando numa espiral de morte que o leve na direção da estrela-mãe.

Tal explicação gerou a ideia herege de planetas migratórios, que até então jamais ocorrera a ninguém (à medida que se aproximam de seus sóis, podem cruzar o caminho de um planeta menor, do tamanho da Terra, e catapultá-lo para o espaço; esse pequeno mundo rochoso pode tornar-se um planeta órfão, a vagar sozinho pelo espaço sideral independente de qualquer estrela; por isso não se espera encontrar quaisquer planetas como a Terra em um sistema solar onde haja outros do tamanho de Júpiter em órbitas altamente elípticas ou próximas à estrela-mãe).

Fazendo uma retrospectiva, os resultados estranhos deveriam ter sido previstos. Como os planetas de nosso sistema solar giram em círculos de forma suave, os astrônomos naturalmente supunham que as bolas de poeira cósmica, hidrogênio e hélio que se transformam em sistemas solares condensavam-se uniformemente. Hoje percebemos ser mais provável que a gravidade as comprima de forma aleatória, fortuita, resultando em planetas que se movam em órbitas elípticas ou irregulares, sujeitos a serem interceptados ou colidirem uns com os outros. Isso é importante porque há a possibilidade de que apenas sistemas com órbitas planetárias circulares como o nosso sejam compatíveis com a vida.

PLANETAS DO TAMANHO DA TERRA

Planetas como a Terra são pequenos e, portanto, obscurecem debilmente ou causam distorções sutis na luz de seus sóis. Mas graças à espaçonave Kepler e aos telescópios gigantes, astrônomos passaram a localizar "super-Terras", rochosas e capazes de sustentar a vida como a conhecemos, mas 50% a 100% maiores do que nosso planeta. Ainda não sabemos determinar sua origem, mas em 2016 e 2017 foi feita uma série de descobertas sensacionais, do tipo que gera manchetes.

Proxima Centauri é, depois do nosso Sol, a estrela mais próxima da Terra. Na verdade, é parte de um triplo sistema estelar e orbita duas estrelas maiores, Alpha Centauri A e B, que orbitam uma à outra. Os astrônomos ficaram estupefatos ao descobrir um planeta apenas 30% maior do que a Terra se movendo nas proximidades de Proxima Centauri. Chamaram-no de Proxima Centauri b.

"Isso muda todo o cenário da ciência exoplanetária", declarou Rory Barnes, astrônomo da Universidade de Washington em Seattle. "O fato de estar tão perto significa termos a oportunidade de acompanhá-lo muito melhor do que qualquer outro planeta descoberto até hoje." Talvez a próxima safra de telescópios gigantes em desenvolvimento, como o Telescópio Espacial James Webb, consiga capturar a primeira fotografia do planeta. Como diz a professora Seager: "É absolutamente fenomenal. Quem teria imaginado que, após tantos anos conjeturando sobre planetas, haveria um em órbita da estrela mais próxima de nós?".

A estrela-mãe de Proxima Centauri b é uma anã vermelha de luz fraca e com apenas 12% da massa do Sol, portanto o planeta precisa situar-se relativamente próximo a ela para estar dentro de uma zona habitável, onde possam existir água em estado líquido e possivelmente oceanos. O raio da órbita do planeta é de apenas 5% o da órbita da Terra ao redor do Sol. Ele também gira bem mais rápido ao redor de sua estrela-mãe, fazendo uma revolução completa a cada 11,2 dias. Há intensas especulações quanto à possibilidade de as condições de Proxima Centauri b serem compatíveis à vida como a conhecemos. Um grande fator de preocupação é o possível bombardeio de ventos solares, que poderiam ser 2 mil vezes mais intensos que os que atingem a Terra. Para escudar-se de tais explosões, Proxima Centauri b precisaria ter um forte campo magnético.

No momento, não dispomos de informação suficiente para saber se este é o caso.

Também já foi sugerido que Proxima Centauri b poderia ter rotação sincronizada como a nossa Lua, portanto, um de seus lados sempre ficaria de frente para a estrela. Este lado seria perpetuamente quente enquanto o outro seria permanentemente frio. Oceanos de água líquida só poderiam existir na faixa estreita localizada entre os dois hemisférios, onde a temperatura é moderada. Contudo, se o planeta tiver uma atmosfera densa o bastante, os ventos poderiam equalizar as temperaturas de forma a permitir que oceanos líquidos existam livremente por toda a superfície.

O passo seguinte é determinar a composição da atmosfera e se ela contém água ou oxigênio. Proxima Centauri b foi detectado pelo método Doppler, mas a fotometria de trânsito é mais adequada para analisar a composição química de sua atmosfera. Quando um exoplaneta se interpõe diretamente entre a estrela-mãe e o ponto de vista da Terra, uma nesga de luz atravessa sua atmosfera. Moléculas de certas substâncias atmosféricas absorvem comprimentos de onda específicos da luz estelar, possibilitando aos cientistas determinar a natureza de tais moléculas. Mas para que isso funcione, a orientação da trajetória do exoplaneta precisa ser exata, e a chance de que a órbita de Proxima Centauri b esteja corretamente alinhada é de apenas 1,5%.

Seria um feito assombroso encontrar moléculas de vapor d'água em um planeta semelhante à Terra. Segundo explicou a professora Seager, "num pequeno planeta rochoso, o vapor d'água só é possível se houver água em estado líquido na superfície. Portanto, se encontrarmos vapor d'água num planeta rochoso, podemos deduzir que possui também oceanos líquidos".

SETE PLANETAS DO TAMANHO DA TERRA AO REDOR DE UMA ESTRELA

Houve em 2017 outra descoberta sem precedente. Astrônomos localizaram um sistema solar que violava todas as teorias da evolução planetária. Ele continha sete planetas do tamanho da Terra em órbita de uma estrela-mãe chamada TRAPPIST-1. Três estão na zona Cachinhos Dourados e poderiam conter oceanos. "Esse sistema planetário é incrível, não apenas por termos encontrado tantos planetas, mas por serem todos semelhantes à Terra em tamanho", disse Michaël Gillon, líder do grupo de cientistas belgas que fez a descoberta (o nome TRAPPIST é um acrônimo para o telescópio utilizado pelo grupo e também uma referência à popular cerveja belga).

A TRAPPIST-1 é uma anã vermelha a menos 38 anos-luz da Terra, e sua massa é apenas 8% da do Sol. Como Proxima Centauri, possui uma zona habitável. Se transpostas para o nosso sistema solar, as órbitas dos sete planetas se encaixariam na trajetória de Mercúrio. Os planetas levam menos de três semanas para fazer um círculo completo ao redor da estrela-mãe, e o mais central faz uma revolução completa em 36 horas. Sendo este sistema solar tão compacto, há interação gravitacional entre os planetas. Em teoria, eles poderiam desfazer sua própria harmonia e colidir. Poderíamos inocentemente imaginá-los a trombar uns com os outros. Felizmente uma análise, em 2017, mostrou estarem em ressonância, o que significa que suas órbitas estão em sincronia umas com as outras e não vai haver colisão alguma. O sistema solar parece estável. Mas, assim como no caso de Proxima Centauri b, astrônomos estão investigando os possíveis efeitos de explosões solares e rotação sincronizada.

Em *Jornada nas estrelas*, sempre que a *Enterprise* vai se deparar com um planeta similar à Terra, Spock anuncia estarem se aproximando de um "planeta categoria M". Na verdade, isso não existe na astronomia... ainda. Agora que milhares de diferentes tipos de planetas já se fizeram notar pela primeira vez, incluindo vários semelhantes à Terra, é só questão de tempo até uma nova nomenclatura ser introduzida.

GÊMEO DA TERRA?

Se existir um gêmeo planetário da Terra espaço afora, por ora nos escapou. Mas já encontramos cerca de cinquenta super-Terras até o presente momento. O Kepler-452b, descoberto em 2015 pela espaçonave de mesmo nome, a uma distância de 1.400 anos-luz, é particularmente interessante. É 50% maior do que a Terra e, portanto, pesaríamos mais lá do que aqui, mas de resto a vida por lá não seria tão diferente da nossa. Ao contrário dos exoplanetas na órbita da anã vermelha, este gira em torno de uma estrela com massa apenas 3,7% maior que a do Sol. Seu período de revolução equivale a 385 dias terrenos e sua temperatura de equilíbrio é -8 °C, ligeiramente mais alta que a da Terra. Está dentro da zona habitável. Os astrônomos que buscam inteligências extraterrestres ajustaram seus radiotelescópios para receber mensagens de qualquer civilização que porventura habite o planeta, mas até agora não detectaram nada. Infelizmente, dada a enorme distância que nos separa de Kepler-452b, nem a próxima geração de telescópios terá como coletar informações significativas sobre sua composição atmosférica.

Kepler-22b, a 600 anos-luz de distância e 2,4 vezes maior que a Terra, também está sendo estudado. Sua órbita é 15% mais curta – completa uma revolução em 290 dias –, mas a luminosidade de sua estrela-mãe, Kepler-22, é 25% mais baixa que a do Sol. Esses dois efeitos compensam um ao outro, e acredita-se que a temperatura da superfície do planeta seja comparável à da Terra. Também está localizado na zona habitável.

Mas o exoplaneta a atrair mais atenção é KOI 7711, pois, segundo os dados atualizados até 2017, é o que soma mais características terrenas. É 30% maior do que a Terra e sua estrela-mãe é muito semelhante à nossa. Não corre risco de ser fritado por explosões solares. A duração de um ano por lá é quase idêntica à de um ano na Terra. Fica na zona habitável de sua estrela, mas ainda não temos a tecnologia para avaliar se sua atmosfera contém vapor d'água. Todas as condições parecem favoráveis a que abrigue alguma forma de vida. Mas a 1.700 anos-luz de distância, é o mais longínquo dos três exoplanetas.

Esta ilustração mostra o tamanho da Terra relativo às super-Terras descobertas na órbita de outras estrelas.

Após analisarem dezenas de planetas, astrônomos descobriram que eles geralmente cabem em apenas duas categorias. A primeira é a das super-Terras (como as da imagem na página anterior) de que já falávamos. A outra é a dos "miniNetunos", planetas gasosos duas a quatro vezes maiores que a Terra. Não se parecem com nada em nossa vizinhança imediata; nosso Netuno é quatro vezes maior que a Terra. Ao se descobrir um pequeno planeta, astrônomos logo tentam determinar a que categoria pertence. Isso equivale a biólogos tentando classificar um novo animal como mamífero ou réptil. Um mistério é o fato de tais categorias não estarem representadas em nosso próprio sistema solar, posto que dão a impressão de serem tão proeminentes noutras partes do espaço.

PLANETAS ÓRFÃOS

Planetas órfãos estão entre os corpos celestes mais estranhos descobertos até hoje. Vagam pela galáxia sem orbitar nenhuma estrela em particular. O mais provável é que tenham se originado em algum sistema solar, mas se aproximado demais de algum exoplaneta como Júpiter e sido catapultados ao espaço profundo. Como já vimos, é comum que esses enormes planetas de dimensões jupiterianas tenham órbitas elípticas ou migrem numa espiral na direção da estrela-mãe. É provável que cruzem o caminho dos menores e, como consequência, planetas órfãos talvez sejam em maior quantidade do que os normais. Na verdade, algumas simulações em computador indicam que nosso próprio sistema solar, bilhões de anos atrás, pode ter ejetado cerca de dez planetas órfãos.

Como tais planetas não se encontram nas proximidades de quaisquer fontes de luz e não emitem luz própria, a princípio encontrá-los parecia uma tarefa inglória. Mas astrônomos conseguiram encontrar alguns por meio da técnica da lente gravitacional, que exige um alinhamento absolutamente preciso e raro entre a estrela ao fundo, o planeta órfão e o detector na Terra. Como resultado, há que vasculhar milhões de estrelas para detectar um punhado de órfãos. Felizmente esse processo pode ser automatizado, de forma que a busca fique a cargo de computadores, não astrônomos.

Por ora foram identificados vinte planetas órfãos em potencial, um dos quais a apenas sete anos-luz da Terra. Contudo, outro estudo recente, conduzido por astrônomos japoneses que examinaram 50 milhões de estrelas, encontrou mais possíveis candidatos, até 470 planetas órfãos.

Eles estimam que haja dois órfãos para cada estrela da Via Láctea. Outros já especularam que o número pode ser 100 mil vezes o de planetas normais.

A vida como a conhecemos é possível em planetas órfãos? Depende. Assim como Júpiter ou Saturno, alguns podem ter um grande número de luas cobertas de gelo. Sendo o caso, forças de maré poderiam derretê-lo e formar oceanos onde a vida poderia se originar. Mas além da luz solar e das forças de maré, há uma terceira forma de um planeta órfão obter uma fonte de energia capaz de criar vida: a radioatividade.

Um episódio da história da ciência pode ajudar a ilustrar esse ponto. Ao final do século XIX, um cálculo simples feito pelo físico Lord Kelvin mostrou que a Terra deveria ter esfriado alguns milhões de anos após sua criação e, portanto, deveria hoje ser um planeta congelado e hostil à vida. Essa conclusão foi o estopim de um debate com biólogos e geólogos, que insistiam no fato de a Terra ter bilhões de anos de existência. Quando Madame Curie e outros descobriram a radioatividade, ficou claro o erro dos físicos. A energia nuclear de elementos radioativos de vida longa como o urânio, no centro da Terra, é o que mantém o núcleo do planeta quente há bilhões de anos.

Astrônomos conjeturam que planetas órfãos talvez tenham também núcleos radioativos mantendo suas temperaturas relativamente altas. Eles poderiam fornecer calor a fontes termais e crateras vulcânicas no fundo de oceanos, onde seriam criados os compostos químicos que possibilitam a vida. Portanto, se planetas órfãos forem mesmo tão numerosos quanto creem alguns astrônomos, talvez o lugar mais provável para encontrar vida na galáxia não seja a zona habitável de uma estrela, mas eles e suas luas.

PLANETAS EXCÊNTRICOS

Astrônomos também pesquisam uma infinidade de planetas totalmente estarrecedores, alguns dos quais desafiam categorizações.

No filme *Guerra nas estrelas*, o planeta Tatooine gira em torno de dois sóis. Alguns cientistas fizeram pouco dessa ideia, pois tal planeta teria órbita instável e acabaria por colidir contra uma das estrelas. Mas já foram documentados planetas que giram em torno de três estrelas, por exemplo no sistema Centauri. Já se encontrou até sistemas de quatro estrelas, nos quais pares de estrelas duplas se movem em torno um do outro.

Outro planeta que foi descoberto aparenta ser feito de diamante. Seu nome é 55 Cancri e seu tamanho é cerca do dobro da Terra, mas sua massa é cerca de oito vezes maior. Em 2016, o Telescópio Espacial Hubble fez uma bem-sucedida análise de sua atmosfera – a primeira ocorrência do tipo em um exoplaneta rochoso. Detectou hidrogênio e hélio, mas não vapor d'água. Mais tarde descobriu-se que era rico em carbono; talvez seja esta a constituição de um terço de sua massa. É escaldante, com temperatura de 5.126 °C. Uma teoria postula que o calor e a pressão do núcleo podem ser suficientemente extremos para gerar um planeta-diamante. No entanto, se é que tal jazigo cintilante existe, fica a 40 anos-luz daqui e garimpá-lo está além da nossa capacidade atual.

Também já foram localizados possíveis mundos de água e mundos de gelo. Isso não é necessariamente algo inimaginado. Acredita-se que o nosso próprio planeta, no início de sua história, foi coberto de gelo – uma Terra Bola de Neve. Em outras épocas, com o recuo das Eras Glaciais, foi inundado. O Gliese 1214 b, primeiro de seis exoplanetas conhecidos possivelmente cobertos por água, foi encontrado em 2009. Está a 42 anos-luz de distância e é seis vezes maior do que a Terra. Está fora da zona habitável, numa órbita setenta vezes mais próxima do seu sol que a da Terra. Sua temperatura poderia chegar a 280 °C, e a vida como a conhecemos provavelmente é impossível. Mas o uso de vários filtros para análise da luz espalhada pela atmosfera do planeta em seu trânsito ao redor da estrela-mãe confirmou a presença de quantidades significativas de água. Devido à temperatura e à pressão locais, ela talvez não esteja em seu familiar formato líquido. Gliese 1214 b talvez seja um planeta de vapor.

Também chegamos a uma constatação impressionante a respeito das estrelas. Um dia julgamos que nossa estrela amarela era típica no universo, mas hoje astrônomos acreditam que as mais comuns sejam as débeis anãs vermelhas, que emitem mera fração da luz de nosso Sol e cuja observação a olho nu geralmente não é possível. Uma estimativa aponta 85% de anãs vermelhas entre as estrelas da Via Láctea. Quanto menor uma estrela, mais lento é seu consumo de hidrogênio e por mais tempo ela brilha. É possível que anãs vermelhas durem trilhões de anos, muito mais do que o ciclo de vida de 10 bilhões do nosso Sol. Talvez não seja de surpreender o fato de tanto Proxima Centauri b quanto o sistema TRAPPIST envolverem estrelas do tipo, se forem mesmo tão numerosas. Assim, a área ao redor delas pode ser das mais promissoras para buscar mais planetas como a Terra.

CENSO DA GALÁXIA

A Kepler já vasculhou planetas suficientes na Via Láctea para possibilitar um censo por alto. Os dados indicam que, em média, cada estrela que vemos no céu tem algum tipo de planeta em sua órbita. Cerca de 20% delas, como o nosso Sol, têm planetas como a Terra – isto é, similares no tamanho e situados dentro da zona habitável. Como o número estimado de estrelas na Via Láctea é de 100 bilhões, talvez haja cerca de 20 bilhões de planetas como a Terra bem no nosso quintal. Essa estimativa, aliás, é conservadora – o número pode ser bem mais alto.

Infelizmente, depois de enviar uma montanha de informações que mudou a forma como conceitualizamos o universo, a Kepler começou a apresentar defeitos. Em 2013, um de seus giroscópios começou a falhar, e a nave perdeu a capacidade de fixar-se em determinados planetas.

Estão sendo preparadas novas missões que continuarão a aumentar nossa compreensão dos exoplanetas. Em 2018, foi lançado o Transiting Exoplanet Survey Satellite (TESS). Ao contrário da Kepler, o satélite examinará todo o céu. O TESS examinará 200 mil estrelas ao longo de um período de dois anos, concentrando-se naquelas de 30 a 100 vezes mais brilhantes que as inspecionadas pela Kepler, e incluindo todos os possíveis planetas do tamanho da Terra ou super-Terras em nossa região da galáxia – número este que astrônomos esperam ser em torno de quinhentos. Além disso, logo entrará em operação o Telescópio Espacial James Webb, substituto do Hubble, que deverá ser capaz de fotografar exoplanetas.

Planetas semelhantes à Terra podem vir a ser os alvos principais de naves estelares futuras. Agora que estamos à beira de investigá-los a fundo, é importante explorar duas considerações: viver no espaço sideral, com as exigências biológicas que isso acarretaria, e encontrar vida no espaço. Para começar, temos de dar uma olhada em nossa existência na Terra e como poderia ser melhorada para fazer face aos novos desafios. Talvez tenhamos de modificar a nós mesmos, esticar nossa expectativa de vida, ajustar nossa fisiologia e até mesmo alterar nossa herança genética. Também teremos de considerar as possibilidades de encontrarmos de micróbios a civilizações avançadas nesses planetas. Quem poderia estar por lá, e o que significaria para nós vir a conhecê-los?

PARTE 3
A VIDA NO UNIVERSO

10

IMORTALIDADE

> A eternidade da travessia da galáxia não assusta seres imortais.
> – SIR MARTIN REES, ASTRÔNOMO REAL BRITÂNICO

O filme *A incrível história de Adaline* fala de uma mulher nascida em 1908 atingida por uma tempestade de neve, que morre congelada. Um raio a atinge da maneira mais improvável, felizmente, e a revive. Esse peculiar acontecimento muda o seu DNA e ela misteriosamente para de envelhecer.

Como resultado, permanece jovem enquanto os amigos e amantes envelhecem. Inevitavelmente, começam as suspeitas e os rumores e ela é forçada a deixar a cidade. Em vez de alegrar-se pela juventude sem limites, se resguarda da sociedade e raramente fala com qualquer pessoa. Para ela a imortalidade não é uma bênção, mas uma maldição.

Finalmente ela é atropelada por um carro e morre no acidente. Na ambulância, o choque elétrico do desfibrilador não só a revive mas reverte os efeitos genéticos do raio, e ela se torna mortal. Em vez de lamentar pela perda da imortalidade, regozija-se ao achar o primeiro fio de cabelo branco.

Apesar de Adaline acabar por rejeitar a promessa da imortalidade, a ciência caminha na direção oposta, dando passos gigantescos no sentido de entender o processo de envelhecimento. Cientistas voltados à exploração do espaço profundo têm profundo interesse nessas pesquisas, posto que a distância entre estrelas é tão grande que uma nave poderia levar séculos para completar sua viagem. O processo de construção de uma nave estelar, sobrevivência à viagem rumo às estrelas e estabelecimento de bases em planetas distantes poderia durar várias vidas. Para sobrevivermos à viagem, teríamos de construir naves multigeracionais, pôr nossos astronautas e pioneiros em animação suspensa ou aumentar seus ciclos de vida.

Vamos explorar cada uma das maneiras que poderiam levar humanos a viajar rumo às estrelas.

NAVES MULTIGERACIONAIS

Consideremos que um planeta gêmeo do nosso tenha sido encontrado no espaço, com atmosfera de oxigênio e nitrogênio, água em estado líquido, núcleo rochoso e tamanho bem próximo ao da Terra. Soa como candidato perfeito a ser habitado. Aí nos damos conta que está a cem anos-luz da Terra. Isso significa que uma nave estelar, talvez impelida por antimatéria ou fusão, precisaria de duzentos anos para chegar a ele.

Se uma geração corresponde mais ou menos a vinte anos, isso quer dizer que dez gerações de humanos nascerão na nave, e ela será a única casa que conhecerão.

Embora possa soar assustador, lembremos que arquitetos da Idade Média projetavam suntuosas catedrais cientes de que não viveriam o bastante para ver suas obras-primas terminadas. Sabiam que a inauguração da catedral seria testemunhada, talvez, por seus netos.

Lembremos também que durante a Grande Migração, quando seres humanos começaram a deixar a África há cerca de 75 mil anos em busca de um novo lar, perceberam que talvez a jornada só viesse a ser completada muitas gerações depois.

O conceito de uma viagem multigeracional, portanto, não é novo.

Mas há problemas a encarar no caso de viagens interestelares. Em primeiro lugar, a tripulação teria de ser escolhida com muito cuidado, com ao menos duzentas pessoas por nave para garantir população reprodutiva sustentável. O número de pessoas teria de ser monitorado para que essa população permanecesse relativamente constante e não esgotasse as provisões. Ao longo de dez gerações, o mínimo desvio nos planos poderia levar à desastrosa superpopulação ou subpopulação, que colocariam toda a missão em risco. Uma série de métodos – clonagem, inseminação artificial e bebês de proveta – poderia ser necessária para manter a população estável ao longo do tempo.

Em segundo lugar, recursos também teriam de ser cuidadosamente monitorados. Comida e lixo teriam de ser reciclados constantemente. Nada poderia ser jogado fora.

Há ainda o problema do tédio. Por exemplo, pessoas que vivem em pequenas ilhas costumam se queixar de "febre de isolamento", a sensação intensa de claustrofobia e o desejo ardente de deixar a ilha e explorar novos mundos. Uma possível solução seria o uso de realidade virtual para criar fantásticos mundos imaginários via elaboradas simulações em computador. Outra possibilidade seria criar metas, concursos, tarefas e empregos para as pessoas, de forma a dar-lhes uma direção e um propósito.

Além disso, decisões teriam de ser tomadas a bordo da nave, como as relativas à alocação de recursos e tarefas. Um grupo democraticamente eleito teria de ser criado para supervisionar o funcionamento cotidiano da nave. Mas isso abriria portas para que futuras gerações não quisessem levar a cabo a missão original ou para que um demagogo carismático assumisse o controle da missão e a subvertesse.

Há, porém, um jeito de eliminar muitos desses problemas: recorrer à animação suspensa.

CIÊNCIA MODERNA E ENVELHECIMENTO

No filme *2001: uma odisseia no espaço*, uma tripulação é mantida congelada em casulos enquanto sua gigantesca nave faz a árdua viagem até Júpiter. Suas funções corporais são reduzidas a zero para não haver quaisquer das complicações associadas a naves estelares multigeracionais. Estando os passageiros congelados, os planejadores da missão não precisariam se preocupar com a possibilidade de que consumissem grande quantidade de recursos e nem em manter a população estável.

Mas isso seria possível de fato?

Qualquer pessoa que tenha vivido nas regiões mais ao norte do planeta durante o inverno sabe que peixes e sapos podem ficar totalmente congelados e, com a chegada da primavera e o derretimento do gelo, emergirem como se nada tivesse acontecido.

Normalmente seria esperado que o processo de congelamento matasse esses animais. À medida que a temperatura do sangue cai, cristais de gelo começam a crescer e se expandir dentro das células, acabando por romper-lhes as paredes, além de poder comprimi-las e esmagá-las pelo lado de fora. A Mãe Natureza usa uma solução simples para resolver esse problema: anticongelante. No inverno, colocamos anticongelante em nossos carros para baixar o ponto de congelamento da água. Da mesma maneira, a Mãe Natureza usa glicose como anticongelante, e assim consegue baixar o ponto de congelamento do sangue. Ainda que o animal esteja petrificado em um bloco de gelo, o sangue em suas veias permanece líquido e ainda é capaz de executar as funções corporais básicas.

Para seres humanos, a alta concentração de glicose no corpo seria tóxica e fatal. Por essa razão, cientistas têm experimentado outros tipos de anticongelantes químicos num processo chamado vitrificação, que envolve o uso de uma combinação de elementos químicos para baixar o ponto de congelamento e impedir a formação de cristais de gelo. Apesar de soar fascinante, os resultados têm decepcionado. A vitrificação costuma ter efeitos colaterais adversos. Produtos químicos usados nos laboratórios são geralmente venenosos e podem ser letais. Ninguém nunca foi congelado ao ponto da petrificação e depois descongelado tendo vivido para contar a história. Estamos, portanto, muito longe de chegar à animação suspensa. (Isso não impede empreendedores de promovê-la precipitadamente como uma forma de enganar a morte; eles alegam que pessoas com doenças fatais poderiam ter seus corpos congelados em troca de uma boa quantia e então seriam revividos décadas mais tarde, quando já houver cura para suas doenças. No entanto, não há absolutamente nenhuma prova experimental de que o processo funcione.) Os cientistas esperam, com o tempo, poder solucionar tais questões técnicas.

Em teoria, portanto, a animação suspensa pode ser a forma ideal de resolver muitos dos problemas associados a viagens de longo prazo. Hoje não é uma opção viável, mas no futuro pode vir a ser um método primordial de sobrevivência a missões interestelares.

Contudo, há um problema com a animação suspensa. Se houver uma emergência inesperada como o choque com um asteroide, pode ser preciso que humanos estejam a postos para consertar o estrago. Robôs poderiam ser ativados para reparos iniciais, mas numa emergência suficientemente grave, a experiência e o discernimento humanos seriam necessários. Isso poderia significar que alguns passageiros dotados de conhecimento de engenharia teriam de ser revividos, mas tal opção de última hora poderia ser fatal se tomasse tempo demais e a necessidade de intervenção humana fosse imediata. Esse é o ponto fraco de uma viagem interestelar baseada em animação suspensa. Talvez uma pequena sociedade multigeracional de engenheiros tivesse de permanecer acordada e a postos durante a viagem inteira.

TRAGAM OS CLONES

Outra proposta de colonização da galáxia envolveria enviar ao espaço embriões contendo nosso DNA na esperança de um dia revivê-los em algum destino distante. Ou poderíamos ainda enviar o código de DNA em si, para usá-lo em algum momento na criação de novos humanos. (É esse o método mencionado no filme *O Homem de Aço*; apesar de o planeta natal do Super-Homem, Krypton, ter explodido, a civilização kryptoniana era avançada o bastante para sequenciar o DNA de toda a população antes da catástrofe. O plano era fazer tais informações chegarem a um planeta como a Terra, onde a sequência de DNA pudesse ser usada para clonar os kryptonianos originais. O único problema seria o fato de isso envolver a tomada da Terra e a liquidação dos humanos, que infelizmente estariam atrapalhando.)

A estratégia da clonagem tem suas vantagens. Em vez de precisarmos de naves estelares gigantescas contendo enormes ambientes artificiais à imagem da Terra e sistemas de suporte à vida, só seria preciso transplantar DNA. Mesmo grandes tanques de embriões humanos caberiam facilmente numa espaçonave no modelo atual, com foguete. Previsivelmente, autores de ficção científica imaginam que isso ocorreu há uma eternidade, quando alguma espécie pré-humana teria espalhado seu DNA pelo nosso setor da galáxia, possibilitando o nascimento da humanidade.

Há, no entanto, vários inconvenientes nessa proposta. No presente momento, nenhum ser humano foi clonado ainda. Aliás, jamais houve uma clonagem bem-sucedida mesmo de um primata. A tecnologia ainda não é avançada o bastante para a criação de clones humanos, embora esta seja uma possibilidade para o futuro. Se for o caso, seria possível designar a robôs a tarefa de criar e tomar conta de tais clones.

Mais importante é o fato de que reviver clones humanos pode gerar criaturas idênticas a nós, mas elas não terão nossas memórias ou nossa personalidade. Serão páginas em branco. No momento atual, enviar toda a memória e a personalidade de alguém por esse método está muito além de nossa capacidade. Novamente, a tecnologia necessária levará décadas ou séculos para ser criada, se for possível.

Mas além de ser congelados ou clonados, talvez outra forma de se viajar rumo às estrelas seja por meio da desaceleração ou até mesmo da interrupção do processo de envelhecimento.

A BUSCA PELA IMORTALIDADE

A procura pela vida eterna é dos mais antigos temas da literatura humana. Remete à *Epopeia de Gilgamesh*, escrita quase 5 mil anos atrás. O poema celebra as façanhas de um guerreiro sumério numa nobre jornada durante a qual vive muitas aventuras e encontros, um deles com um indivíduo como Noé, testemunha do Dilúvio Universal. A meta dessa longa jornada é achar o segredo da imortalidade. Na Bíblia, Deus baniu Adão e Eva do Paraíso por terem Lhe desobedecido e provado o fruto da árvore do conhecimento. Deus ficou furioso porque eles poderiam ter usado tal conhecimento para tornarem-se imortais.

A humanidade é obcecada com a imortalidade há tempos. Durante a maior parte da história humana, crianças morriam no parto e as que tinham a sorte de sobreviver passavam fome. Epidemias se espalhavam feito fogo no mato, pois as pessoas jogavam o lixo da cozinha pela janela. Saneamento básico não existia, e vilarejos e cidades fediam. Hospitais, quando existiam, eram lugares para onde os pobres iam para morrer. Eram meros depósitos de indigentes, pacientes empobrecidos, pois os ricos tinham seus médicos particulares. Apesar disso, também eram vitimados por doenças, pois seus médicos particulares eram pouco mais do que curandeiros. (Um médico do Meio-Oeste nos Estados Unidos mantinha registros de suas visitas diárias a pacientes e admitia nos textos que só dois itens de sua bolsa preta faziam de fato algum efeito; todo o resto era enganação. Só o que funcionava de fato eram a serra para cortar membros feridos e infectados e a morfina para amortecer a dor da amputação.)

Em 1900, a expectativa de vida oficial nos Estados Unidos era de 49 anos. Mas duas revoluções adicionaram décadas a esse número. Primeiro, a melhora no saneamento nos legou água limpa e remoção de lixo, e ajudou a eliminar algumas das piores epidemias e pragas, acrescentando cerca de quinze anos à nossa expectativa de vida.

A revolução seguinte foi na medicina. Não pensamos muito sobre o bestiário de doenças antigas que nossos ancestrais temiam profundamente (tuberculose, varíola, sarampo, poliomielite, coqueluche e tantas outras). Na era do pós-guerra, essas doenças foram basicamente controladas por antibióticos e vacinas, acrescentando mais dez anos à nossa expectativa de vida. Nesse período, a reputação dos hospitais mudou significativamente. Tornaram-se locais onde doenças eram de fato curadas.

Seria então a ciência moderna capaz de desvendar os segredos do processo de envelhecimento, diminuindo-lhe o ritmo ou interrompendo-o, aumentando a expectativa de vida a um grau praticamente ilimitado?

Essa busca é antiquíssima, mas a novidade é ter despertado a atenção de algumas das pessoas mais ricas do planeta. Há por sinal uma torrente de empresários do Vale do Silício investindo milhões para deter o processo de envelhecimento. Não bastasse terem conectado o mundo todo, têm como próxima meta viver para sempre. A esperança de Sergey Brin, cofundador do Google, é nada menos que "curar a morte". E a Calico, comandada por Brin, pode mesmo vir a despejar bilhões numa parceria com a companhia farmacêutica AbbVie para atacar o problema. Larry Ellison, cofundador da Oracle, pensa que aceitar a mortalidade é "incompreensível". Peter Thiel, cofundador do PayPal, tem a meta de chegar a modestos 120 anos de idade, ao passo que o magnata russo da internet Dmitry Itskov quer viver até os 10 mil anos. Com o apoio de gente como Brin e inovações tecnológicas, talvez possamos finalmente usar toda a força da ciência moderna para desvendar esse mistério milenar e aumentar nosso ciclo de vida.

Cientistas revelaram recentemente alguns dos segredos mais ocultos do processo de envelhecimento. Após séculos de inícios abortados, existem hoje algumas teorias confiáveis e testáveis que parecem promissoras. Elas envolvem restrições calóricas, telomerase e genes de envelhecimento.

Destes, apenas um método já se provou capaz de aumentar o ciclo de vida de animais, chegando mesmo a dobrá-lo em alguns casos. Chama-se restrição calórica e implica o estabelecimento de um limite severo de ingestão de calorias na dieta de um animal.

Em média, animais que comem 30% a menos de calorias vivem 30% mais. Isso já foi amplamente demonstrado com leveduras, vermes, insetos, camundongos e ratos, cães e gatos e agora com primatas. É, na verdade, o único método universalmente aceito por cientistas para alterar ciclos de vida de animais em geral a já ter sido testado (o único animal importante ainda não testado é o ser humano).

A teoria se baseia no fato de animais selvagens viverem naturalmente num estado de fome constante. Eles usam seus limitados recursos para se reproduzirem em épocas de fartura, mas nos períodos de escassez entram num estado próximo ao de hibernação para conservar recursos e superar a fome. Dar menos comida a animais ativa essa segunda resposta biológica e eles vivem mais.

Um problema da restrição calórica, porém, é que os animais se tornam letárgicos, lerdos e perdem o interesse por sexo. E a maioria dos seres humanos rejeitaria a ideia de comer 30% a menos de calorias. A indústria farmacêutica procura descobrir quais elementos químicos comandam esse processo para domar a restrição calórica, preservando-lhe a eficácia sem os gritantes efeitos colaterais.

Recentemente, conseguiu-se isolar um elemento promissor chamado resveratrol. Encontrado no vinho tinto, ajuda a ativar a molécula sirtuína que comprovadamente retarda o processo de oxidação, um componente central do envelhecimento, e pode ajudar a proteger o corpo dos danos moleculares ligados à idade.

Certa vez entrevistei Leonard P. Guarente, pesquisador do MIT que foi dos primeiros a mostrar a ligação entre esses elementos químicos e o processo de envelhecimento. Ele ficou surpreso pelo número de seguidores de modas gastronômicas que abraçou a teoria como se fosse uma fonte da juventude. Ainda que duvide da descoberta de uma verdadeira cura para o envelhecimento, deixou aberta a possibilidade de que o resveratrol e esses outros elementos químicos possam ter um papel nela, caso ocorra. Ele até chegou a participar da fundação de uma companhia, a Elysium Health, para explorar tais possibilidades.

Outra pista para a causa do envelhecimento pode ser a telomerase, que ajuda a regular nosso relógio biológico. Quando uma célula se divide, as pontas dos cromossomos, chamadas telômeros, se encurtam um pouco. Após aproximadamente cinquenta a sessenta divisões, os telômeros desaparecem de tão curtos e o cromossomo começa a se desfazer. A célula entra em estado de senescência e já não funciona adequadamente.

Portanto, existe um limite para o quanto uma célula consegue se dividir, chamado limite de Hayflick (entrevistei certa vez o dr. Leonard Hayflick que riu quando eu quis saber se há alguma forma de reverter o limite que leva seu nome e nos trazer uma cura para a morte. Ele se mostrou extremamente cético, pois percebia que o limite biológico era fundamental na equação, mas disse que como suas consequências ainda estão sendo estudadas e o envelhecimento é um processo bioquímico complexo que envolve muitos caminhos diferentes, estamos muito longe de conseguir alterar esse limite em seres humanos).

A ganhadora do Prêmio Nobel Elizabeth Blackburn é mais otimista e diz: "Tudo indica, inclusive a genética, que há alguma causalidade (entre os telômeros) e as coisas horríveis que ocorrem quando envelhecemos". Ela observa haver ligação direta entre telômeros encurtados e certas doenças. Por exemplo, se seus telômeros são encurtados – se estão no terço mais baixo da população em termos de extensão –, seu risco de ter uma doença cardiovascular é 40% maior. "O encurtamento dos telômeros", conclui ela, "parece estar na base dos riscos de doenças fatais (...) as doenças cardíacas, a diabetes, o câncer e até mesmo o Alzheimer."

Recentemente cientistas vêm experimentando com a telomerase, a enzima descoberta por Blackburn e seus colegas que impede os telômeros de encurtar. Em alguma medida, ela "para o relógio". Quando banhadas em telomerase, as células da pele podem se dividir indefinidamente, muito além do limite de Hayflick. Certa vez entrevistei o dr. Michael D. West, que trabalhava então na Geron Corporation; ele faz experimentos com telomerase e alega poder "imortalizar" uma célula de pele em laboratório e garantir-lhe um ciclo de vida de tempo indeterminado. As células em seu laboratório dividem-se centenas de vezes, não só cinquenta ou sessenta.

Deve-se fazer a ressalva de que é preciso regular a telomerase com muita cautela, pois células cancerosas também são imortais e lançam mão dessa enzima para atingir a imortalidade. Na verdade, um dos aspectos que separam células cancerosas das normais é o fato de terem vida eterna e se reproduzirem sem limites, acabando por criar os tumores que matam o doente. A telomerase, portanto, pode acabar levando ao câncer como um derivado indesejado do processo.

A GENÉTICA DO ENVELHECIMENTO

Uma terceira possibilidade para derrotar o envelhecimento é através da manipulação genética.

O fato de o envelhecimento ser tremendamente influenciado pela nossa genética é claramente visível. Ao saírem do casulo, borboletas vivem apenas alguns dias ou semanas. Camundongos estudados em laboratórios geralmente vivem cerca de dois anos. Cães envelhecem cerca de sete vezes mais rápido que os humanos e vivem pouco mais de dez anos.

Ao observarmos o reino animal, também encontramos espécies com vidas tão longas que chega a ser difícil medir seu ciclo médio. Em 2016, na revista *Science*, pesquisadores relataram que a expectativa média de vida do tubarão-da-Groenlândia é de 272 anos, ultrapassando o ciclo médio de duzentos anos da baleia polar, o que faz dele o vertebrado de vida mais longa. As idades dos tubarões foram calculadas por meio de análises das camadas de tecido em seus olhos, que crescem com o tempo, camada por camada, como uma cebola. Eles até chegaram a encontrar um tubarão de 392 anos e outro cuja idade poderia chegar a 512 anos.

Diferentes espécies com constituições genéticas distintas, portanto, variam muito em expectativa de vida. Mas mesmo entre seres humanos, com seus genes quase idênticos, estudos têm mostrado consistentemente que gêmeos e parentes próximos têm expectativas de vida similares e que, ao se comparar pessoas a esmo, a variação é bem maior.

Se o envelhecimento, então, é ao menos parcialmente determinado pela genética, a chave é isolar os genes que o controlam. Há várias e amplas formas de abordar a questão.

Uma abordagem promissora é a análise de genes de pessoas jovens e a comparação com os de idosos. Comparando ambas as constituições com a ajuda de um computador, é possível isolar rapidamente os pontos onde ocorre a maior parte dos danos genéticos gerados pelo envelhecimento.

Por exemplo, o envelhecimento de um carro ocorre principalmente no motor, onde o maior estrago é feito pela oxidação e pelo desgaste. Os "motores" de uma célula são as mitocôndrias. É onde açúcares são oxidados para extrair energia. A análise minuciosa do DNA dentro das mitocôndrias indica que é ali que as falhas se concentram. Espera-se que um dia cientistas possam usar o próprio mecanismo de reparação das células para reverter o acúmulo de falhas em mitocôndrias e assim prolongar a vida útil das células.

Thomas Perls, da Universidade de Boston, analisou a constituição genética de centenários, partindo do pressuposto de que há indivíduos cujos genes os tornam propensos a viver mais, e identificou 281 marcadores genéticos que parecem retardar o processo de envelhecimento e, de alguma maneira, tornar os centenários menos vulneráveis a doenças.

Pouco a pouco, o mecanismo do envelhecimento vai sendo revelado, e muitos cientistas têm a visão cautelosamente otimista de que possa vir a ser controlado em algum momento das próximas décadas. A pesquisa deles demonstra que o envelhecimento, aparentemente, não passa do acúmulo de falhas em nosso DNA e em nossas células, e talvez um dia possamos controlar ou mesmo reverter esse estrago (na verdade, alguns professores de Harvard são tão otimistas que chegaram até a montar companhias no intuito de capitalizar as pesquisas sobre o envelhecimento feitas em seus laboratórios).

O fato de nossos genes terem papel primordial na determinação de quanto tempo viveremos, portanto, é indiscutível. O problema reside em identificar quais genes estão envolvidos nesse processo, filtrar os efeitos ambientais e, por fim, alterá-los.

TEORIAS POLÊMICAS SOBRE O ENVELHECIMENTO

Um dos mitos ancestrais sobre o envelhecimento é o de que é possível obter a juventude eterna bebendo o sangue ou consumindo a alma dos jovens, como se juventude pudesse ser passada de uma pessoa a outra, a exemplo da lenda dos vampiros. O súcubo é uma bela criatura mítica que permanece eternamente jovem, pois, ao beijar alguém, suga a juventude de seu corpo.

Pesquisas modernas indicam a possibilidade de essa ideia ter um quê de verdade. Em 1956, Clive M. McCay, da Universidade Cornell, uniu por meio de costura os vasos sanguíneos de dois ratos, um velho e decrépito, o outro jovem e vigoroso. Ficou estarrecido ao perceber que o rato velho começou a rejuvenescer na aparência, enquanto o oposto ocorria com o jovem.

Décadas mais tarde, em 2014, em Harvard, Amy Wagers reexaminou a experiência. Ficou surpresa ao constatar o mesmo efeito rejuvenescedor. Isolou, então, uma proteína chamada GDF11 que parece ser a base de todo esse processo. Os resultados foram tão formidáveis que a revista *Science* os considerou uma das dez maiores descobertas do ano. Contudo, de lá para cá, outros grupos tentaram duplicar o efeito, com resultados distintos. Ainda não está claro se a GDF11 será uma arma valiosa na luta contra o envelhecimento.

Outra polêmica envolve o hormônio do crescimento (HGH), que virou moda, mas cuja eficácia na prevenção do envelhecimento tem bases muito questionáveis. Em 2017, um estudo de vulto da Universidade de Haifa, em Israel, com mais de oitocentas cobaias, encontrou provas do efeito oposto – o HGH dava mostras de diminuir a expectativa de vida de uma pessoa. Ainda por cima, outro estudo indica que uma mutação genética geradora de níveis reduzidos de HGH poderia aumentar o ciclo de vida de uma pessoa, ou seja, o efeito do HGH poderia sair pela culatra.

Esses estudos nos trazem uma lição. No passado, houve afirmações mirabolantes sobre o tema que desapareceram depois de serem analisadas com cuidado, mas os pesquisadores de hoje exigem que todos os resultados sejam testáveis, reproduzíveis e falsificáveis, a marca da verdadeira ciência.

Está nascendo uma nova ciência que pretende descobrir os segredos do processo de envelhecimento, a biogerontologia. Esse campo tem vivido uma explosão de atividade, e uma série de genes, proteínas, processos e compostos químicos promissores têm sido analisados, entre eles o FOXO3, a metilação do DNA, o mTOR, o fator de crescimento semelhante à insulina, o Ras2, a acarbose, a metformina, o alfaestradiol etc. Todos geradores de enorme interesse entre cientistas, mas ainda com resultados preliminares. O tempo dirá qual caminho promete os melhores resultados.

Hoje a busca pela fonte da juventude, campo outrora povoado por místicos, charlatães e curandeiros, está sendo conduzida pelos principais cientistas do mundo. Embora ainda não haja cura para o envelhecimento, a pesquisa científica se aventura por uma série de caminhos promissores. Já é possível estender o ciclo de vida de certos animais, mas ainda não se sabe se esse efeito pode ser obtido em humanos.

Embora o ritmo das pesquisas seja intenso, ainda estamos bem longe de conseguir solucionar esse mistério. Um dia talvez se encontre uma forma de retardar ou mesmo interromper o processo de envelhecimento por meio da combinação de vários caminhos. Talvez os grandes avanços necessários sejam feitos pela próxima geração. Como lamentou certa vez Gerald Sussman: "Não creio que a hora já tenha chegado, mas está se aproximando. Temo, infelizmente, que eu faça parte da última geração que vai morrer".

OUTRA PERSPECTIVA SOBRE A IMORTALIDADE

Adaline pode ter se arrependido do dom da imortalidade, e provavelmente não seria a única a fazê-lo, mas muita gente ainda desejaria interromper os efeitos do envelhecimento. Uma ida à farmácia da esquina já revela fileira atrás de fileira de produtos que dispensam receita e dizem ser capazes de reverter esse processo. Infelizmente, são todos derivados da imaginação ultrafértil de marqueteiros da avenida Madison em seu intuito de empurrar picaretagens para consumidores crédulos (segundo vários dermatologistas, o único ingrediente em todas essas poções "antienvelhecimento" que realmente funciona é o hidratante).

Certa vez apresentei um especial da BBC no qual ia ao Central Park e abordava passantes ao acaso com a pergunta: "Se eu tivesse uma fonte da juventude em minha mão, você beberia dela?". Surpreendentemente, todos que entrevistei disseram que não. Muitos disseram ser normal envelhecer e morrer. É como as coisas devem ser, e morrer faz parte da vida. Fui então a um asilo, onde muitos dos pacientes sofriam com a dor e o desconforto do envelhecimento. Muitos começavam a exibir sinais de Alzheimer e se esqueciam de quem eram e onde estavam. Quando perguntei se beberiam da fonte da juventude, todos responderam com avidez: "Sim!".

SUPERPOPULAÇÃO

O que ocorrerá se resolvermos o problema do envelhecimento? Quando e se isso ocorrer, talvez a enorme distância que nos separa das estrelas não pareça mais tão assustadora assim. Seres imortais podem encarar a ideia de viagens interestelares de maneira completamente diferente de nós. Em seu olhar, o enorme tempo exigido para a construção de naves estelares e seu envio rumo às estrelas pode ser apenas um pequeno obstáculo. Assim como nós economizamos por meses tendo em vista as tão desejadas férias, seres imortais podem vir a encarar os séculos de espera necessários para a viagem às estrelas como nada mais do que uma amolação.

Deve-se ressaltar que o dom da imortalidade pode ter um efeito indesejado, legando à Terra uma vasta superpopulação. Isso poderia exaurir os recursos, a comida e a energia do planeta, e levar a apagões, migrações em massa, distúrbios por causa de comida e conflitos entre nações. Ou seja, em vez de representar o início de uma nova Era de Aquário, a imortalidade poderia desencadear uma nova onda de guerras mundiais.

Tudo isso, por sua vez, pode ajudar a acelerar o êxodo em massa da Terra, oferecendo um porto seguro para pioneiros cansados de um planeta superpopuloso e poluído. Como Adaline, as pessoas podem se dar conta de que o dom da imortalidade na verdade era uma maldição.

Mas quão séria é a preocupação com a superpopulação? Ela poderia ameaçar nossa existência?

Durante a maior parte da história, a população humana foi de bem menos de 300 milhões, mas com a chegada da Revolução Industrial, teve início um crescimento gradual levando-a à marca de 1,5 bilhão por volta de 1900. Hoje já somos 7,5 bilhões e a cada doze anos, em média, adiciona-se mais 1 bilhão à conta. A ONU estima que, em 2100, seremos 11,2 bilhões. Em algum momento, excederemos a capacidade de carga do planeta, e isso pode significar conflitos por comida e caos, como já previa Thomas Robert Malthus em 1798.

Na verdade, a superpopulação é uma das razões pelas quais algumas pessoas pregam que almejemos as estrelas. Mas um exame cuidadoso da questão revela que, embora a população mundial ainda esteja crescendo, o seu ritmo de crescimento está diminuindo. A ONU, por exemplo, já reduziu várias vezes as taxas previstas. Muitos demógrafos chegam a prever que a população mundial começará a se nivelar e poderá até mesmo se estabilizar ao final do século XXI.

Para compreender todas essas mudanças demográficas, há que entender a visão de mundo de um camponês. Um trabalhador rural num país pobre faz um cálculo simples: cada novo filho que nasce o torna mais rico. Crianças trabalham nos campos e criá-las custa muito pouco. Com pensão completa numa fazenda, sai quase de graça. Mas ao se mudar para a cidade, o cálculo é invertido. Cada novo filho o torna mais pobre. Seu filho vai para a escola, não para os campos. A alimentação dele vem do mercado, que é caro. Ele tem de morar num apartamento, que custa dinheiro. Um camponês, ao se transferir para uma área urbana, portanto, quer dois filhos, não dez. E ao passar a fazer parte da classe média, vai querer curtir a vida um pouco e é possível que tenha apenas um filho.

Mesmo em países como Bangladesh, que não chega a ter uma classe média urbanizada, a taxa de natalidade está caindo lentamente. A razão é a educação feminina. Estudos em várias nações já encontraram um padrão nítido: a taxa de natalidade cai dramaticamente à medida que um país se industrializa, se urbaniza e educa suas meninas.

Outros demógrafos já enxergam histórias diferentes e simultâneas. Por um lado, vemos um aumento contínuo na taxa de natalidade de países pobres com baixos níveis de educação e economia fraca. Por outro lado, vê-se uma nivelação e até uma contração dessa mesma taxa em alguns países, à medida que desenvolvem indústrias e tornam-se mais prósperos. De qualquer forma, a explosão da população mundial, embora ainda seja uma ameaça, já não é mais tão inevitável e aterradora quanto se pensava.

Alguns analistas preocupam-se com a possibilidade de que logo haja mais gente do que comida no mundo. Outros, contudo, argumentam que a questão alimentar é, na verdade, um problema de energia. Se esta existir em nível suficiente, há como aumentar a produtividade e a agricultura intensiva para dar conta da demanda.

Em uma série de ocasiões, tive a oportunidade de entrevistar Lester Brown, um dos principais ambientalistas do mundo e fundador do famoso Instituto Worldwatch, um *think tank* sobre a Terra. A organização monitora de perto os suprimentos de comida do mundo e o estado do planeta. Ele se preocupa com outro fator: temos comida suficiente para alimentar pessoas de todo o mundo que se tornem consumidores de classe média? Centenas de milhões de pessoas na China e na Índia passaram a fazer parte da classe média, assistem a filmes ocidentais e querem imitar o estilo de vida que veem neles: esbanjamento de recursos, alto consumo de carne vermelha, casas grandes, fixação em artigos de luxo etc. Ele se preocupa com a possibilidade de não termos recursos suficientes para alimentar a população como um todo, e com a certeza da dificuldade em alimentar aqueles que desejarem consumir uma dieta ocidental.

Sua esperança é que, ao se industrializarem, países pobres não sigam o caminho histórico do Ocidente, adotando leis ambientais rígidas para conservar recursos. O tempo dirá se as nações do mundo estarão à altura desse desafio.

Vemos, portanto, que avanços em retardar ou parar o processo de envelhecimento poderiam ter forte efeito em viagens espaciais. Poderiam criar seres que não vejam na enorme distância a nos separar das estrelas um obstáculo. Talvez se mostrem dispostos a embarcar em desafios que levem muitos anos, como construir e depois conduzir naves estelares em viagens que possam levar séculos.

Ademais, tentativas de alterar o processo de envelhecimento podem vir a exacerbar a superpopulação da Terra, o que por sua vez pode acelerar o êxodo do planeta. Colonizadores das estrelas podem ser pressionados a deixar a Terra se a superpopulação ficar insustentável.

Contudo, ainda é muito cedo para dizer qual das tendências será dominante no próximo século. Mas a julgar pelo ritmo em que ora fazemos descobertas sobre o processo de envelhecimento, esses desdobramentos podem se anunciar antes do que se espera.

IMORTALIDADE DIGITAL

Além da imortalidade biológica, há um segundo tipo, chamado imortalidade digital, que levanta alguns pontos filosóficos interessantes. A longo prazo, esta pode ser a forma mais eficiente de atingir as estrelas. Se o esforço de viagens interestelares for demasiado para nossos frágeis corpos biológicos, há a possibilidade de enviar às estrelas nossas consciências.

Ao tentarmos reconstruir nossa genealogia, é comum depararmo-nos com um problema. Após cerca de três gerações, a trilha desaparece. A imensa maioria dos nossos ancestrais viveu e morreu sem deixar vestígio algum de sua existência à exceção da prole.

Mas hoje deixamos visíveis pegadas digitais. Por exemplo, a simples análise de nossas transações em cartão de crédito já revela os países que visitamos, a comida que comemos, as roupas que vestimos, as escolas que cursamos. A isso, adicionem-se posts em blogs, diários, e-mails, vídeos, fotos etc. Com todas essas informações, pode-se criar uma imagem holográfica sua, que fale e aja como você, com seus maneirismos e memórias.

Um dia talvez exista uma Biblioteca de Almas. Em vez de ler um livro sobre Winston Churchill, poderemos ter uma conversa com ele. Falaríamos com uma projeção com suas expressões, movimentos corporais e inflexões de voz. A ficha digital teria acesso aos dados biográficos dele, seus escritos e suas opiniões sobre assuntos políticos, religiosos e pessoais. A sensação seria a de estar falando com o próprio. Pessoalmente, gostaria de ter uma conversa com Albert Einstein para discutir a teoria da relatividade. Um dia talvez seus tetranetos possam ter uma conversa com você. Esta é uma das formas de imortalidade digital.

Mas seria nesse caso realmente "você"? É uma máquina ou simulação com seus maneirismos e detalhes biográficos. A alma, argumenta-se, não poderia ser reduzida a tais informações.

Mas o que aconteceria se fôssemos capazes de reproduzir o cérebro de alguém, neurônio por neurônio, de forma que todas as suas memórias e sensações fossem registradas? O nível seguinte de imortalidade digital para além da Biblioteca de Almas é o Projeto do Conectoma Humano, ambiciosa empreitada para digitalizar todo o cérebro humano.

Como disse certa vez Daniel Hillis, cofundador da Thinking Machines, "sou tão apegado ao meu corpo quanto qualquer um, mas se puder chegar aos 200 anos com um corpo de silício, aceito".

DUAS FORMAS DE DIGITALIZAÇÃO DA MENTE

Há, na verdade, duas abordagens distintas para a digitalização do cérebro humano. A primeira é a do Projeto do Cérebro Humano, na qual suíços tentam criar um programa de computador capaz de simular todas as características básicas do cérebro usando transistores em vez de neurônios. Por ora, já se conseguiu simular o "processo de raciocínio" de um rato e de um coelho por vários minutos. A meta do projeto é criar um computador que possa falar racionalmente como um ser humano normal. O seu diretor, Henry Markram, afirma: "Se o construirmos corretamente, ele será capaz de falar e terá inteligência e se comportará basicamente como um humano".

Essa abordagem, portanto, é eletrônica – tenta duplicar a inteligência do cérebro através de uma vasta rede de transistores com tremendo poder de computação. Mas há uma abordagem paralela sendo estudada nos Estados Unidos que é biológica e tenta mapear as vias neurais do cérebro.

Chama-se BRAIN Initiative (Pesquisa Cerebral via Desenvolvimento de Neurotecnologias Inovadoras). A meta, desvendar a estrutura neural do próprio cérebro, célula por célula, e em última análise mapear as vias de cada um de seus neurônios. Como o cérebro humano contém em torno de 100 bilhões de neurônios, cada um conectado a cerca de 10 mil outros, a princípio parece impraticável criar um mapa do caminho de cada um (até mesmo a tarefa relativamente simples de mapear o cérebro de mosquitos já envolve a produção de dados que, armazenados em CDs, encheriam uma sala de alto a baixo). Mas computadores e robôs reduziram radicalmente o tempo e o esforço necessários para completar tal tarefa hercúlea e tediosa.

Uma abordagem, conhecida como "técnica de fatiagem", consiste em fatiar o cérebro em milhares de lâminas e então usar microscópios para reconstruir as conexões entre todos os neurônios. Uma abordagem muito mais rápida foi proposta recentemente por cientistas da Universidade Stanford, pioneiros de uma técnica chamada optogenética. O método parte do isolamento de uma proteína chamada opsina, relacionada à visão. Quando se ilumina esse gene dentro de um neurônio, ele dispara.

Através da engenharia genética, pode-se implantar o gene da opsina em neurônios que se queira estudar. Ao iluminar uma seção do cérebro de um rato, um pesquisador pode levar neurônios envolvidos em determinada atividade muscular a dispararem, fazendo o rato incidir em certa atividade específica, como sair correndo. Dessa forma, é possível ver as vias neurais exatas que controlam certos tipos de comportamento.

Esse projeto ambicioso pode ajudar a desvendar os segredos das doenças mentais, que são alguns dos mais debilitantes males a afligir o ser humano. Ao mapear o cérebro humano, poderíamos isolar a origem do problema (por exemplo, todos falamos sozinhos em silêncio. Quando o fazemos, o lado esquerdo do cérebro, que controla a linguagem, consulta o córtex pré-frontal. Mas nos esquizofrênicos, hoje se sabe, o lado esquerdo é ativado sem a permissão do córtex pré-frontal, que é a parte consciente do cérebro. Como um não fala com o outro, o esquizofrênico acha que as vozes em sua cabeça são reais).

Mesmo com essas novas técnicas revolucionárias, ainda poderá levar várias décadas de trabalho duro até que cientistas consigam mapear em detalhes o cérebro humano. Mas quando isso for alcançado afinal, talvez no fim do século XXI, significaria a possibilidade de alimentar um computador com uma consciência e enviá-la dessa forma rumo às estrelas?

SERIA A ALMA NÃO MAIS DO QUE INFORMAÇÃO?

Se morrermos e nossos conectomas sobreviverem, isso significaria que, de alguma forma, nos tornamos imortais? Se a mente puder ser digitalizada, seria a alma não mais do que informação? Se pudermos alimentar um disco rígido com todos os circuitos neurais e memórias do cérebro e passá-los para um supercomputador, o cérebro carregado funcionaria e agiria como o real? Seria indistinguível daquele de verdade?

Algumas pessoas consideram essa ideia repulsiva por julgarem que carregar um computador com a própria mente significa passar a eternidade preso dentro de uma máquina estéril. Há quem considere isso um destino pior do que a morte. Houve um episódio de *Jornada nas estrelas* sobre uma civilização superavançada no qual a pura consciência de um alienígena era mantida no interior de uma esfera radiante. Muito tempo atrás, aqueles alienígenas haviam aberto mão de seus corpos físicos e passado a viver dentro dessas esferas. Tornaram-se assim imortais, mas um deles ansiava por ter um corpo de novo, ser capaz de sentir sensações e paixões reais, mesmo que isso significasse tomar à força o corpo de alguém.

Ainda que viver dentro de um computador não soe lá muito atraente para alguns, não há razão para que não se tenha todas as sensações de um ser humano real. Mesmo ao habitar um computador mainframe, seu conectoma controlaria um robô idêntico a você. O que ele experimentasse você também sentiria. Para todos os propósitos, teria a sensação de estar vivendo num corpo de verdade, talvez até com superpoderes. Tudo o que o robô visse ou sentisse seria retransmitido ao computador e incorporado à sua consciência. Controlar o avatar robô a partir do computador seria, portanto, indistinguível de estar de fato "dentro" do avatar.

Assim, você poderia explorar planetas distantes. Seu avatar super-humano conseguiria aguentar as temperaturas abrasivas em planetas castigados pela luz solar ou o clima congelante das glaciais luas distantes. Uma nave estelar poderia ser enviada a um novo sistema solar levando o computador mainframe que hospeda seu conectoma. Quando ela chegasse a um planeta adequado, seu avatar poderia ser enviado para explorá-lo, mesmo que o planeta tivesse uma atmosfera tóxica.

Uma forma ainda mais avançada de carregar um computador com o conteúdo da mente humana foi imaginada pelo cientista da computação Hans Moravec. Quando o entrevistei, ele afirmou que seu método poderia ser aplicado com a pessoa totalmente consciente.

Primeiramente ela seria posta numa maca de hospital, com um robô ao lado. Um cirurgião tiraria então neurônios individuais do cérebro dela e criaria duplicatas (feitas de transistores) no robô. Um cabo conectaria os neurônios transistorizados ao cérebro da pessoa. Com o tempo, mais e mais neurônios seriam removidos do cérebro dela e duplicados no robô. Estando seu cérebro conectado ao do robô, ela permaneceria inteiramente consciente apesar de mais e mais neurônios estarem sendo substituídos por transistores. Ao final do processo, sem que jamais perdesse a consciência, todo seu cérebro e todos os neurônios dele teriam sido substituídos por transistores. Uma vez que cada um dos 100 bilhões de neurônios tivesse sido duplicado, a conexão entre a pessoa e o cérebro artificial seria cortada. Ao olhar de volta para a maca, a pessoa veria seu velho corpo, agora sem cérebro, ao passo que toda sua consciência passaria a existir dentro de um robô.

Mas a pergunta continua a valer: aquilo é de fato a pessoa? Na visão de muitos cientistas, se um robô pode duplicar todo o comportamento do indivíduo ao nível de gestos minuciosos, com todas as memórias e hábitos intactos, e é indistinguível da pessoa original em cada detalhe, então sim, para todos os propósitos, ele "é" a pessoa.

Como já pudemos constatar, as distâncias entre as estrelas são tão grandes que chegar até mesmo àquelas mais próximas, aqui pela nossa vizinhança galática, levaria várias vidas. Assim, viagens multigeracionais, a extensão da vida e a busca pela imortalidade poderão ter papéis essenciais na exploração do nosso universo.

Além da questão da imortalidade, deparamo-nos com outra maior: o quão longe deveríamos levar a extensão não apenas do nosso ciclo de vida, mas também de nossos corpos? As possibilidades se tornam ainda maiores se alterarmos nossa herança genética. Levando-se em conta os rápidos avanços na interface cérebro-computador e na engenharia genética, pode ser possível criar corpos aprimorados, com novas habilidades e potenciais. Um dia poderemos entrar na era "pós-humana", e talvez seja esta a melhor forma de explorar o universo.

11

TRANSUMANISMO E TECNOLOGIA

(Alienígenas possivelmente terão) aptidões indistinguíveis da telecinese, da percepção extrassensorial e da imortalidade (...) Talvez seus poderes nos pareçam mágicos (...) Serão criaturas espiritualmente avançadas. Talvez já tenham solucionado o enigma do quantum e sejam capazes de atravessar paredes. É, sabe, eles meio que soam como anjos.
— DAVID GRINSPOON

No filme *Homem de Ferro*, o charmoso industrial Tony Stark ostenta uma radiante armadura computadorizada, carregada de mísseis, balas, labaredas e explosivos, que rapidamente transforma um frágil ser humano num poderoso super-herói. Mas a verdadeira mágica está dentro da roupa, que é abarrotada com a mais moderna tecnologia computadorizada, tudo controlado por meio de uma conexão direta com o cérebro de Stark. Ele é capaz de catapultar a si próprio na direção do céu ou disparar as armas de seu incrível arsenal com a velocidade de um pensamento.

Por mais fantasiosa que seja a ideia do *Homem de Ferro*, construir uma versão desse equipamento já é possível hoje.

Isso não é meramente um exercício acadêmico, pois um dia talvez tenhamos de alterar e aprimorar nossos corpos por meio da cibernética ou mesmo modificar nossa constituição genética para podermos sobreviver em ambientes exoplanetários hostis. O transumanismo, de braço da ficção científica ou movimento de nicho, pode tornar-se parte essencial de nossa existência.

Além disso, com o aumento gradual do poderio dos robôs, que talvez nos ultrapassem em inteligência, é possível que tenhamos de nos fundir a eles – ou então correr o risco de sermos substituídos por nossas criações.

Vamos explorar todas essas possibilidades, especialmente no que tange à exploração e à colonização do universo.

SUPERFORÇA

O mundo ficou em estado de choque em 1995, quando Christopher Reeve, o galã que interpretou o Super-Homem no cinema, ficou tragicamente paralisado do pescoço para baixo após um acidente. Reeve, que nas telas ascendia ao espaço, ficou permanentemente confinado a uma cadeira de rodas e só conseguia respirar com a ajuda de um respirador. Seu sonho era usar a tecnologia moderna para recuperar o controle de seus membros. Ele faleceu em 2004, uma década antes de isso tornar-se possível.

Na abertura da Copa do Mundo de 2014, em São Paulo, no Brasil, um homem deu o pontapé inicial do evento perante um público de 1 bilhão de pessoas. Isso em si não foi fora do comum. O extraordinário é que o homem era paralisado. O professor Miguel Nicolelis, da Universidade Duke, havia inserido um chip no cérebro do homem e o conectado a um computador portátil que controlava seu exoesqueleto. Por meio pura e simplesmente da força do pensamento, um indivíduo paralisado conseguiu caminhar e chutar a bola.

Quando entrevistei o dr. Nicolelis, ele disse que, na infância, ficara fascinado pela missão lunar da Apollo. Sua meta era criar outra sensação como a do pouso na Lua. Conectar eletronicamente um paciente paralisado para lhe permitir chutar uma bola na Copa do Mundo foi a realização de um sonho. Foi a sua missão lunar.

Entrevistei certa vez John Donoghue, da Universidade Brown, um dos pioneiros dessa abordagem. Ele me contou ser preciso algum treino, igual a andar de bicicleta, mas que pacientes em pouco tempo tornam-se capazes de controlar os movimentos de um exoesqueleto e podem executar tarefas simples (pegar um copo d'água, usar utensílios domésticos, controlar uma cadeira de rodas, navegar na internet).

Isso é possível porque um computador é capaz de reconhecer certos padrões cerebrais associados a movimentos específicos do corpo, e pode então ativar o exoesqueleto para converter impulsos elétricos em ações. Uma de suas pacientes paralisadas extasiou-se ao notar que conseguia segurar um copo de refrigerante e beber dele, algo que antes estava além de sua capacidade.

O trabalho feito na Duke, na Brown, na Johns Hopkins e em outras universidades conferiu o dom da mobilidade a pessoas que havia muito perderam a esperança de um dia recuperar os movimentos. O Exército dos Estados Unidos já dedicou mais de US$ 150 milhões ao programa Próteses Revolucionárias, voltado a garantir tais aparelhos para beneficiar veteranos das guerras no Iraque e no Afeganistão, muitos dos quais sofrem de lesões na medula espinhal. Milhares de pessoas confinadas a cadeiras de rodas e camas – seja em função de ferimentos de guerra, acidentes de carro, doenças ou lesões esportivas – possivelmente recuperarão, afinal, o uso de seus membros.

Além de exoesqueletos, outra possibilidade é fortalecer o corpo humano biologicamente para viver num planeta com gravidade mais forte. Foi levantada quando cientistas descobriram um gene que faz músculos se expandirem. Foi encontrado de início em camundongos, quando uma mutação genética fez alguns tornarem-se musculosos. A imprensa o apelidou de "gene do Super-Mouse". Mais tarde, quando foi descoberto o equivalente humano, o apelido foi "gene do Schwarzenegger".

Os cientistas que isolaram o gene imaginavam receber telefonemas de médicos desejosos de ajudar pacientes acometidos por doenças musculares degenerativas. Ficaram surpresos, porém, quando metade dos telefonemas acabou sendo de fisiculturistas que queriam inchar ainda mais. E muitos não se importavam com o fato de tratar-se de pesquisa em fase experimental, com efeitos colaterais ainda desconhecidos. Na indústria esportiva a descoberta já causa dores de cabeça, pois é bem mais difícil de detectar do que outros anabolizantes químicos.

A habilidade de controlar a própria massa muscular pode se provar importante se explorarmos planetas cujo campo gravitacional seja maior que o da Terra. Por enquanto, astrônomos encontraram um grande número de superTerras (planetas rochosos dentro de zonas habitáveis que talvez tenham até mesmo oceanos). Parecem candidatos prováveis à habitação humana, a não ser pelo fato de que seus campos gravitacionais podem ser até 50% maiores que o da Terra. Isso significa que poderia ser necessário reforçar nossos músculos e ossos para sobrevivermos neles.

APRIMORANDO A NÓS MESMOS

Além do aprimoramento de nossos músculos, cientistas já começam a usar essa tecnologia para aguçar nossos sentidos. Pessoas que sofrem de certos tipos de surdez têm hoje a opção de usar implantes cocleares. São aparelhos formidáveis, capazes de transformar ondas sonoras que chegam ao ouvido em sinais elétricos que são enviados à cóclea e dali ao cérebro. Meio milhão de pessoas já optou pelo implante de tais sensores.

Para aqueles que são cegos, uma retina artificial pode reparar certo grau de visão. O aparelho pode estar localizado numa câmera externa ou ser colocado diretamente na retina, traduzindo imagens visuais em impulsos elétricos que o cérebro pode retraduzir como imagens visuais.

Um exemplo, o Argus II, consiste numa minúscula câmera de vídeo inserida nos óculos da pessoa. As imagens são então enviadas a uma retina artificial, que retransmite os sinais ao nervo ótico. O aparelho pode criar imagens de cerca de 60 pixels, e há uma versão aprimorada atualmente em fase de testes cuja resolução é de 240 pixels (o olho humano, por contraste, pode reconhecer o equivalente a cerca de 1 milhão de pixels, e as pessoas necessitam de pelo menos 600 para identificar rostos e objetos familiares). Uma companhia alemã experimenta outra retina artificial com 1.500 pixels que, se bem-sucedida, poderia permitir a uma pessoa com deficiência visual uma vida quase normal.

Pessoas cegas que experimentaram as retinas artificiais ficaram impressionadas por conseguirem ver cores e contornos de imagens. É só questão de tempo até termos retinas artificiais capazes de competir com a visão humana. E, dando um passo além, talvez seja possível a uma retina artificial ver "cores" correspondentes a coisas invisíveis ao olho humano. Por exemplo, pessoas queimam-se facilmente na cozinha porque um pote de metal quente e um frio têm a mesmíssima aparência. Isso se deve a nossos olhos serem incapazes de enxergar a radiação infravermelha do calor. Mas retinas artificiais e óculos podem ser produzidos de forma a detectá-la facilmente, como fazem os óculos de visão noturna usados por militares. Com retinas artificiais, portanto, alguém poderia ter a capacidade de enxergar a emissão de calor e ainda outras formas de radiação invisíveis para nós. A supervisão, por sua vez, pode se revelar valiosa noutros planetas. Em mundos distantes, condições serão radicalmente diferentes. A atmosfera poderá ser escura, nebulosa ou obscurecida por poeira ou impurezas. Pode ser possível criar retinas artificiais capazes de "enxergar" em meio a uma tempestade de poeira marciana via detectores de calor infravermelhos. Em luas distantes, onde a luz solar será praticamente inexistente, tais retinas artificiais poderiam intensificar qualquer luz refletida que haja.

Outro exemplo seria um dispositivo capaz de detectar radiação ultravioleta, nociva e causa em potencial de câncer de pele, comum universo afora. Na Terra, a atmosfera nos protege da intensa luminosidade ultravioleta emitida pelo Sol, mas em Marte ela não é filtrada. Como é uma luz invisível, é comum não termos noção se estamos sendo expostos a níveis nocivos. Mas em Marte, alguém dotado de uma supervisão poderia ver imediatamente se a luz ultravioleta representa risco. Em um planeta como Vênus, eternamente encoberto por nuvens, as retinas artificiais seriam capazes de usar a luz ultravioleta para reconhecer o terreno (da mesma maneira que abelhas detectam a luz ultravioleta do Sol para se orientar em dias nublados).

Mais uma aplicação de supervisão se daria nas variantes telescópica e microscópica. Lentes especiais, minúsculas, nos permitiriam enxergar objetos distantes ou minúsculos, além de células, sem ter que arrastar para todo lado telescópios e microscópios volumosos.

Esse tipo de tecnologia pode ainda nos conferir o poder da telepatia e o da telecinese. Já é possível criar um chip capaz de captar nossas ondas cerebrais, decifrar algumas e transmitir as informações para a internet. Por exemplo, meu colega Stephen Hawking, que sofre de esclerose lateral amiotrófica, perdeu todas as funções motoras, até mesmo o movimento dos dedos. Hoje, tem um chip instalado nos óculos que capta suas ondas cerebrais e as envia a um laptop e um computador. Dessa forma, é capaz de digitar mensagens mentalmente, ainda que devagar.[1]

A partir daí o caminho até a telecinese (a habilidade de mover objetos com a mente) será curto. Por meio da mesma tecnologia, pode-se

---

1. Stephen Hawking faleceu em 14 de março de 2018, aos 76 anos. (N.T.)

ligar o cérebro diretamente a um robô ou a outro mecanismo capaz de executar comandos mentais. É fácil imaginar que, no futuro, a telepatia e a telecinese serão a norma; vamos interagir com máquinas puramente pela força do pensamento. Nossa mente será capaz de acender luzes, ativar a internet, ditar cartas, jogar videogames, comunicar-se com amigos, pedir um carro, comprar mercadorias, invocar qualquer filme – bastará um pensamento. Astronautas do futuro poderão usar o poder da mente para pilotar naves ou explorar planetas distantes. Cidades poderão emergir dos desertos de Marte por obra e graça de mestres construtores com controle mental do trabalho de robôs.

Esse processo de aprimoramento de nós mesmos, é claro, nada tem de novo. Vem ocorrendo por toda a existência humana. Ao longo de toda a história, vimos exemplos de como humanos usaram meios artificiais para aumentar seu poder e influência: roupas, tatuagens, maquiagem, cocares, mantos cerimoniais, penas, óculos, aparelhos de audição, microfones, fones de ouvido etc. Na verdade, parece ser uma característica universal de todas as sociedades humanas o desejo de ajustar corpos, em especial para aumentar nossas chances de sucesso na reprodução. Contudo, a diferença entre os incrementos do passado e os do futuro é que, ao explorarmos o universo, eles poderão ser nossa chave para sobreviver em meios ambientes diferentes. No futuro, talvez vivamos na idade mental, onde o mundo ao nosso redor será controlado por nossos pensamentos.

O PODER DA MENTE

Outro marco na pesquisa cerebral foi atingido quando cientistas puderam, pela primeira vez na história, gravar uma memória. Tanto na Wake Forest quanto na Universidade do Sul da Califórnia puseram eletrodos nos hipocampos de camundongos, onde são processadas as memórias de curto prazo. Registraram os impulsos dentro do hipocampo à medida que o animal executava tarefas simples como aprender a beber água através de um tubo. Mais tarde, depois que o camundongo já havia esquecido a tarefa, seu hipocampo era estimulado pela gravação, e ele a lembrava de imediato. Memórias de primatas também foram gravadas com resultados parecidos.

O próximo alvo talvez seja gravar memórias de pacientes acometidos do mal de Alzheimer. Poderíamos implantar um "marca-passo cerebral" ou "chip de memória" em seus hipocampos, e estes os preencheriam com as lembranças de quem são, onde vivem e quem seus parentes são. As Forças Armadas demonstraram grande interesse nisso. O Pentágono anunciou em 2017 uma subvenção de US$ 65 milhões para o desenvolvimento de um minúsculo e avançado chip capaz de analisar 1 milhão de neurônios humanos enquanto o cérebro se comunica com um computador e forma memórias.

Precisaremos estudar e refinar essa técnica, mas é concebível que, por volta do fim do século XXI, já seja possível carregar nosso cérebro com memórias complexas. Em teoria, seremos capazes de transferir aptidões e habilidades, até mesmo a totalidade de um curso superior, para o nosso cérebro, aprimorando nossas capacidades a um ponto quase sem limites.

Isso poderá se provar útil para os astronautas do futuro. Quando pousarem num novo planeta ou lua, haverá tantos detalhes a aprender e memorizar a respeito do novo ambiente e tantas tecnologias a dominar que o carregamento de memórias pode ser a maneira mais eficiente de aprender informações inteiramente novas sobre mundos distantes.

O dr. Nicolelis quer levar essa tecnologia bem adiante, segundo me contou. Todos os avanços na neurologia em algum momento farão nascer uma "rede de cérebros", que seria o próximo passo evolutivo da internet. Em vez de fragmentos de informações, essa rede de cérebros transmitiria emoções, sentimentos, sensações e memórias completas.

Tudo isso poderia ajudar a quebrar as barreiras entre pessoas. Nem sempre é fácil compreender o ponto de vista de alguém, seu sofrimento e suas angústias. Mas uma rede de cérebros nos permitiria experimentar em primeira mão as ansiedades e medos que afligem os outros.

Essa tecnologia poderia revolucionar a indústria do entretenimento da mesma maneira que o cinema falado rapidamente substituiu os filmes mudos. No futuro, plateias talvez possam sentir as emoções dos atores, experimentar sua dor, sua alegria, seu sofrimento. Os filmes de hoje podem logo tornar-se obsoletos.

Para astronautas do futuro, o uso da rede de cérebros pode ser muito importante, pois poderão se comunicar mentalmente com outros pioneiros, trocar informações vitais instantaneamente e se divertir com formas de entretenimento totalmente novas. Além disso, como a exploração espacial é potencialmente perigosa, serão capazes de sentir as condições mentais de uma pessoa de forma muito mais exata do que antes. Ao embarcarem em uma nova missão espacial para a exploração de terreno perigoso, a rede de cérebros ajudará os astronautas a formar vínculos e também a revelar problemas mentais como depressão ou ansiedade.

E há a possibilidade do uso de engenharia genética para aperfeiçoar a mente. Na Universidade Princeton, foi encontrado em camundongos um gene (apelidado de "gene do camundongo esperto") que aumentava a sua habilidade de orientação em labirintos. O gene se chama NR2B e está envolvido na comunicação entre as células do hipocampo. Pesquisadores descobriram que camundongos desprovidos dele sofriam problemas de memória ao se movimentarem pelo labirinto. Contudo, quando dispunham de cópias extras do NR2B, sua memória era aprimorada.

Os pesquisadores colocaram camundongos em uma panela rasa com água e uma plataforma submersa na qual eles conseguiam subir. Ao encontrarem a plataforma, os camundongos espertos lembravam-se instantaneamente de sua localização, e ao serem recolocados no mesmo ambiente nadavam diretamente para ela. Camundongos comuns, por outro lado, não se lembravam da localização da plataforma e nadavam a esmo. Portanto, o aperfeiçoamento da memória é uma possibilidade.

O FUTURO DOS VOOS

Seres humanos sempre sonharam em voar como pássaros. O deus Mercúrio era dotado de pequenas asas no chapéu e nos tornozelos que lhe permitiam voar. Há ainda o mito de Ícaro, que usava cera para grudar penas aos braços e conseguir voar; infelizmente ele se aproximou demais do Sol, a cera derreteu e ele despencou no oceano. A tecnologia do futuro finalmente nos dará o dom de voar.

Num planeta com atmosfera rarefeita e solo acidentado como Marte, talvez a maneira mais conveniente de voar seja o *jet pack*, figurinha fácil em quadrinhos e filmes de ficção científica. Já aparecia na primeiríssima tirinha de Buck Rogers, em 1929, na qual Buck conhecia sua futura namorada ao vê-la cruzando os céus por meio de um *jet pack*. Na realidade, o aparelho foi usado durante a Segunda Guerra Mundial quando os nazistas precisavam de uma maneira rápida de transportar tropas através de um rio cuja ponte fora destruída. Os *jet packs* dos nazistas usavam como combustível peróxido de hidrogênio, capaz de entrar rapidamente em combustão quando posto em contato com um catalisador (como prata) para liberar energia e água como produtos residuais. Mas *jet packs* têm vários problemas. O principal é o combustível só durar de trinta segundos a um minuto (em trechos de noticiários antigos, é possível ver sujeitos destemidos a flutuar com tais equipamentos, como nas Olimpíadas de 1984. São fitas cuidadosamente editadas, pois pessoas com *jet packs* permanecem no ar por não mais do que trinta segundos a um minuto antes de caírem).

A solução para o problema é desenvolver uma fonte de alimentação portátil com energia suficiente para suprir períodos de voo mais longos. Infelizmente, hoje em dia isso ainda não existe.

Também por essa razão não temos armas de raios. Um laser pode funcionar como arma de raios, mas só se houver uma usina nuclear para gerar a energia. Contudo, é impraticável carregar uma usina nas costas. *Jet packs* e armas de raios, portanto, não se tornarão realidade até que criemos fontes de alimentação em miniatura, talvez na forma de nanobaterias que possam armazenar energia em nível molecular.

Outra possibilidade, vista com frequência em pinturas e filmes sobre anjos ou humanos mutantes, é usar asas como um pássaro. Em planetas com atmosfera densa, talvez seja possível simplesmente pular com asas atreladas aos braços e alçar voo feito um pássaro (quanto mais densa a atmosfera, maior a sustentação e mais fácil voar). O sonho de Ícaro pode, portanto, virar realidade. Mas pássaros têm várias vantagens que nós não temos: ossos ocos e corpos esguios e pequenos comparados à envergadura de suas asas. Humanos, por sua vez, são robustos e pesados. A envergadura das asas humanas deveria ter de seis a nove metros de diâmetro, e nossos músculos das costas teriam de ser bem mais fortes para conseguirmos batê-las. Modificar geneticamente um ser humano para que possa ter asas está além de nossa capacidade técnica. Atualmente, transportar decentemente um gene já é difícil, que dirá as centenas necessárias para se criar uma asa viável. Portanto, ter as asas de um anjo não é impossível, mas ainda falta muito até que se torne um produto viável, e sua aparência certamente não será a mesma dos graciosos quadros a que estamos acostumados.

Um dia se pensou que a modificação da raça humana via engenharia genética não passava de um sonho dos autores de ficção científica. Mas um novo e revolucionário desdobramento mudou tudo. O ritmo das descobertas é tão avassalador que cientistas chegaram a convocar conferências às pressas para conversar sobre reduzir o ritmo desses avanços.

A REVOLUÇÃO DA CRISPR

O ritmo de descobertas no campo da biotecnologia acelerou recentemente de forma febril com a chegada de uma nova tecnologia chamada CRISPR (em inglês, a sigla significa Repetições Palindrômicas Curtas Agrupadas e Regularmente Interespaçadas), que promete maneiras baratas, eficientes e precisas de editar DNA. No passado, a engenharia genética foi um processo lento e impreciso. Na terapia gênica, por exemplo, insere-se um "bom gene" num vírus (neutralizado de forma a tornar-se inofensivo). O vírus é então injetado no paciente, e rapidamente infecta as células da pessoa e insere nelas o DNA. A meta é que este se insira nos lugares certos ao longo do cromossomo e substitua o código deficiente da célula pelo bom gene. Algumas doenças comuns são causadas por um único erro no DNA, entre elas a anemia falciforme, a doença de Tay-Sachs e a fibrose cística. Espera-se que isso possa ser corrigido.

Os resultados, porém, têm sido decepcionantes. O corpo costuma considerar o vírus hostil e arma uma contraofensiva cujos efeitos colaterais são prejudiciais. O bom gene também nem sempre é implantado na posição correta. Vários experimentos de terapia gênica foram cancelados de vez após um incidente fatal em 1999 na Universidade da Pensilvânia.

A tecnologia CRISPR corta várias dessas complicações. Sua base, aliás, foi desenvolvida há bilhões de anos. Os cientistas ficaram abismados com a precisão dos mecanismos desenvolvidos por bactérias para superar ataques de vírus. Como identificavam e desarmavam um vírus mortal? Descobriram que elas reconheciam as ameaças, pois carregavam fragmentos do material genético do vírus. Usavam-no para identificar um vírus invasor, como se fosse uma foto de ficha criminal. No que a bactéria reconhecia a cadeia genética e, portanto, o vírus, cortava-o num ponto extremamente preciso, neutralizando-o e impedindo a infecção.

Cientistas conseguiram replicar o processo – substituindo com êxito uma sequência viral por outros tipos de DNA e injetando-os na célula-alvo – e assim tornar possível uma "cirurgia genômica". A CRISPR substituiu rapidamente métodos mais antigos de engenharia genética, tornando mais limpa, exata e rápida a edição de genes.

Essa revolução virou do avesso o campo da biotecnologia. "Modifica totalmente o panorama", diz Jennifer Doudna, uma das pioneiras. "Tudo isso ocorreu em um ano. É incrível", diz David Weiss, da Universidade Emory.

Pesquisadores do Instituto Hubrecht, na Holanda, já mostraram ser possível corrigir o erro genômico causador da fibrose cística. Isso gera a esperança de que muitas doenças genéticas incuráveis possam um dia ser curadas. Muitos cientistas esperam que um dia alguns dos genes de certas formas de câncer também possam ser substituídos por meio da tecnologia CRISPR, interrompendo assim o crescimento de tumores.

Bioeticistas preocupados com o possível mau uso dessa tecnologia organizaram conferências para debater a nova ciência, pois os seus efeitos colaterais e complicações ainda são desconhecidos, e fizeram uma série de recomendações para tentar esfriar o ritmo furioso da pesquisa em CRISPR. Levantaram objeções em particular à possibilidade de a tecnologia levar à terapia de linha germinativa (há dois tipos de terapia gênica: a somática, onde se modificam células não sexuais para que mutações não passem à geração seguinte, e a germinativa, onde se alteram espermatozoides e óvulos e assim toda a descendência do paciente pode herdar o gene modificado). Sem controle, a terapia germinativa poderia alterar toda a herança genética da raça humana. O que significa que, ao aventurarmo-nos universo afora, novas ramificações genéticas da raça humana poderiam surgir. Tipicamente isso levaria dezenas de milhares de anos, mas poderia ser reduzido a uma geração pela bioengenharia, caso a terapia germinativa vire realidade.

Para resumir, os sonhos dos escritores de ficção científica que especularam sobre a modificação da raça humana para a colonização de planetas distantes um dia foram julgados irreais ou delirantes. Contudo, a chegada da CRISPR nos impede de descartá-los hoje. Ainda assim, é preciso que nos dediquemos a análises minuciosas das consequências éticas dessa tecnologia em rápida transformação.

A ÉTICA DO TRANSUMANISMO

Eis exemplos do "transumanismo", que defende a adoção da tecnologia para aprimorar nossas aptidões e capacidades. Para sobreviver e prosperar em mundos distantes, talvez tenhamos de nos alterar tanto mecânica quanto biologicamente. Para os transumanistas, não se trata de escolha, e sim de necessidade. Alterarmo-nos aumenta nossas chances em planetas com níveis diferentes de gravidade, pressão atmosférica e composição, temperatura, radiação etc.

Em vez de repelir a tecnologia ou combater-lhe a influência, na visão de transumanistas devemos abraçá-la. Eles se regozijam com a ideia de que se possa aperfeiçoar a humanidade. Veem a raça humana como subproduto da evolução; nossos corpos, uma mera consequência de mutações a esmo, aleatórias. Por que não usar a tecnologia e melhorar de forma sistemática as nossas peculiaridades? Sua meta final é a criação de uma nova espécie que possa transcender a humanidade, o "pós-humano".

Ainda que o conceito de alterar nossa genética melindre muita gente, Greg Stock, biofísico afiliado à UCLA, enfatiza que os seres humanos vêm modificando a genética de animais e plantas ao nosso redor há milhares de anos. Quando o entrevistei, ressaltou que o que hoje nos parece "natural" é na realidade um derivado de intensa reprodução seletiva. A moderna mesa de jantar seria impossível sem as aptidões dos antigos que cultivaram plantas e criaram animais para atender nossas necessidades (o milho atual, por exemplo, é uma versão geneticamente modificada do cereal original e não se reproduz sem intervenção humana; suas sementes não caem no solo por si só e o milho só cresce se os fazendeiros as removem e plantam). E a variedade de cachorros que vemos por aí resulta da reprodução seletiva de uma única espécie, o lobo-cinzento. O ser humano, portanto, já alterou os genes de dúzias de plantas e animais, para servirem à caça, como os cães, ou de comida, como vacas e galinhas. Fato é que, se fôssemos retirar como que por mágica todas as plantas e animais desenvolvidos pelo homem ao longo dos séculos, nossa sociedade seria drasticamente diferente daquela que conhecemos.

À medida que os genes de certas características humanas forem isolados pela ciência, será difícil impedir as pessoas de tentarem fuçar neles (por exemplo, se você descobre que os filhos do vizinho têm inteligência geneticamente aprimorada e estão competindo com os seus, a pressão será enorme para que também os seus passem por processo semelhante. E, em esportes competitivos, onde as recompensas são astronômicas, impedir os atletas de tentarem se aprimorar será extremamente difícil).

Quaisquer que sejam os obstáculos éticos, segundo o dr. Stock, não devemos abrir mão de aprimoramentos genéticos a não ser que uma modificação seja prejudicial. Ou, nas palavras do ganhador do Nobel James Watson: "A verdade é que ninguém tem coragem de dizer abertamente, mas se pudermos fazer seres humanos melhores por sabermos como adicionar genes, por que não?".

FUTURO PÓS-HUMANO?

Defensores do transumanismo acreditam que, ao nos depararmos com civilizações avançadas no espaço, estas terão evoluído a ponto de mudarem seus corpos biológicos para adaptarem-se aos rigores da vida em muitos planetas diferentes. Na visão dos transumanistas, civilizações avançadas no espaço provavelmente atingiram um futuro genética e tecnologicamente aprimorado. Se um dia conhecermos alienígenas, não devemos tomar um susto se forem parte biológicos e parte cibernéticos.

O físico Paul Davis dá um passo além: "Minha conclusão é chocante. Acho muito provável – inevitável, na verdade – que a inteligência biológica seja somente um fenômeno transitório, uma fase efêmera na evolução da inteligência no universo. Se algum dia nos depararmos com inteligências extraterrestres, creio na esmagadora probabilidade de que sua natureza seja pós-biológica, uma conclusão com ramificações óbvias e abrangentes para o SETI (sigla para 'busca por inteligências extraterrestres')".

Já o especialista em IA Rodney Brooks escreveu: "Minha previsão é a de que, por volta do ano 2100, teremos robôs muito inteligentes por toda parte em nossas vidas cotidianas. Mas não serão algo totalmente à parte de nós – seremos meio robôs também, e conectados a eles".

O debate sobre transumanismo na verdade não é novo e remonta ao século passado, quando primeiro compreendemos as leis da genética. Uma das primeiras pessoas a articular a ideia foi J. B. S. Haldane, que em 1923 fez uma palestra, depois publicada em forma de livro, de nome "Dédalo ou a ciência e o futuro", na qual previa o uso da genética pela ciência para melhorar as condições da raça humana.

Muitas de suas ideias hoje soam corriqueiras, mas ciente de que causaria controvérsia, ele admitia poder soar "indecente e antinatural" a quem as lesse pela primeira vez, acreditando, contudo, na possibilidade de que as pessoas viessem a aceitar seus pontos de vista.

Por último, foi Julian Huxley em 1957 que estabeleceu de forma bem clara os princípios básicos do transumanismo, a ideia de que a humanidade não deveria ter de suportar vidas "sórdidas, brutais e curtas" quando a ciência poderia aliviar-lhe o sofrimento aprimorando a raça humana.

Há vários pontos de vista diferentes a respeito de quais aspectos do transumanismo devemos perseguir. Alguns acreditam que deveríamos focar em meios mecânicos, tais como exoesqueletos, óculos especiais para melhorar nossa visão, bancos de memórias que poderiam ser carregados para nosso cérebro e implantes para reforçar nossos sentidos. Alguns já creem que a genética deveria ser usada para eliminar genes letais, outros defendem seu uso para aprimorar nossas habilidades naturais e há ainda os que acreditam que deveria ser usada para aumentar a nossa capacidade intelectual. Em vez de aperfeiçoar certas características genéticas ao longo de décadas por meio de reprodução seletiva, como ocorreu com cachorros e cavalos, poderíamos realizar o que quiséssemos em uma geração através da engenharia genética.

O progresso na biotecnologia é tão rápido que as questões éticas se multiplicam. E a sórdida história da eugenia, incluindo as experiências dos nazistas para a criação de uma raça superior, serve de alerta para todos os interessados em alterar humanos. Hoje já é possível pegar células da pele de um rato e modificá-las de forma a se tornarem germinativas (óvulos e espermatozoides) e então combiná-las para produzir um rato saudável. O processo em algum momento chegará aos seres humanos. O número de casais inférteis capazes de ter filhos saudáveis aumentaria tremendamente, mas isso também significaria a possibilidade de se obter células da pele de alguém sem permissão e criar clones dessa pessoa.

Os críticos dessa tecnologia alegam que só os ricos e os poderosos se beneficiariam dela. Francis Fukuyama, de Stanford, já lançou o alerta de que o transumanismo "é das ideias mais perigosas do mundo", argumentando que, se o DNA de nossos descendentes for alterado, provavelmente mudaria o comportamento humano, criaria mais desigualdades e minaria a democracia. Contudo, a história da tecnologia leva a crer que, por mais que o acesso inicial a esses milagres venha mesmo a ser restrito a ricos, o custo acabaria caindo a ponto de abrir as portas de seu uso ao cidadão médio.

Outros críticos dizem que este seria o primeiro passo no sentido de dividir a raça humana, e a própria definição de humanidade correria riscos. Talvez houvesse várias ramificações diferentes de humanos geneticamente aprimorados povoando partes distintas do sistema solar e estas acabariam por se afastar a ponto de virarem espécies diferentes. Pode-se imaginar a eclosão de rivalidades ou mesmo guerras entre ramificações distintas da raça humana. Até o conceito de *Homo sapiens* poderia ser questionado. Esse aspecto importante será abordado no capítulo 13, onde discutiremos um mundo milhares de anos no futuro.

Em *Admirável mundo novo*, de Aldous Huxley, usa-se a biotecnologia para gerar uma raça de seres superiores, chamada de Alfas, destinados a liderar a sociedade. Outros embriões são privados de oxigênio de forma a tornarem-se deficientes mentais, criados para servir aos Alfas. O extrato mais baixo da sociedade é o dos Ípsilons, criados para realizar trabalhos manuais degradantes. Trata-se de uma utopia planejada em que a tecnologia é usada para satisfazer todas as nossas necessidades e tudo parece em ordem e em paz. Só que toda a sociedade se escora na opressão e na miséria daqueles criados para formar a classe baixa.

Defensores do transumanismo admitem que é preciso levar a sério todas essas hipóteses, mas alegam que neste momento tais inquietações são puramente acadêmicas. Apesar da avalanche de novas pesquisas em biotecnologia, muito nessa conversa tem de ser mais bem contextualizado. Crianças sob medida ainda não existem, e genes determinantes das características que pais possam querer para seus filhos ainda não foram descobertos. E talvez nem existam. No momento, não existe característica humana alguma que possa ser modificada por meio da biotecnologia.

Muitos argumentam que o medo das distorções do transumanismo é prematuro, pois a tecnologia ainda se encontra no futuro distante. Mas levando-se em conta o ritmo das descobertas, é provável que modificações genéticas se tornem uma possibilidade real já no fim deste século, e isso nos força a fazer a pergunta: quão longe deve-se levar esta tecnologia?

O PRINCÍPIO DO HOMEM DAS CAVERNAS

Como já afirmei em livros anteriores, acredito que a entrada em cena do "princípio do homem ou mulher das cavernas" impõe um limite natural ao quão longe estamos dispostos a levar as possibilidades de nos alterar. A base de nossa personalidade como espécie não mudou tanto desde quando despontamos como humanos modernos, 200 mil anos atrás. Apesar de hoje termos armas nucleares, químicas e biológicas, nossos desejos básicos ainda são os mesmos.

E o que desejamos? Enquetes mostram que, supridas todas as nossas necessidades básicas, damos um grande valor à opinião dos nossos pares. Queremos ter uma boa aparência, em especial perante o sexo oposto. Queremos a admiração de nosso círculo de amigos. Talvez hesitemos em nos alterar demasiadamente, em especial se isso nos fizer parecer diferentes dos outros ao nosso redor.

Portanto, o provável é que só adotemos aprimoramentos que façam nosso status societário aumentar. A pressão para que aperfeiçoemos nossa força genética e eletronicamente vai existir, em especial se nos lançarmos ao espaço e vivermos em ambientes diferentes, mas haverá também limites no sentido do quanto de alterações desejaremos, e é o que nos ajudará a manter os pés no chão.

Quando o Homem de Ferro fez sua primeira aparição nos quadrinhos, era um personagem desajeitado, de aparência desengonçada. A armadura era amarela, arredondada e feia. Parecia uma lata andante. As crianças não se identificavam com ele, e por isso os cartunistas mais tarde modificaram sua aparência por completo. A armadura tornou-se multicolorida, elegante, colada ao corpo. Passou a realçar claramente a esguia e brava figura de Tony Stark. Como resultado, sua popularidade aumentou tremendamente. Até mesmo super-heróis obedecem ao princípio do homem das cavernas.

Os romances da era de ouro da ficção científica costumam retratar as pessoas do futuro com grandes cabeças carecas e corpos fininhos. Em alguns deles, evoluímos a ponto de nos transformarmos em cérebros gigantes que vivem em grandes tonéis de líquido. Mas alguém deseja viver assim? Creio que o princípio do homem das cavernas impediria a evolução de nos tornarmos criaturas que consideremos repulsivas. O que, sim, desejaríamos, de acordo com as probabilidades, seria viver mais, obter mais memória e inteligência sem ter de modificar nossa silhueta humana padrão. Por exemplo, em jogos no ciberespaço, temos a total liberdade de escolha de avatares animados para nos representar. Com frequência escolhemos aqueles que nos tornem atraentes ou nos emprestem algum apelo, e não os grotescos ou repulsivos.

É possível ainda que todas essas maravilhas tecnológicas saiam pela culatra e reduzam-nos a crianças indefesas vivendo vidas sem sentido. Na animação da Disney *WALL-E*, humanos vivem em espaçonaves onde robôs atendem cada possível capricho que possam ter. Ficam por conta deles todo o trabalho pesado e o atendimento a todas as necessidades, e os humanos nada têm para fazer além de dedicar-se a passatempos bobos. Tornam-se gordos, mimados e inúteis e passam o tempo com atividades indolentes e infrutíferas. Mas creio existir uma personalidade "alicerce" arraigada em nossos cérebros. Por exemplo, se as drogas forem legalizadas, especialistas estimam que talvez 5% da raça humana venha a se viciar. Mas os outros 95%, ao verem como as drogas podem limitar ou destruir a vida de uma pessoa, manterão distância, preferindo viver no mundo real e não em uma realidade alterada por elas. Da mesma maneira, quando a realidade virtual for aperfeiçoada, talvez um número semelhante de pessoas prefira viver no ciberespaço e não no mundo real, mas não é provável que seja tanta gente.

Lembrem-se, nossos ancestrais das cavernas gostavam de ser úteis e prestativos aos demais. Isso está arraigado em nossa genética.

Quando li pela primeira vez a *Trilogia da Fundação* de Asimov, ainda garoto, fiquei surpreso por seres humanos 50 mil anos adiante de nós não terem se modificado em nada. A essa altura, pensei, é claro que os humanos teriam corpos completamente aprimorados, com cabeças gigantes, corpos mirrados e superpoderes como nos quadrinhos. Mas muitas das cenas dos romances poderiam se passar na Terra de hoje. Analisando aquele romance histórico em retrospecto, percebo se tratar de uma provável aplicação do princípio do homem das cavernas. Imagino que no futuro as pessoas terão a opção de utilizar dispositivos, implantes e acessórios capazes de conferir-lhes superpoderes e habilidades aprimoradas, mas depois optarão por tirar a maioria deles e interagir normalmente em sociedade. Ou, caso decidam modificar-se em definitivo, será de alguma maneira que incremente a sua posição na sociedade.

QUEM DECIDE?

Em 1978, quando nasceu Louise Brown, o primeiro bebê de proveta do mundo, a tecnologia que possibilitou o feito foi atacada por muitos clérigos e colunistas cuja opinião era a de que estávamos brincando de

Deus. Hoje há mais de 5 milhões de bebês de proveta no mundo; sua esposa ou seu melhor amigo podem ser um deles.

As pessoas decidiram adotar esse procedimento, apesar das críticas ferrenhas.

Da mesma forma, quando a ovelha Dolly foi clonada em 1996, muitos denunciaram a tecnologia como imoral ou até profana. E, no entanto, hoje a clonagem é amplamente aceita. Perguntei a Robert Lanza, uma autoridade em biotecnologia, quando poderia ser possível a primeira clonagem de um ser humano. Ele ressaltou que ninguém jamais clonou com sucesso sequer um primata, quanto mais um humano. Mas disse acreditar na possibilidade. E, se esse dia chegar, ele acredita que uma minúscula fração da raça humana optará pela autoclonagem (talvez os únicos que o façam sejam os ricos sem herdeiros, ou os que não se importam com os herdeiros que têm; talvez clonem a si próprios e deixem suas posses para eles mesmos em versão infantil).

Houve ainda gente a condenar a ideia da existência de "crianças sob medida" geneticamente modificadas por seus pais. E, no entanto, hoje em dia é comum a criação de vários embriões fertilizados *in vitro* e o descarte dos portadores de uma mutação potencialmente fatal (como a doença de Tay-Sachs). Por meio desse processo é concebível que tais características letais sejam eliminadas da cadeia genética no espaço de uma geração.

Quando o telefone entrou na vida cotidiana no século passado, houve quem enchesse a boca para criticá-lo. Diziam ser antinatural falar com uma voz invisível, sem corpo, no éter em vez de comunicar-se frente a frente, e que passaríamos tempo demais nele em vez de falar com nossos filhos e amigos próximos. Os críticos estavam certos, por sinal. De fato, passamos tempo demais falando com vozes sem corpo no éter. Não falamos o suficiente com nossos filhos. Mas amamos o telefone e, às vezes, o usamos para falar com nossos filhos. As pessoas decidiram por conta própria, sem precisar de formadores de opinião, que queriam a nova tecnologia. No futuro, à medida que tecnologias radicais capazes de aprimorar a raça humana tornem-se disponíveis, as pessoas decidirão por conta própria o quão longe levá-las. A única forma viável de introdução dessas tecnologias polêmicas é o debate democrático (imagine por um instante uma visita de alguém da época da Inquisição ao nosso mundo moderno; recém-chegado da queima às bruxas e da tortura de hereges, talvez acusasse de blasfêmia toda a civilização moderna). O que hoje parece antiético ou mesmo imoral pode parecer lugar-comum e mundano no futuro.

De qualquer maneira, se formos explorar os planetas e as estrelas, teremos que nos modificar e aperfeiçoar para sobrevivermos à jornada. E, como só é possível terraformar um planeta distante até certo ponto, será preciso ajustarmo-nos a diferentes atmosfera, temperatura e gravidade. Aperfeiçoamentos genéticos e mecânicos serão necessários.

Até aqui discutimos somente possibilidades de aperfeiçoamento da raça humana. O que aconteceria ao explorarmos o espaço e darmos de cara com formas de vida inteligentes e totalmente diferentes de nós? Aliás, o que ocorrerá se viermos a encontrar civilizações milhões de anos à frente da nossa em tecnologia?

E se não encontrarmos civilizações avançadas no espaço, de que forma poderíamos nós mesmos virarmos uma? Embora prever cultura, política e sociedade de uma civilização avançada seja impossível, há um aspecto ao qual até civilizações alienígenas precisariam responder: as leis da física. E então, o que nos diz a física sobre tais civilizações avançadas?

12

A PROCURA POR VIDA EXTRATERRESTRE

Originalmente você era barro. De mineral, tornou-se vegetal. De vegetal, animal; e de animal, homem. (...) E ainda terá de passar por uma centena de mundos diferentes. A mente tem mil formas.
– RUMI

Se ameaçarem prolongar a violência, esta vossa Terra será reduzida a cinzas. Vossa escolha é simples: juntem-se a nós e vivam em paz, ou sigam vosso curso atual rumo à obliteração. Estaremos à espera de vossa resposta. Cabe a vós a decisão.
– KLAATU, ALIENÍGENA DE *O DIA EM QUE A TERRA PAROU*

Um dia, os alienígenas chegaram.

Vieram de terras distantes de que ninguém ouvira falar, em naves estranhas e espantosas, usando uma tecnologia com a qual só poderíamos sonhar. Vieram com armaduras e escudos mais fortes do que qualquer coisa que já tivéssemos visto. Falavam uma língua desconhecida e, com eles, trouxeram estranhas bestas.

Todos se perguntavam: Quem são? De onde vêm?

Alguns diziam serem mensageiros das estrelas.

Outros sussurravam que eram como deuses vindos do céu.

Infelizmente, estavam todos errados.

Corria o fatídico ano de 1519 quando Montezuma conheceu Hernán Cortés e os impérios asteca e espanhol entraram em choque. Cortés e seus conquistadores não eram mensageiros dos deuses, mas assassinos sedentos de ouro e do que mais pudessem pilhar. A civilização asteca levou milhares de anos para sair de dentro da floresta. Armada apenas de tecnologia da Idade do Bronze, contudo, foi dominada e esmagada em questão de meses por soldados espanhóis.

Ao avançarmos espaço adentro, uma lição a aprender desse trágico exemplo é a de que devemos ser cautelosos. Os astecas, afinal, estavam apenas alguns séculos atrás dos conquistadores espanhóis em termos de tecnologia. Se viermos a encontrar outras civilizações no espaço, talvez estejam tão à nossa frente que só possamos imaginar seu poder. Se viermos a entrar em guerra com uma civilização tão avançada, poderia ser algo como um confronto entre King Kong e Alvin, o Esquilo.

O físico Stephen Hawking fez o alerta: "É só prestarmos atenção em nós mesmos para ver como formas de vida inteligentes podem se transformar em algo com que não gostaríamos de nos deparar". Referindo-se ao desfecho do encontro entre Cristóvão Colombo e os índios, conclui: "Aquilo não acabou muito bem". Ou, como prefere o astrobiólogo David Grinspoon: "Se você mora numa floresta que pode estar cheia de leões famintos, vai pular de sua árvore e gritar 'U-húúú'?".

No entanto, os filmes de Hollywood nos influenciaram a achar que poderíamos vencer invasores alienígenas que estivessem algumas décadas ou séculos à nossa frente em tecnologia. Hollywood presume que podemos batê-los por meio de algum truque primitivo e esperto. Em *Independence Day*, só o que precisamos fazer foi injetar um simples vírus de computador no sistema operacional deles para fazê-los pedir misericórdia, como se uma civilização alienígena usasse Microsoft Windows.

Até cientistas cometem esse erro, fazendo pouco da ideia de que uma civilização extraterrestre vivendo a muitos anos-luz de distância pudesse sequer nos visitar. Mas isso pressupõe que sua tecnologia esteja somente alguns séculos à frente da nossa. Mas e se estiverem milhões de anos mais adiantados? Um milhão de anos não passa de um piscar de olhos em termos cósmicos. Novas leis da física e novas tecnologias se abririam perante tais incríveis escalas de tempo.

Pessoalmente, acredito que qualquer civilização avançada no espaço será pacífica. Talvez estejam uma eternidade à nossa frente, o que teria lhes dado tempo suficiente para solucionar antigos conflitos sectários, tribais, raciais e fundamentalistas. Entretanto, temos de estar preparados se não for este o caso. Em vez de nos anunciarmos, enviando sinais de rádio espaço afora e comunicando nossa existência para toda e qualquer civilização alienígena, talvez seja mais prudente estudá-las antes.

Creio que ainda faremos contato com uma civilização extraterrestre, em algum momento deste século. Talvez não sejam conquistadores impiedosos, mas benevolentes e dispostos a compartilhar conosco a sua tecnologia. Seria um dos momentos mais decisivos da história, comparável à descoberta do fogo. Pode determinar o curso da civilização humana por vários séculos futuro adentro.

SETI

Alguns físicos se dedicaram à tentativa de esclarecer essa questão lançando mão de tecnologia moderna para vasculhar os céus em busca de sinais de civilizações avançadas no espaço. O projeto é o SETI (a sigla em inglês quer dizer "Busca por inteligência extraterrestre") e envolve a sondagem do céu através dos mais poderosos radiotelescópios de que dispomos para tentar escutar transmissões de civilizações alienígenas.

Hoje, graças a generosas contribuições de Paul Allen, cofundador da Microsoft, e de outros, o Instituto SETI está construindo 42 radiotelescópios de última geração em Hat Creek, na Califórnia, cerca de 482 quilômetros a nordeste de São Francisco, para vasculhar 1 milhão de estrelas. As instalações em Hat Creek chegarão em algum momento a contar com 350 radiotelescópios a escanear frequências entre um e dez GHz.

Mas o trabalho no projeto SETI é frequentemente inglório, e envolve implorar por recursos a doadores ricos e contribuintes desconfiados. O Congresso dos Estados Unidos nunca exibiu mais do que um interesse distante e, em 1993, finalmente cortou todo o financiamento, chamando o projeto de um desperdício de dinheiro de impostos (em 1978, o senador William Proxmire chegou a ridicularizá-lo por meio de seu infame troféu Velo de Ouro).

Alguns cientistas, frustrados pela falta de financiamento, chegaram a conclamar o público a participar diretamente no sentido de ampliar a busca. No campus de Berkeley da Universidade da Califórnia, astrônomos criaram o SETI@home, uma iniciativa para engajar milhões de amadores on-line na busca. Qualquer um pode participar. É só baixar o software do site oficial. À noite, enquanto você dorme, seu computador vasculha a montanha de dados do projeto na esperança de achar a proverbial agulha no palheiro.

O dr. Seth Shostak, do Instituto SETI, em Mountain View, Califórnia, que entrevistei algumas vezes, acredita que faremos contato com alguma civilização antes de 2025. Perguntei de onde vem tamanha certeza. Afinal, décadas de trabalho duro não nos trouxeram um único sinal comprovado de alienígenas. Além disso, o uso de radiotelescópios para escutar-lhes as conversas é uma loteria; talvez os alienígenas nem usem rádio. Ou utilizem frequências inteiramente diferentes, feixes de laser ou alguma forma de comunicação totalmente inesperada em que nunca pensamos. Ele admite que tudo isso é possível. Mas demonstrava confiança de que logo faremos contato. Tinha a equação de Drake a apoiá-lo.

Em 1961, o astrônomo Frank Drake, insatisfeito com as especulações delirantes sobre alienígenas, tentou calcular a probabilidade de encontrar tal civilização no espaço. Por exemplo, pode-se começar com o número de estrelas na Via Láctea (cerca de 100 bilhões), fracioná-lo a partir do número das que possuem planetas em sua órbita, chegar à fração dos que possam ter vida, depois aos que talvez possuam vida inteligente e daí por diante. Multiplicando-se uma série dessas frações, chega-se a um valor aproximado do possível número de civilizações avançadas na galáxia.

Quando Frank Drake propôs inicialmente essa fórmula, havia tantos dados desconhecidos que os resultados não passavam de especulação. As estimativas do número de civilizações na galáxia abarcavam de dezenas de milhares a milhões.

Hoje, porém, com a enxurrada de exoplanetas encontrados espaço afora, pode-se chegar a uma estimativa bem mais realista. A boa notícia é que todo ano os astrônomos tornam mais exatos os vários componentes da equação de Drake. Hoje sabe-se que ao menos uma em cada cinco estrelas semelhantes ao Sol na Via Láctea tem planetas como a Terra em sua órbita. De acordo com a equação, há mais de 20 bilhões de planetas semelhantes à Terra em nossa galáxia.

Várias outras correções foram feitas à equação. A original era simples demais. Como vimos, sabe-se hoje que planetas semelhantes à Terra têm de vir acompanhados de outros de tamanho parecido ao de Júpiter com órbitas circulares, pois são eles que limpam sua trajetória de asteroides e outros detritos que possam destruir a vida. Portanto, o número de planetas como a Terra com que a equação pode trabalhar resume-se àqueles com vizinhos do tamanho de Júpiter. Os planetas-alvo da equação precisariam ainda ser acompanhados de grandes luas que estabilizem sua rotação, caso contrário esta perderia firmeza em algum momento ao longo de milhões de anos e o planeta poderia até mesmo virar de ponta-cabeça (se a nossa Lua fosse minúscula como um asteroide, pequenas perturbações na rotação da Terra se acumulariam gradualmente eternidade afora segundo as leis de Newton, podendo fazer o planeta virar de ponta-cabeça; seria desastroso para a vida, pois a gradual formação de falhas na crosta da Terra provocaria terremotos gigantescos, tsunamis monstruosas e erupções vulcânicas horrendas. Nossa Lua é grande o bastante para que tais perturbações não se acumulem. Mas com Marte e suas luas mínimas, é bem possível que isso tenha ocorrido num passado distante).

A ciência moderna nos trouxe um oceano de dados concretos sobre o número de planetas capazes de abrigar vida existentes universo afora, mas também descobriu muitas outras maneiras de extinguir a vida por meio de desastres naturais e acidentes. Em vários momentos na história da Terra, desastres naturais (colisões com asteroides, eras glaciais planetárias, erupções vulcânicas) quase deram cabo da vida inteligente. Uma questão fundamental é encontrar a porcentagem de planetas que se enquadrem em todos esses critérios e que, de fato, tenham algum tipo de vida, e entre eles, que porcentagem teria escapado de desastres planetários e dado origem a vida inteligente. Ainda estamos muito longe, portanto, de uma avaliação exata do número de civilizações inteligentes em nossa galáxia.

PRIMEIRO CONTATO

Perguntei ao dr. Shostak o que se faria se alienígenas chegassem à Terra. O presidente convocaria uma reunião de emergência de todo o Estado-Maior Conjunto? A ONU emitiria um comunicado de boas-vindas? Qual seria o protocolo para um primeiro contato?

Sua resposta foi surpreendente: basicamente, não existe protocolo. Cientistas discutem essa questão em conferências, mas só fazem sugestões informais sem peso oficial. Nenhum governo leva o assunto a sério.

De qualquer forma, um primeiro contato provavelmente seria uma conversa de mão única, com um detector na Terra captando a mensagem desgarrada de um planeta distante. Isso não significa que será possível estabelecer uma comunicação. Tal sinal poderia vir, por exemplo, de um sistema estelar a cinquenta anos-luz da Terra; enviar uma mensagem a tal estrela e receber uma resposta levaria cem anos. Assim, a comunicação com um ET no espaço seria extremamente difícil.

Partindo-se do pressuposto de que eles um dia cheguem à Terra, há uma questão mais prática a considerar: Como conversaríamos? Que tipo de língua falariam?

No filme *A chegada*, os alienígenas enviam espaçonaves gigantescas que pairam ameaçadoramente sobre várias nações. Quando terráqueos as adentram, são recepcionados por alienígenas que parecem lulas gigantes. As tentativas de interação são difíceis, pois eles se comunicam rabiscando estranhos caracteres numa tela, e linguistas penam para traduzi-los. Ocorre uma crise quando um rabisco se revela traduzível tanto como "ferramenta" quanto como "arma". Confusas pela ambiguidade, as potências nucleares põem seu arsenal em alerta máximo. Uma guerra interplanetária parece a ponto de eclodir, tudo devido a um simples erro linguístico.

(Na realidade, qualquer espécie avançada o bastante para enviar à Terra naves estelares provavelmente teria monitorado nossos sinais de TV e rádio e decifrado nossa linguagem a tempo da viagem, e não dependeria de linguistas terráqueos. De qualquer maneira, não é lá muito sábio dar início a uma guerra interplanetária com alienígenas possivelmente milênios mais avançados do que nós.)

O que aconteceria se o quadro de referência da língua dos alienígenas fosse totalmente diferente do nosso?

Se eles descendessem de uma raça de cães inteligentes, então sua linguagem refletiria odores e não imagens visuais. Já se descendessem de pássaros inteligentes, talvez ela se baseasse em melodias complexas. Caso descendessem de morcegos ou golfinhos, sua linguagem poderia usar sinais de sonar. Se descendessem de insetos, talvez sinalizassem uns aos outros por meio de feromônios.

De fato, ao analisarmos os cérebros desses animais, vemos o quanto diferem do nosso. Enquanto grande parte do nosso cérebro dedica-se à visão e à linguagem, os de outros animais voltam-se para cheiros e sons.

Em outras palavras, em nosso primeiro contato com uma civilização alienígena, não poderemos partir do pressuposto de que pensem e se comuniquem como nós fazemos.

QUAL SERÁ A APARÊNCIA DELES?

Um dos pontos altos de filmes de ficção científica costuma ser o momento em que finalmente vemos os alienígenas (por sinal, um dos aspectos mais decepcionantes de *Contato*, de resto um bom filme, é o fato de, após uma tremenda expectativa, não chegarmos a vê-los). Mas na série *Jornada nas estrelas*, todos os alienígenas se parecem conosco e falam como nós, em inglês americano perfeito. Só diferem dos humanos pelo fato de terem narizes de outros tipos. Os alienígenas de *Guerra nas estrelas* já são mais imaginativos, parecem-se com animais selvagens ou peixes, mas sempre vêm de planetas onde se respira ar e a gravidade é semelhante à da Terra.

A princípio, alienígenas podem ter qualquer aparência; afinal, nunca fizemos contato com eles. Mas há uma certa lógica à qual provavelmente obedeceriam. Embora não possamos ter certeza, há grande probabilidade de que a vida no espaço se inicie em oceanos e seja composta de moléculas à base de carbono. Tal composição química seria plenamente adequada a satisfazer dois critérios cruciais para a vida: a habilidade de armazenar grande quantidade de informação, devido à estrutura molecular complexa, e a de se autorreplicar (o carbono é tetravalente, o que permite a criação de longas cadeias de hidrocarbonetos, que incluem proteínas e DNA. Tais cadeias de DNA contêm um código na organização de seus átomos. Elas ocorrem em duas vertentes, que podem se desemaranhar e então agarrar moléculas para se copiarem de acordo com o código).

Uma nova ramificação da ciência, nascida recentemente, chama-se exobiologia. Estuda a vida em mundos distantes com ecossistemas distintos daqueles encontrados na Terra. Por ora, exobiólogos têm tido dificuldades na tentativa de encontrar um caminho para criar formas de vida cuja base não seja a química orgânica que nos confere moléculas tão ricas e diversas. Várias possibilidades de formas de vida foram consideradas, tais como criaturas inteligentes parecidas com balões que flutuassem na atmosfera dos gigantes gasosos, mas é difícil criar uma química realista que as faça viáveis.

Na infância, um de meus filmes favoritos era *Planeta proibido*, que me ensinou uma valiosa lição científica. Em um mundo distante, astronautas são aterrorizados por um enorme monstro que está matando a tripulação. Um cientista faz moldes em gesso das pegadas deixadas por ele no solo, e fica chocado com sua descoberta: os pés do monstro, diz, contrariam todas as leis da evolução. A forma como garras, dedos e ossos são arranjados não faz sentido algum.

Aquilo chamou minha atenção. Um monstro que violava as leis da evolução? O conceito era novo para mim; o fato de que mesmo monstros e alienígenas teriam de obedecer às leis da ciência. Antes, para mim, eles só precisavam ser ferozes e feios. Mas fazia total sentido que os monstros e os alienígenas tivessem de obedecer às mesmas leis da natureza que nós. Eles não viviam num vácuo.

Por exemplo, quando ouço falar do monstro do Lago Ness, tenho de me perguntar qual seria a população reprodutora de tal criatura. Para ser possível a existência de um bicho semelhante a um dinossauro no lago, ele teria de integrar uma população reprodutora de cinquenta criaturas ou mais. Nesse caso, rastros delas (na forma de ossos, carcaças de suas presas, dejetos etc.) seriam facilmente encontráveis. O fato de tais rastros jamais terem sido achados lança dúvidas sobre a existência do monstro.

Da mesma forma, teríamos de aplicar as leis da evolução ao falarmos de alienígenas no espaço. É impossível dizer com precisão como poderia se dar o surgimento de uma civilização alienígena em um planeta distante. Com base na nossa própria evolução, contudo, podemos fazer certas deduções. Quando analisamos como o *Homo sapiens* desenvolveu sua inteligência, observamos ao menos três componentes essenciais que tornaram possível ascendermos dos pântanos.

1. Algum tipo de visão estéreo

Não raro, predadores são mais inteligentes que suas presas. Um caçador competente precisa ser um mestre na discrição, na astúcia, na estratégia, na camuflagem e na capacidade de enganar. Também precisa conhecer os hábitos da presa, onde se alimenta, quais suas fraquezas e defesas. Tudo isso exige alguma força cerebral.

A presa, por outro lado, só precisa correr.

Isso se reflete em seus olhos. Caçadores, como tigres e raposas, têm visão frontal, o que lhes confere a visão estéreo a partir da comparação das imagens dos olhos esquerdo e direito por parte do cérebro. É isso o que lhes permite calcular distâncias, algo essencial para localizar a presa. Estas, no entanto, não precisam de visão estéreo. Precisam, sim, de 360c de visão para escanear a presença de predadores. Por isso têm olhos dos dois lados da face, como veados e coelhos.

O mais provável é que alienígenas inteligentes no espaço descendam de predadores que caçavam para comer. Não significa necessariamente que seriam agressivos, mas, sim, significa que seus ancestrais de longa data teriam sido predadores. Cautela nos cairia bem.

2. Algum tipo de polegar opositor ou apêndice de sustentação

Uma marca de espécies capazes de desenvolver civilizações inteligentes é a habilidade de manipular seu ambiente. Ao contrário de plantas, à mercê de mudanças nos arredores, animais inteligentes podem moldar o ambiente para aumentar suas chances de sobrevivência. Um aspecto que caracteriza o ser humano é o polegar opositor, que nos confere a habilidade de usar as mãos para explorar ferramentas. Mãos eram usadas acima de tudo para se balançar em galhos de árvores no passado distante, e o arco formado pelo indicador e o dedão é aproximadamente do mesmo tamanho de um galho de árvore na África (isso não significa que polegares opositores sejam o único instrumento de sustentação capaz de levar à inteligência. Tentáculos e garras também poderiam servir).

É a combinação do primeiro e do segundo critérios que dá ao animal a habilidade de coordenar mãos e olhos para caçar sua presa e manipular ferramentas. Mas é o terceiro critério que amarra todo o resto.

3. Linguagem

Na grande maioria das espécies, qualquer lição aprendida por um animal morre com aquele animal.

Algum tipo de linguagem é crucial para possibilitar a transmissão e a acumulação de informações essenciais de geração para geração. Quanto mais abstrata a linguagem, mais informação pode ser transmitida.

Ser um caçador ajuda a encorajar a evolução da linguagem, pois os predadores que caçam em bando precisam se comunicar e coordenar ações uns com os outros. A linguagem é primordialmente útil para animais que vivem em manada. Enquanto um caçador solitário pode ser esmagado por um mastodonte, um grupo de caçadores consegue encurralá-lo, cercá-lo, montar uma armadilha, laçá-lo e derrubá-lo. A linguagem, além do mais, é necessariamente um fenômeno social que acelera o desenvolvimento da cooperação entre indivíduos. Esse ingrediente foi essencial no surgimento da civilização humana.

Tive um exemplo gritante dos aspectos sociais da linguagem ao nadar numa piscina cheia de golfinhos brincalhões para um programa de TV do Discovery Channel. Sensores sônicos haviam sido inseridos na piscina para registrar os silvos e assovios que eles usavam para se comunicar uns com os outros. Embora não tenham uma linguagem escrita, têm uma audível, que pode ser gravada e analisada.

Feito isso, com a ajuda de um computador, pode-se buscar padrões que indiquem inteligência. Por exemplo, quando se analisa a esmo a língua inglesa, descobre-se que a letra "E" é a mais comum do alfabeto. É possível, então, compilar uma lista de letras e analisar a frequência com que se usa cada uma, o que proporciona a "impressão digital" característica daquela língua ou pessoa em particular (pode-se usar essa técnica para rastrear a autoria de manuscritos históricos – para mostrar, por exemplo, que sim, as peças de Shakespeare são realmente dele).

Da mesma forma, é possível gravar as comunicações entre golfinhos e descobrir que sua repetição de silvos e assovios obedece a uma fórmula matemática.

Pode-se então analisar a linguagem de várias outras espécies, como cães e gatos, e descobrir sinais igualmente reveladores de inteligência.

Contudo, ao começarmos a analisar os sons de insetos, encontramos cada vez menos sinais de inteligência. A questão é que animais contam com suas línguas primitivas, e computadores podem calcular matematicamente a sua complexidade.

A EVOLUÇÃO DA INTELIGÊNCIA NA TERRA

Se pelo menos três atributos são necessários ao desenvolvimento da vida inteligente, podemos então perguntar: quantos animais na Terra possuem os três? Sabemos que muitos predadores com visão estereoscópica têm garras, patas, presas ou tentáculos, mas não a habilidade de segurar ferramentas. Da mesma forma, nenhum possui uma linguagem sofisticada que lhes permita caçar, compartilhar informações com outros e passá-las adiante para a geração seguinte.

Também podemos comparar a evolução e a inteligência humanas às dos dinossauros. Nossa compreensão da inteligência deles é extremamente limitada, mas acredita-se que tenham dominado a Terra por cerca de 200 milhões de anos. E, no entanto, nenhum deles tornou-se inteligente ou veio a desenvolver uma civilização de dinossauros, algo que os seres humanos conseguiram em apenas 200 mil anos.

Mas se analisarmos o reino dos dinossauros com atenção, veremos sinais de que a inteligência pode ter se desenvolvido. Os velociraptores, por exemplo, imortalizados em *Jurassic Park*, provavelmente teriam se tornado inteligentes com o tempo. Tinham a visão estéreo própria dos caçadores. Caçavam em grupo, o que provavelmente implicava a existência de algum sistema de comunicação para coordenar. E eram dotados de garras para segurar presas, que poderiam ter evoluído para polegares opositores (os braços dos tiranossauros, por comparação, eram mínimos e provavelmente usados apenas para pegar a carne após o fim da caçada, sem muita utilidade para segurar ferramentas. O *T. rex* era basicamente uma boca andante).

ALIENÍGENAS DE *STAR MAKER*

A partir dessa estrutura, podemos analisar os alienígenas encontrados em *Star Maker*, de Olaf Stapledon. O herói daquela história faz uma jornada imaginária pelo universo, encontrando dezenas de civilizações fascinantes. Vemos um panorama das possibilidades de inteligência espalhado pela tela da Via Láctea.

Uma espécie alienígena se desenvolveu num planeta com um grande campo gravitacional. Assim, em vez de quatro patas, precisava de seis para conseguir caminhar. Com o tempo, as duas frontais evoluíram para mãos, e foram liberadas para o uso de ferramentas. O animal acabaria por se tornar algo parecido com um centauro.

Ele conhece também alienígenas semelhantes a insetos. Embora um inseto individual não seja inteligente, a combinação de bilhões deles cria uma inteligência coletiva. Uma raça com características de pássaros voa em bandos gigantescos, como uma nuvem, e também desenvolve uma mente de grupo. O herói conhece também criaturas inteligentes semelhantes a plantas e inertes como elas durante o dia, mas capazes de se mover como animais à noite. Chega mesmo a conhecer formas de vida inteligentes que fogem totalmente à nossa experiência, tais como estrelas inteligentes.

Muitas dessas criaturas alienígenas vivem em oceanos. Uma das mais bem-sucedidas entre as espécies aquáticas é uma simbiose entre duas formas de vida distintas, semelhantes a um peixe e um caranguejo. Com o caranguejo posicionado atrás da cabeça do peixe, eles conseguem se mover com a rapidez dos peixes, mas o caranguejo manipula ferramentas com as garras. A combinação lhes confere tanta vantagem que se tornam espécie dominante no planeta. As criaturas como o caranguejo aventuram-se por terra firme e inventam máquinas, utensílios elétricos, foguetes e uma sociedade utópica baseada na prosperidade, na ciência e no progresso.

Essas criaturas simbióticas desenvolvem naves estelares e encontram civilizações menos avançadas. Stapledon escreve: "Grande cautela teve a raça simbiótica em ocultar sua existência dos primitivos, para não correr o risco de perder sua independência".

Em outras palavras, embora peixes e caranguejos, separadamente, não pudessem se desenvolver e virar criaturas mais avançadas, juntos podiam.

Sabendo-se que a imensa maioria de civilizações alienígenas, caso existam, viveria debaixo d'água ou em luas cobertas de gelo (como Europa ou Encélado) ou ainda nas luas de planetas órfãos, a questão é: poderia uma espécie aquática tornar-se verdadeiramente inteligente?

Analisando nossos próprios oceanos, acharemos vários problemas. Barbatanas são uma forma extremamente eficiente de percorrer oceanos, ao passo que pés (e mãos) não são. Com barbatanas é possível mover-se e manobrar com rapidez, ao passo que usar os pés no fundo do oceano seria desajeitado e estranho. Não admira que vejamos poucos animais nos mares com apêndices evoluídos que pudessem servir para segurar ferramentas. É pouco provável, portanto, que criaturas com barbatanas desenvolvam a sua inteligência (a não ser que tais barbatanas evoluam de alguma forma ao ponto de servirem para segurar objetos, ou ainda que sejam na verdade os braços e pernas de animais terrenos que retornaram ao mar, como baleias e golfinhos).

O polvo, contudo, é uma espécie muito bem-sucedida. Foi capaz de sobreviver por ao menos 300 milhões de anos, e é talvez o mais inteligente dos invertebrados. Quando o analisamos à luz dos nossos critérios, vemos que obedece a dois dos três.

Em primeiro lugar, na condição de predador, tem olhos de caçador (seus dois olhos, contudo, não são tão voltados estereoscopicamente para a frente).

Em segundo, seus oito tentáculos lhe dão a habilidade extraordinária de manipular objetos em seu ambiente. A destreza desses tentáculos é formidável.

Contudo, não tem língua de nenhuma espécie. Caçador solitário que é, não tem necessidade de comunicação com outros. Até onde sabemos, não há interação entre gerações também.

O polvo, portanto, exibe certa inteligência. Esses animais são notórios pela capacidade de escapar de aquários, aproveitando-se da flexibilidade de seus corpos para passar pelas menores rachaduras. Também sabem se orientar em labirintos, mostrando possuírem algum tipo de memória, e são capazes de manipular ferramentas. Um polvo conseguiu agarrar cascas de coco e criar um abrigo para si.

Se o polvo possui alguma inteligência, ainda que limitada, e seus tentáculos são versáteis, por que não se tornou inteligente de fato? Essa, ironicamente, talvez seja a razão do sucesso da espécie. Esconder-se sob pedras e agarrar a presa com os tentáculos é estratégia das mais eficazes, e os polvos, portanto, provavelmente não precisaram desenvolver mais sua inteligência. Em outras palavras, não sofreram pressão evolutiva para que sua inteligência se sofisticasse.

Contudo, num planeta distante e sob diferentes condições, pode-se imaginar uma criatura como o polvo desenvolvendo uma linguagem de silvos e assovios para poder caçar em bando. Talvez seu nariz evoluísse a ponto de produzir os rudimentos de uma língua. Podemos imaginar até, em algum ponto de um futuro distante, que pressões evolutivas na Terra forçassem os polvos a desenvolver inteligência.

Uma raça inteligente de octópodes é certamente uma possibilidade.

Outra criatura inteligente imaginada por Stapledon foi um pássaro. Cientistas já observaram que pássaros, como octópodes, têm inteligência significativa. Ao contrário dos polvos, porém, têm formas bem sofisticadas de comunicação entre si, através de silvos e também de canções e melodias. Ao gravarem o canto de certos pássaros, cientistas notaram que, quanto mais sofisticado e melódico, mais atraía o sexo oposto. Ou seja, a complexidade do canto de um pássaro macho permite à fêmea julgar sua saúde, sua força e sua adequação como parceiro. Há, portanto, sobre eles a pressão evolutiva para desenvolver melodias complexas e uma certa inteligência. Embora alguns pássaros tenham os olhos estereoscópicos de caçadores (falcões e corujas, por exemplo) e uma forma de linguagem, lhes falta a habilidade de manipular seu entorno.

Milhões de anos atrás, alguns animais que caminhavam sobre quatro patas evoluíram e tornaram-se pássaros. Ao analisarmos ossos de pássaros, entendemos com precisão como a estrutura óssea das patas lentamente deu origem à das asas. Postas lado a lado, ossadas de patas e asas se equivalem osso por osso. Mas para manipular de verdade o entorno, animais precisam ter mãos livres para pegar ferramentas. Isso significa que, para a evolução criar pássaros inteligentes, teria de haver uma modificação nas asas que lhes dessem duplo propósito, permitindo tanto o voo quanto a manipulação de ferramentas – ou precisariam ter pelo menos seis pernas como ponto de partida, quatro das quais poderiam virar asas e mãos.

Uma espécie de pássaros inteligentes seria possível então, caso eles desenvolvam de alguma forma a habilidade de manipular ferramentas.

Estes são só alguns exemplos da variedade de espécies inteligentes que pode existir. Certamente há muitas outras possibilidades a contemplar.

INTELIGÊNCIA HUMANA

É pertinente perguntar: por que nos tornamos inteligentes? Vários primatas chegam perto de satisfazer os três critérios. Por que nós desenvolvemos estas habilidades, e não os chimpanzés, os bonobos (nossos parentes mais próximos do ponto de vista evolutivo) ou os gorilas?

Quando comparamos o *Homo sapiens* a outros animais, percebemos como, na média, somos fracos e desajeitados. Poderíamos facilmente ser a piada do reino animal. Não corremos tão rápido, não possuímos qualquer tipo de garra, não voamos, nosso olfato não é apurado, não somos dotados de armadura, não somos muito fortes e nossa pele não tem uma camada protetora de pelos e é bastante delicada. Em cada categoria, vê-se que há animais tremendamente superiores no aspecto físico.

Na verdade, a maioria das espécies que vemos ao nosso redor é muito bem-sucedida e por isso não sofreu pressão evolutiva para mudar. Algumas não mudam em nada há milhões de anos. Precisamente por sermos fracos e desajeitados, sofremos enorme pressão para adquirir as habilidades que faltam aos demais primatas. Para compensar nossas deficiências, tivemos de nos tornar inteligentes.

Uma teoria dita que o clima no leste da África começou a mudar há vários milhões de anos, levando as florestas a recuarem e as pradarias a se espalharem. Como nossos ancestrais eram criaturas de floresta, muitos morreram com o desaparecer das árvores.

Os sobreviventes foram forçados a se mudar das florestas para as savanas e pradarias. Tiveram de distender as costas e caminhar eretos para conseguir enxergar acima da grama alta (uma prova disso é a lordose que acomete humanos, pondo grande pressão em nossa região lombar; essa é a razão de dores nas costas serem dos problemas de saúde mais comuns em gente de meia-idade).

Caminhar com as costas eretas nos trouxe outra grande vantagem: liberou nossas mãos para que pudéssemos manipular ferramentas.

Quando encontrarmos alienígenas inteligentes no espaço, há boas chances de que também sejam desajeitados e fracos e o desenvolvimento de sua inteligência tenha ocorrido para compensar tais deficiências. E eles, assim como nós, desenvolverão sua habilidade de sobreviver por meio de uma nova técnica: a capacidade de alterar seu entorno à vontade.

EVOLUINDO EM PLANETAS DIFERENTES

Como poderia uma criatura inteligente, então, desenvolver uma moderna sociedade tecnológica?

Como já discutimos, a forma mais comum de vida na galáxia poderá ser aquática. Já avaliamos se é possível a criaturas marinhas desenvolverem a fisiologia necessária, mas essa narrativa tem um componente cultural e tecnológico também. Vejamos, portanto, se uma civilização avançada pode ou não surgir do fundo do oceano.

Para os humanos, após a descoberta da agricultura, o processo de desenvolvimento de energia e informação passou por três estágios.

O primeiro foi a Revolução Industrial, quando a energia de nossas mãos se viu amplificada à enésima potência pela força do carvão e dos combustíveis fósseis. A sociedade recebeu um súbito empurrão, e uma primitiva cultura agrária converteu-se em industrial.

O segundo foi a era elétrica, quando geradores ampliaram a força que tínhamos à nossa disponibilidade e surgiram novas formas de comunicação como rádio, TV e telecomunicações. Como resultado, floresceram tanto a energia quanto a informação.

O terceiro estágio é a revolução da informação, quando a sociedade se tornou dominada pela força dos computadores.

Podemos agora fazer uma pergunta simples: seria possível para uma civilização alienígena aquática passar também por esses três estágios de desenvolvimento em energia e informação?

Como Europa e Encélado ficam muito longe do Sol, e seus oceanos são perpetuamente cobertos por gelo, qualquer criatura inteligente nessas luas distantes provavelmente seria cega, como os peixes que vivem abaixo da superfície da Terra, em cavernas escuras. Teriam desenvolvido em lugar da visão alguma forma de sonar, utilizando ondas sonoras semelhantes às dos morcegos para navegar pelos oceanos.

Como o comprimento de onda da luz é muito menor que o do som, eles não seriam capazes de captar os detalhes que conseguimos com nossos olhos (assim como os sonogramas usados por médicos fornecem muito menos detalhes do que endoscopias). É por esse motivo que a marcha deles rumo à criação de uma civilização moderna será retardada.

Mais importante do que isso, porém, é o fato de que qualquer espécie aquática terá problemas para gerar energia, pois na água não há como se queimarem combustíveis fósseis e é difícil proteger a energia elétrica. Grande parte do maquinário industrial seria inútil sem a presença de oxigênio para criar combustão e movimento mecânico. Energia solar idem, pois a luz do Sol não penetraria a cobertura perpétua de gelo.

Sem motores de combustão interna, fogueiras e energia solar, pelo jeito qualquer espécie alienígena aquática não teria condições de criar uma sociedade moderna. Existe, porém, uma fonte de energia ainda inexplorada e disponível a eles, e trata-se da energia geotérmica proveniente de fontes hidrotermais no fundo dos oceanos. Como as similares vulcânicas presentes no fundo de nossos oceanos, elas poderiam representar uma conveniente fonte de energia para ferramentas em Europa e Encélado.

Poderia ainda ser possível criar um motor a vapor subaquático. Talvez a temperatura das fontes hidrotermais supere em muito o ponto de fervura da água. Se for possível canalizar essa fonte de calor, criaturas poderiam usá-la para criar um motor a vapor, por meio de um sistema de canos que sugasse água fervente das fontes e a canalizasse para mover um pistão. A partir daí o acesso à era das máquinas seria possível.

Poderia ainda ser possível usar esse calor para derreter minério de forma a criar uma metalurgia. Se puderem extrair e moldar metais, as criaturas poderiam criar cidades no fundo dos oceanos. Em resumo, pode ser possível criar uma revolução industrial subaquática.

Uma revolução elétrica já parece improvável, pois a água causaria curto-circuito na maior parte dos aparelhos elétricos tradicionais. Sem a eletricidade, todas as maravilhas daquela era seriam impossíveis, pois a tecnologia ficaria atrofiada.

Mas também aqui há uma possível solução. Se as criaturas puderem encontrar ferro magnetizado no fundo dos oceanos, passa a ser possível a criação de um gerador elétrico, que poderia ser usado para alimentar o maquinário. Girando tais ímãs (talvez através de jatos de vapor aplicados à lâmina de uma turbina), elas poderiam impulsionar elétrons por fios, e criar assim uma corrente elétrica (é o mesmo processo usado em lâmpadas de bicicletas e barragens hidrelétricas). O ponto é que criaturas subaquáticas inteligentes poderiam conseguir criar geradores elétricos por meio de ímãs mesmo na presença de água, e assim adentrar a era elétrica.

A revolução da informação, com computadores, também é difícil, mas não além das possibilidades de uma espécie aquática. Assim como a água é o meio perfeito para gerar vida, o silício é também a base mais provável de qualquer tecnologia computadorizada à base de chips. Poderia haver silício no fundo de oceanos, e este poderia ser extraído, purificado e cauterizado para a criação de chips por meio de luz ultravioleta, como nós fazemos (na criação de chips de silício, a luz ultravioleta passa por um modelo onde está contido o diagrama completo dos circuitos em um chip; ela e uma série de reações químicas criam um padrão que é gravado numa pastilha de silício, produzindo transistores no chip. Esse processo, que é a base da tecnologia de transistores, também pode ser feito debaixo d'água).

Seria, portanto, possível para criaturas aquáticas desenvolverem inteligência e criarem uma sociedade tecnológica moderna.

BARREIRAS NATURAIS A UMA CIVILIZAÇÃO ALIENÍGENA

Quando uma civilização inicia o longo e árduo processo de tornar-se uma sociedade moderna, encara mais um problema. Uma série de fenômenos naturais pode se interpor.

Por exemplo, se criaturas inteligentes se desenvolvessem num lugar como Vênus ou Titã, teriam de lidar com um mundo permanentemente encoberto pelas nuvens, onde as estrelas não seriam jamais visíveis. Seu conceito de universo estaria limitado ao próprio planeta.

Isso significa que sua civilização jamais desenvolveria a astronomia e sua religião consistiria em lendas confinadas ao próprio planeta. Como não teriam estímulo algum para aventurar-se além das nuvens, sua civilização seria atrofiada e é altamente improvável que viessem a desenvolver um programa espacial. E, sem isso, jamais teriam telecomunicações ou satélites meteorológicos (no romance de Stapledon, algumas criaturas que viviam abaixo da superfície do mar acabam por ascender à terra firme, e é lá que descobrem a astronomia; se tivessem permanecido nos oceanos, nunca teriam descoberto um universo além de seu planeta).

Outro problema a ser encarado por uma sociedade desenvolvida foi delineado no premiado conto de Asimov "Nightfall", no qual ele imagina cientistas vivendo num planeta que gira ao redor de seis estrelas, cuja luz banha o planeta continuamente. Seus habitantes, que jamais viram o céu noturno coalhado de bilhões de estrelas, creem piamente que o universo inteiro se resume a seu sistema solar. Sua religião e seu senso de identidade baseiam-se nessa crença elementar.

É quando os cientistas começam a fazer uma série de descobertas perturbadoras. Revela-se que a cada 2 mil anos sua civilização desmorona, vítima do caos absoluto. Algo misterioso ocorre e dá início à desintegração total de sua sociedade. Esse ciclo se repete ininterruptamente desde muito longe no passado. Lendas falam de gente que enlouqueceu quando tudo escureceu. Para iluminar o céu, pessoas acendiam fogueiras gigantescas e cidades inteiras eram engolidas pelas chamas. Cultos religiosos bizarros se espalhavam, governos entravam em colapso, a normalidade virava pó. E levava mais dois mil anos até uma nova civilização surgir das cinzas da anterior.

Cientistas percebem então a chocante verdade por trás do passado: uma anomalia na órbita do planeta o faz vivenciar o cair da noite a cada dois mil anos. E, horrorizados, descobrem que esse ciclo recomeçará muito em breve. Ao final da história, a noite começa a cair novamente, provocando o caos na civilização.

Histórias como a de "Nightfall" nos forçam a contemplar como a vida poderia existir em planetas sobre os quais atuem circunstâncias totalmente diferentes das nossas. Temos a sorte de viver na Terra, dotada de uma abundância de fontes de energia, onde o fogo e a combustão são possíveis, cuja atmosfera permite a aparelhos elétricos funcionar sem curtos-circuitos e onde o silício é abundante e o céu noturno está à vista. Se qualquer desses ingredientes faltasse, o surgimento de uma civilização avançada teria sido muito difícil.

PARADOXO DE FERMI: ONDE ELES ESTÃO?

Apesar de tudo, ainda resta uma pergunta incômoda e insistente, que é o paradoxo de Fermi: onde eles estão? Se existem, certamente deixariam uma marca, talvez chegassem a nos visitar e, no entanto, não há nenhuma prova concreta de que o tenham feito.

Há várias soluções possíveis para esse paradoxo. Penso da seguinte forma: se eles têm a capacidade de chegar ao planeta Terra vindos de centenas de anos-luz de distância, possuem uma tecnologia muito mais avançada que a nossa. Neste caso, seria arrogante da nossa parte imaginá-los a viajar trilhões de quilômetros para visitar uma civilização atrasada sem nada a oferecer-lhes. Afinal de contas, quando vamos à floresta, tentamos falar com os cervos e os esquilos? Talvez de início tentássemos, mas como eles não respondem, logo perderíamos o interesse e iríamos embora.

De maneira geral, portanto, os alienígenas não nos dariam bola, nos enxergariam como uma curiosidade primitiva. Ou, como especulou Olaf Stapledon décadas atrás, talvez tenham uma política de não interferir com civilizações primitivas. Em outras palavras, talvez estejam cientes de nós, mas não querem influenciar nosso desenvolvimento (Stapledon oferece ainda outra possibilidade ao escrever: "Alguns destes mundos pré-utópicos, inofensivos mas incapazes de maiores avanços, foram deixados em paz e preservados, da mesma forma que nós preservamos a fauna selvagem em parques nacionais, por interesse científico").

Quando fiz a mesma pergunta ao dr. Shostak, a resposta que recebi foi inteiramente diferente. Segundo ele, uma civilização mais avançada do que a nossa muito provavelmente desenvolveria inteligência artificial, e os robôs seriam enviados ao espaço. Não deveríamos nos surpreender, diz, se, ao finalmente virmos alienígenas, eles forem mecânicos e não biológicos. Em filmes como *Blade Runner*, robôs são enviados ao espaço para fazer o trabalho sujo, pois a exploração espacial é difícil e perigosa. Isso, por sua vez, explicaria por que não captamos suas emissões de rádio. Se o caminho tecnológico dos alienígenas espelhar o nosso, eles terão inventado robôs logo após inventarem o rádio. Ao adentrarem a era da inteligência artificial, talvez se fundissem a seus robôs e o rádio deixasse de ter muita serventia.

Por exemplo, uma civilização de robôs talvez fosse conectada por cabos, não antenas de rádio ou micro-ondas. Seria invisível aos receptores de rádio do Projeto SETI. Ou seja, talvez uma civilização alienígena só tenha usado o rádio por alguns séculos e esta pode ser uma razão para que nunca tenhamos captado transmissões.

Alguns especularam que talvez a intenção deles fosse pilhar algo de nosso planeta, uma possibilidade sendo a água em estado líquido de nossos oceanos. Essa é certamente mercadoria valiosa em nosso sistema solar, só encontrável na Terra e nas luas dos gigantes gasosos, mas não é o caso do gelo. Há gelo de sobra nos cometas, nos asteroides e nas luas em órbita dos gigantes gasosos. Uma civilização alienígena só precisaria aquecê-lo.

Outra possibilidade ainda é a de que quisessem roubar minerais valiosos da Terra. É certamente possível, mas há por aí mundos desabitados de sobra com minerais preciosos. Se uma civilização alienígena for dotada da tecnologia para chegar à Terra vinda de muito longe, teria planetas a escolher para explorar e seria bem mais fácil garimpar um desabitado do que um com vida inteligente.

Existe ainda a possibilidade de quererem roubar o calor do núcleo da Terra, o que destruiria todo o planeta. Mas suspeitamos que uma civilização avançada tenha dominado a fusão e, portanto, não necessite disso. O hidrogênio, combustível de usinas de fusão, é afinal de contas o elemento mais abundante de todo o universo. E sempre é possível capturar energia das estrelas, igualmente abundantes.

ESTARÍAMOS NO CAMINHO DELES?

Em *O guia do mochileiro das galáxias*, os alienígenas querem dar cabo de nós apenas por estarmos em seu caminho. Seus burocratas nada têm de pessoal contra nós, mas somos um obstáculo a se remover para que possam criar uma passagem secundária intergalática. Essa possibilidade é real. Por exemplo, qual o perigo maior para um veado: um ávido caçador munido de um rifle poderoso ou um afável incorporador com uma maleta, necessitado de terra para um empreendimento imobiliário? Para um veado sozinho, o caçador pode parecer mais perigoso, mas em última análise o incorporador é mais letal para a espécie, arrasando com uma floresta cheia de criaturas.

Da mesma forma, os marcianos em *Guerra dos mundos* não tinham qualquer má vontade para com os terráqueos. Seu mundo estava à morte, por isso precisavam tomar o nosso. Não odiavam os humanos. Nós apenas estávamos no caminho.

O mesmo raciocínio está presente no já debatido filme do Super-Homem, *Homem de Aço*, em que o DNA de toda a população de Krypton foi preservado imediatamente antes da explosão do planeta natal. Era preciso que tomassem a Terra para ressuscitarem sua raça. O cenário é certamente plausível; entretanto, mais uma vez, há outros planetas a pilhar e tomar, e assim a esperança de que os alienígenas passem ao largo do nosso.

Meu colega Paul Davies levanta ainda outra possibilidade. Talvez eles tenham tecnologia tão avançada que possam criar programas de realidade virtual muito superiores à realidade, e prefiram viver eternamente dentro de um fantástico videogame. Essa possibilidade não é tão ilógica, pois até mesmo entre os humanos uma certa fração da população prefere viver num estado nebuloso, empapuçado de drogas, do que encarar a realidade. No nosso mundo, essa opção é insustentável, pois a sociedade desmoronaria se todo mundo estivesse drogado. Mas, caso máquinas satisfaçam nossas necessidades materiais, uma sociedade parasitária seria possível.

Toda essa especulação ainda deixa em aberto a pergunta: como seria uma civilização avançada, talvez de milhares a milhões de anos mais avançada do que a nossa? Encontrá-los desencadearia uma nova era de paz e prosperidade, ou resultaria em aniquilação?

É impossível prever a cultura, a política e a sociedade de uma civilização avançada, mas, como já mencionei, há algo a que até eles teriam de obedecer: as leis da física. Portanto, o que diz a física sobre a maneira como se daria a evolução de uma civilização superavançada?

E se não acharmos quaisquer civilizações avançadas em nosso setor da galáxia, como poderemos avançar rumo ao futuro? Teríamos como explorar estrelas e, por fim, a galáxia?

13

CIVILIZAÇÕES AVANÇADAS

Alguns cientistas propuseram a adição da categoria "civilização Tipo IV", capaz de controlar bem o bastante o espaço-tempo para afetar todo o universo.
Por que só um universo?

– CHRIS IMPEY

A ciência tem algo de fascinante. Do mais insignificante aspecto factual obtém-se um retorno infinito em conjeturas.

– MARK TWAIN

As manchetes dos tabloides trombeteavam:
"Megaestrutura alienígena encontrada no espaço!"
"Astrônomos perplexos com máquina alienígena no espaço!"
Até o *Washington Post*, que não é de publicar reportagens chocantes sobre óvnis e alienígenas, deu a manchete: "A estrela mais estranha do céu faz das suas de novo".
De uma hora para outra, astrônomos, cujo trabalho geralmente é o de analisar tediosas resmas de dados de satélites e radiotelescópios, foram bombardeados por ligações de jornalistas ansiosos, perguntando se era verdade que haviam encontrado uma estrutura alienígena no espaço.
Pega de surpresa, a comunidade astronômica estava sem palavras. Sim, algo estranho havia sido descoberto no espaço. Sim, era um desafio

tentar explicá-lo, mas ainda era muito cedo para saber do que se tratava. Poderia virar uma busca pelo pote de ouro no fim do arco-íris.

A polêmica teve início quando astrônomos observavam exoplanetas na órbita de estrelas distantes. Geralmente, um exoplaneta gigantesco, ao estilo de Júpiter, reduz a luminosidade da estrela-mãe em cerca de 1% ao passar na frente dela. Mas um dia estavam analisando dados da espaçonave Kepler relativos à estrela KIC 8462852, que está a cerca de 1.400 anos-luz da Terra. Repararam numa anomalia espantosa: em 2011, algo reduzira em colossais 15% a luminosidade da estrela. Anomalias como esta costumam ser descartadas. Pode ter havido algum problema com os instrumentos, um pico de força, uma onda transitória de descarga elétrica, ou talvez tudo não passasse de poeira nos espelhos do telescópio.

Só que o fenômeno foi observado uma segunda vez em 2013, e dessa vez reduziu a luminosidade da estrela em 22%. Nada que a ciência conheça causa uma redução regular dessa magnitude na luz estelar.

"Nunca havíamos visto nada semelhante a esta estrela. Foi realmente estranho", disse Tabetha Boyajian, pós-doutoranda em Yale.

A situação tornou-se ainda mais bizarra quando Bradley Schaefer, da Universidade do Estado da Louisiana, pesquisou velhas chapas fotográficas e descobriu que a luz da estrela se reduz periodicamente desde 1890. A revista *Astronomy Now* publicou que aquilo "desencadeou um frenesi observatório, com astrônomos tentando desvendar atabalhoadamente o que se torna a passos largos um dos maiores mistérios da astronomia".

Astrônomos fizeram listas preliminares de explicações possíveis, mas, caso a caso, a dúvida surgia sobre os aspectos de sempre.

O que poderia estar causando redução tão colossal no brilho da estrela? Poderia mesmo ser algo 22 vezes maior do que Júpiter? Uma causa possível poderia ser um planeta arremetendo contra a estrela. Mas como a anomalia vivia reaparecendo, isso foi descartado. Outra possibilidade seria a poeira do disco do sistema solar. À medida que este se condensa no espaço, o disco original de gás e poeira pode se tornar muito maior que o próprio sol. Talvez a luminosidade se reduzisse sempre que o disco passasse em frente à estrela. Mas isso foi descartado a partir da análise da própria estrela, que se revelou madura. Há muito tempo sua poeira já deveria ter se condensado ou sido lançada ao espaço pelo vento solar.

Após o descarte de uma série de possíveis soluções, restava uma opção que não se podia simplesmente ignorar. Ninguém queria acreditar, mas não se podia descartá-la: talvez se tratasse de uma megaestrutura erguida por uma inteligência alienígena.

"Alienígenas devem sempre ser a última hipótese a considerar, mas aquilo parecia algo a se esperar de uma civilização alienígena", diz Jason Wright, astrônomo da Universidade do Estado da Pensilvânia.

Como o tempo transcorrido entre as quedas no brilho da estrela em 2011 e em 2013 fora de 750 dias, astrônomos previram que ocorreria de novo em maio de 2017. Exatamente de acordo com o cronograma, o brilho da estrela começou a cair. A essa altura, praticamente todos os telescópios da Terra capazes de medir tal efeito a estavam monitorando. Astrônomos de todo o mundo observaram o brilho da estrela cair 3% para então voltar ao normal.

Mas o que poderia ter sido? Para alguns, talvez uma esfera de Dyson, ideia inicialmente proposta por Olaf Stapledon em 1937, mas analisada posteriormente pelo físico Freeman Dyson. Trata-se de uma gigantesca esfera ao redor de uma estrela, projetada para extrair energia de sua vasta quantidade de luz. Ou poderia ser uma enorme esfera em órbita da estrela, e que periodicamente passa na frente dela, diminuindo seu brilho. Talvez fosse algo criado para alimentar as máquinas de uma civilização avançada Tipo II. Esta última suposição deu um nó na imaginação tanto de amadores quanto de jornalistas. "O que seria uma civilização Tipo II?", perguntaram.

A ESCALA DE KARDASHEV DE CIVILIZAÇÕES

A classificação de civilizações avançadas foi inicialmente proposta pelo astrônomo russo Nikolai Kardashev em 1964. Ele não estava satisfeito em procurar por civilizações alienígenas sem qualquer ideia do que estivesse buscando. Cientistas gostam de quantificar o desconhecido e, por isso, ele introduziu uma escala que ranqueava civilizações com base no consumo de energia. Sociedades distintas teriam cultura, política e história diversas, mas de energia todas precisariam. Sua classificação era a seguinte:

- Uma civilização Tipo I utiliza toda a energia da luz solar que incide sobre seu planeta.

- Uma civilização Tipo II utiliza toda a energia que seu sol produz.
- Uma civilização Tipo III utiliza a energia de toda uma galáxia.

Dessa maneira, Kardashev convenientemente propunha um método simples de computar e ranquear as possíveis civilizações de uma galáxia, com base no uso de energia.

Cada civilização, por sua vez, tem um consumo de energia que pode ser computado. É fácil calcular o quanto de luz solar incide sobre um metro quadrado de terra em nosso planeta. Multiplicando-se o resultado pela área da superfície da Terra iluminada pelo Sol, calcula-se imediatamente qual é a energia aproximada de uma civilização Tipo I (descobrimos, assim, que uma civilização Tipo I emprega uma força de 7×10^{17} watts, ou 100 mil vezes o consumo de energia atual da Terra).

Como sabemos qual é a fração de luz solar que incide sobre a Terra, podemos multiplicá-la pela área total da superfície do Sol, e teremos sua descarga total de energia (em torno de 4×10^{26} watts). Isso nos dá uma ideia do uso de energia de uma civilização Tipo II.

Também sabemos quantas estrelas existem na Via Láctea, e podemos assim multiplicar por esse fator para descobrir qual é a produção de energia de toda uma galáxia e, dessa forma, quanto de energia uma civilização Tipo III consumiria em nossa galáxia – mais ou menos 4×10^{37} watts.

Os resultados intrigavam. Kardashev descobriu que cada civilização era maior que a da categoria anterior por um fator entre 10 e 100 bilhões.

Pode-se então computar matematicamente qual é a nossa posição nessa escala. Usando como referência o consumo total de energia da Terra, descobrimos ser atualmente uma civilização Tipo 0,7.

Pressupondo um aumento de 2 a 3% no consumo de energia, o que corresponde por alto à atual taxa média de crescimento ou ao aumento anual do PIB do planeta, estamos a um ou dois séculos de nos tornarmos uma civilização Tipo I. Ascender ao nível de uma civilização Tipo II poderia levar alguns milhares de anos, segundo esse cálculo. Computar quando nos tornaríamos uma civilização Tipo III já é mais difícil, pois envolveria avanços em viagens interestelares que são difíceis de prever. Uma estimativa prega que provavelmente não nos tornaríamos uma civilização Tipo III antes de 100 mil anos e possivelmente não antes de 1 milhão de anos.

TRANSIÇÃO DO TIPO 0 PARA O TIPO I

De todas as transições, talvez a mais difícil seja a do Tipo 0 para o Tipo I, pela qual passamos atualmente. Isso porque uma civilização Tipo 0 é, tanto no aspecto tecnológico quanto no social, a menos civilizada. Ascendeu ainda recentemente do pântano do sectarismo, da ditadura, dos conflitos religiosos etc. Ainda carrega as cicatrizes de seu passado brutal, coalhado de inquisições, perseguições, pogroms e guerras. Nossos próprios livros de história estão cheios de narrativas horrendas sobre massacres e genocídios, grande parte movida por superstição, ignorância, histeria e ódio.

Estamos testemunhando as primeiras contrações do parto de uma nova civilização Tipo I, baseada na ciência e na prosperidade. Vemos as sementes dessa importante transição germinarem todos os dias perante os nossos olhos. Uma linguagem planetária já começa a nascer. A própria internet nada mais é do que um sistema telefônico Tipo I. É a primeira tecnologia Tipo I a se desenvolver, portanto.

Também assistimos à emergência de uma cultura planetária. Nos esportes, vemos a ascensão do futebol e dos Jogos Olímpicos. Na música, a ascensão de estrelas globais. Na moda, as mesmas lojas e grifes de luxo em todos os shoppings de elite.

Alguns temem que esse processo ameace culturas e costumes locais. Mas hoje, na maioria dos países do Terceiro Mundo, as elites são bilíngues, fluentes na língua local e também em alguma língua global europeia, ou em mandarim. No futuro, as pessoas provavelmente serão biculturais, capazes de absorver todos os costumes da cultura local, mas também de sentirem-se à vontade com a cultura planetária emergente. A riqueza e a diversidade da Terra, assim, sobreviverão ao surgimento da nova cultura planetária.

Agora que já classificamos civilizações no espaço, podemos utilizar o método para ajudar a calcular o número de civilizações avançadas em nossa galáxia. Por exemplo, se aplicarmos a equação de Drake a civilizações Tipo I para estimar quantas existiriam na galáxia, a impressão é de que seriam bastante comuns. Porém, não há indícios óbvios delas. Por quê? Há várias possibilidades. Elon Musk especulou que, quando civilizações dominam tecnologia avançada, desenvolvem o poder de se autodestruir, e que a maior ameaça a pairar sobre uma civilização Tipo I poderia ser autoinfligida.

Para nós, há vários desafios na transição do Tipo 0 para o Tipo I: o aquecimento global, o bioterrorismo e a proliferação nuclear, só para citar alguns.

O primeiro e mais imediato é a proliferação nuclear. Bombas estão se espalhando para algumas das regiões mais instáveis do mundo, tais como o Oriente Médio, o subcontinente indiano e a península da Coreia. Até países pequenos podem um dia ter a habilidade de desenvolver armas nucleares. No passado, só um grande Estado-nação podia refinar minério de urânio e transformá-lo em materiais para armas. Precisava-se de usinas de difusão gasosa e de bancos de ultracentrifugadoras gigantescos, instalações de enriquecimento de urânio tão grandes que dava facilmente para avistá-las por satélite. Era algo fora do alcance de pequenas nações.

Mas diagramas de armas nucleares foram roubados e então vendidos para regimes instáveis. O custo de ultracentrifugadoras e de se purificar urânio e transformá-lo em material para armas caiu. Como resultado, até nações como a Coreia do Norte, eternamente à beira do colapso, podem hoje acumular um arsenal nuclear pequeno, mas mortífero.

O perigo hoje é que uma guerra regional, entre a Índia e o Paquistão, digamos, possa degringolar para um conflito de grandes proporções, com a entrada das principais potências nucleares. Como tanto os Estados Unidos quanto a Rússia possuem cerca de 7 mil armas nucleares, a ameaça é significativa. Há até mesmo a preocupação de que entidades privadas ou grupos terroristas adquiram bombas nucleares.

O Pentágono encomendou ao *think tank* Global Business Network um relatório para analisar o que poderia ocorrer caso o aquecimento global destruísse as economias de muitas nações pobres como Bangladesh. Sua conclusão foi que, na pior das hipóteses, nações poderiam lançar mão de armas nucleares para proteger suas fronteiras do atropelo de uma multidão de refugiados famintos e desesperados. E mesmo que não leve à guerra nuclear, o aquecimento global é uma ameaça existencial à humanidade.

AQUECIMENTO GLOBAL E BIOTERRORISMO

Desde o fim da última era glacial, cerca de 10 mil anos atrás, a Terra vem esquentando gradualmente. Contudo, ao longo do último meio século, isso vem ocorrendo num ritmo alarmante e acelerado. Vemos provas disso em várias frentes:

- Cada uma das maiores geleiras da Terra está regredindo.
- A camada de gelo do Polo Norte tornou-se 50% mais fina ao longo dos últimos cinquenta anos.
- Vastas áreas da Groenlândia, que é coberta pela segunda maior cobertura de gelo do mundo, estão descongelando.
- Uma região da Antártica do tamanho de Delaware, a Plataforma de Gelo Larsen C, se soltou em 2017. A estabilidade de coberturas e plataformas de gelo está agora em debate.
- Os últimos anos foram os mais quentes já registrados na história da humanidade.
- A temperatura média da Terra aumentou em cerca de 1,3 °C neste último século.
- Em média, os verões duram uma semana a mais do que antes.
- Vemos mais e mais eventos do tipo "uma vez a cada cem anos", como incêndios florestais, enchentes, secas e furacões.

Há risco, caso o aquecimento global continue a acelerar nas próximas décadas, de que isso desestabilize as nações do mundo, gere fome e migrações em massa das regiões costeiras, e ameace a economia mundial impedindo a transição para uma civilização Tipo I.

Há ainda a ameaça de germes convertidos em armas que teriam o potencial para dar cabo de 98% da população mundial.

Ao longo da história do mundo, não foram guerras, mas sim pragas e epidemias as grandes dizimadoras. Infelizmente, existe a possibilidade de que nações tenham mantido estoques secretos de doenças mortíferas, tais como varíola, que poderiam ser vertidas em armas via biotecnologia para causar estrago. Há ainda o perigo de que alguém possa criar uma arma apocalíptica através da bioengenharia de alguma doença já existente – o Ebola, o HIV, a gripe aviária – que poderia ser tornada mais letal ou levada a se espalhar mais rápida e facilmente.

Talvez no futuro, se algum dia nos aventurarmos por outros planetas, possamos achar as cinzas de civilizações mortas: planetas cujas atmosferas sejam altamente radioativas; planetas quentes demais, devido a um efeito estufa desgovernado; ou planetas com cidades vazias porque usaram armas de biotecnologia avançada contra si próprios. A transição do Tipo 0 para o Tipo I, portanto, não é garantida.

Na verdade, representa o maior desafio a aguardar uma civilização emergente.

ENERGIA PARA UMA CIVILIZAÇÃO TIPO I

A questão-chave para uma civilização Tipo I é se ela teria a capacidade de fazer a transição para fontes de energia que não os combustíveis fósseis.

Uma possibilidade é utilizar a energia nuclear a partir do urânio. Mas este, na condição de combustível de reatores nucleares convencionais, cria grandes quantidades de resíduos que se mantêm radioativos por milhões de anos. Mesmo hoje, passados cinquenta anos do início da era nuclear, ainda não dispomos de formas seguras de armazenar resíduos altamente radioativos. O material é ainda muito quente e pode gerar vazamentos, como se viu nos desastres de Chernobyl e Fukushima.

Uma alternativa à fissão nuclear do urânio é a fusão. Como vimos no capítulo 8, isso ainda não está liberado ao uso comercial, mas uma civilização Tipo I, um século mais avançada do que a nossa, poderá ter aperfeiçoado a tecnologia e usado-a como fonte imprescindível de energia quase ilimitada.

Uma vantagem da fusão é usar como combustível o hidrogênio, que pode ser extraído da água do mar. Uma usina de fusão é também imune a vazamentos catastróficos como os que vimos em Chernobyl e Fukushima. Se houver um defeito na usina de fusão (tal como o gás superquente entrar em contato com o forro do reator), o processo se desliga automaticamente (isso se deve à necessidade de se atingir o critério de Lawson: manter densidade e temperatura constantes para fundir hidrogênio ao longo de certo período de tempo. Se o processo de fusão sair do controle, ele deixará de satisfazer ao critério de Lawson e se interromperá sozinho).

Além disso, um reator de fusão só produz níveis modestos de lixo nuclear. Como se criam nêutrons no processo de fusão do hidrogênio, estes poderiam irradiar o aço do reator, tornando-o levemente radioativo. Mas a quantidade de resíduos assim criada representa só uma minúscula fração do que é gerado por reatores à base de urânio.

Além da energia de fusão, há outras possíveis fontes renováveis. Uma possibilidade atraente para uma civilização Tipo I é a exploração da energia solar coletada no espaço. Como 60% da energia do Sol se perde ao passar pela atmosfera, satélites poderiam canalizar muito mais energia solar do que coletores na superfície da Terra.

Um sistema de energia solar baseado no espaço poderia consistir em muitos enormes espelhos orbitando a Terra e coletando a luz do Sol. Seriam geoestacionários (orbitando o planeta em ritmo concomitante ao de sua rotação, o que os faria aparentar estarem sempre no mesmo lugar no céu). A energia poderia então ser emitida a uma estação recebedora na Terra na forma de radiação em micro-ondas, e então distribuída através da rede elétrica convencional.

Há muitas vantagens na energia solar espacial. É limpa, sem resíduos. A geração ocorre 24 horas por dia, e não apenas durante o período diurno (tais satélites praticamente nunca estão sob a sombra da Terra, pois suas rotas os levam a uma distância considerável da órbita do planeta). Painéis solares não têm partes móveis, o que reduz tremendamente a chance de quebras e os custos de reparos. E o melhor de tudo: a energia solar espacial é drenada de um suprimento ilimitado e gratuito do Sol.

A energia solar espacial está além da capacidade de uma civilização Tipo 0 como a nossa, mas pode se tornar uma fonte natural de energia para uma civilização Tipo I por várias razões:

- O custo das viagens espaciais está caindo, em especial devido à introdução de companhias privadas de foguetes e à invenção dos foguetes reutilizáveis.
- O elevador espacial pode se tornar possível ao final deste século.
- Painéis solares espaciais podem ser feitos de nanomateriais leves, mantendo baixos o peso e os custos.
- Os satélites solares podem ser montados no espaço por robôs, eliminando a necessidade de astronautas.

Também é uma energia geralmente considerada segura, pois, ainda que micro-ondas possam ser nocivas, os cálculos demonstram que a maior parte da energia fica confinada ao feixe, e aquela que escapa está dentro dos limites ambientais aceitos.

TRANSIÇÃO PARA O TIPO II

Uma civilização Tipo I poderá atingir o estágio em que esgotará a energia disponível no planeta natal e terá de se voltar para a exploração da enorme quantidade de energia encontrada em seu próprio sol.

Uma civilização Tipo II deveria ser fácil de achar, pois é provável que sejam imortais. Nada que a ciência conheça pode destruir sua cultura. Por meio da ciência de foguetes, poderiam evitar colisões com meteoros ou asteroides. O efeito estufa poderia ser evitado via tecnologias à base de hidrogênio ou solares (células de combustível, usinas de fusão, satélites solares espaciais etc.). Na ocorrência de quaisquer ameaças planetárias, poderiam até deixar seu planeta em grandes armadas espaciais. Talvez sejam mesmo capazes de movê-lo, se necessário. Sendo dotados de energia suficiente para desviar asteroides, poderiam usá-los, arremessando-os ao redor do planeta para causar um leve desvio em sua trajetória. Com sucessivas manobras "estilingue", poderiam mover a órbita do planeta para mais longe de seu sol caso a etapa final do ciclo de vida deste se aproxime e ele comece a se expandir.

Para suprir sua civilização, poderiam, como eu disse antes, construir uma esfera de Dyson para colher a maior parte da energia diretamente de seu sol (um problema em se construir tais megaestruturas é que pode não haver material de construção suficiente nos planetas rochosos. Como nosso Sol é 109 vezes maior do que a Terra em diâmetro, seria necessária uma quantidade incomensurável de material para erguer uma dessas estruturas. Talvez a solução para esse problema prático seja o uso da nanotecnologia. Se as megaestruturas forem feitas de nanomateriais, talvez tenham só umas poucas moléculas de espessura, o que diminuiria tremendamente a quantidade de material de construção necessário).

O número de missões espaciais necessárias para a criação de tais megaestruturas é verdadeiramente monumental. Mas a chave para erguê-las pode vir a ser o uso de robôs baseados no espaço e de materiais auto-organizáveis. Por exemplo, se for possível construir uma nanofábrica na Lua para fazer painéis visando a esfera de Dyson, eles poderiam ser montados no espaço sideral. Sendo os robôs autorreplicantes, um número quase ilimitado deles poderia ser produzido para criar essa estrutura.

Mas ainda que uma civilização Tipo II seja praticamente imortal, teria uma ameaça de longo prazo a encarar: a segunda lei da termodinâmica, o fato de que todas as suas máquinas criarão radiação de calor infravermelha suficiente para tornar a vida em seu planeta impossível. Diz a segunda lei que a entropia (desordem, caos, lixo) sempre aumenta em sistema fechado. Nesse caso, cada máquina, cada utensílio, cada aparato gera resíduos na forma de calor. Ingenuamente, poderíamos dizer que a solução seria criar refrigeradores gigantes para esfriar o planeta. De fato, tais refrigeradores baixariam a temperatura em seu interior, mas se somarmos tudo, incluindo o calor dos motores usados pelos refrigeradores, a média de calor de todo o sistema ainda aumentaria.

(Por exemplo, num dia muito quente, abanamos nosso rosto para nos aliviarmos, achando que isso esfria nossa temperatura. De fato, abanar alivia a sensação de calor no rosto, mas o calor gerado pelo movimento de nossos músculos, ossos e todo o resto na verdade esquenta mais o entorno. Abanar-se, portanto, dá um alívio psicológico imediato, mas a temperatura total do corpo e a do ar ao nosso redor na verdade aumenta.)

RESFRIANDO UMA CIVILIZAÇÃO TIPO II

Uma civilização Tipo II, para sobreviver à segunda lei, talvez tenha que dispersar necessariamente o maquinário para evitar superaquecimento. Como discutimos antes, uma solução seria transferir a maior parte para o espaço, fazendo do planeta-mãe um parque. Uma civilização Tipo II poderia construir todo seu equipamento gerador de calor fora do planeta, portanto. Embora consuma a produção de energia de uma estrela, o calor residual gerado ficaria no espaço e, dessa forma, se dissiparia sem causar danos.

Em dado momento, a própria esfera de Dyson começaria a esquentar demasiadamente. Isso significa que uma estrutura como essa teria de emitir necessariamente radiação infravermelha (mesmo levando-se em conta que a civilização cria máquinas para tentar ocultar esse tipo de radiação, essas mesmas máquinas em algum momento esquentariam e a irradiariam).

Cientistas vasculham os céus à procura de sinais indicativos de radiação infravermelha de uma civilização Tipo II, e nunca encontraram. A equipe da Fermilab, perto de Chicago, vasculhou 250 mil estrelas à procura de assinaturas de uma civilização desse tipo, achando só quatro "divertidas, mas ainda assim questionáveis", e seus resultados foram inconclusivos. É possível que o Telescópio Espacial James Webb, que entra em operação no fim de 2018 especificamente à procura de radiação infravermelha, tenha a sensibilidade para encontrar a assinatura de calor de todas as civilizações Tipo II em nosso setor da galáxia.

É um mistério, portanto. Se as civilizações Tipo II são realmente imortais e emitem necessariamente radiação infravermelha residual, como é que nunca as detectamos? Talvez procurar emissões infravermelhas seja limitar demais.

O astrônomo Chris Impey, da Universidade do Arizona, já escreveu como comentário à busca por civilizações Tipo II: "A premissa é de que qualquer civilização altamente avançada deixará pegadas muito maiores do que as nossas. Civilizações Tipo II ou mais podem empregar tecnologias que ainda estamos experimentando ou mal podemos imaginar. Elas poderiam talvez orquestrar cataclismos estelares ou usar propulsão por antimatéria. Quem sabe, manipular o espaço-tempo para criar buracos de minhoca ou universos bebês e se comunicar por ondas de gravidade".

Como escreveu David Grinspoon: "A lógica me diz que é razoável procurar por sinais divinos de alienígenas evoluídos nos céus. E, no entanto, a ideia parece ridícula. É tanto lógica quanto absurda. Vá entender".

Uma possível saída para esse dilema é perceber que há duas formas de classificar uma civilização: pelo consumo de energia, mas também pelo de informação.

A sociedade moderna se expandiu na direção da miniaturização e da economia de energia à medida que consome uma quantidade explosiva de informação. Carl Sagan, na verdade, propôs uma maneira de classificar civilizações com base em informação.

Nesse cenário uma civilização Tipo A consumiria 1 milhão de bits de informação. Uma Tipo B consumiria dez vezes mais, ou 10 milhões de bits, e assim por diante, até chegarmos ao Tipo Z, capaz de consumir o volume estarrecedor de 10^{31} bits de informação. Com base nesse cálculo, somos uma civilização Tipo H. A questão aqui é que civilizações poderiam avançar na escala de consumo de informação consumindo o mesmo montante de energia. Assim, talvez não produzissem uma quantidade significativa de radiação infravermelha.

Vemos um exemplo disso ao visitarmos um museu científico. Ficamos abismados com o tamanho das máquinas da Revolução Industrial, com suas locomotivas gigantescas e barcos a vapor enormes. Mas também notamos o quão dispendiosas eram. Geravam grandes quantidades de calor residual. Da mesma forma, os gigantescos bancos de computação dos anos 1950 não superam a capacidade de um celular comum de hoje em dia. A tecnologia moderna tornou-se muito mais sofisticada, inteligente e eficiente.

Uma civilização Tipo II, assim, pode consumir grandes quantidades de energia sem arder em chamas por meio da distribuição de seu maquinário em esferas de Dyson, por asteroides ou planetas próximos, ou por meio da criação de sistemas computadorizados em miniatura supereficientes. Em vez de ser consumida pelo calor gerado pelo enorme uso de energia, sua tecnologia pode ser supereficiente, consumindo grande quantidade de informação e produzindo relativamente pouco calor residual.

CHEGARÁ A HUMANIDADE A SE DIVIDIR?

Há limitações, contudo, com relação ao quanto cada civilização avançará em termos de viagens espaciais. Por exemplo, uma civilização Tipo I, como já vimos, é limitada à energia planetária. Na melhor das hipóteses, chegará a dominar a arte de terraformar um planeta como Marte e dar início à exploração das estrelas vizinhas. Sondas robóticas começarão a explorar os sistemas solares próximos e talvez enviemos os primeiros astronautas à estrela mais ao nosso alcance, como Proxima Centauri. Mas sua tecnologia e sua economia não são suficientemente avançadas para dar início à colonização sistemática de montes de sistemas estelares próximos.

Para uma civilização Tipo II, de séculos a milênios mais avançada, a colonização de um setor da Via Láctea torna-se uma possibilidade real. Mas ainda assim em algum momento a barreira da luz se tornaria um obstáculo. Se partirmos do pressuposto que tal civilização não tenha acesso à propulsão mais rápida que a da luz, pode levar muitos séculos até colonizar seu setor da galáxia.

Se ir de um sistema estelar a outro leva séculos, com o tempo os laços com o mundo natal tornam-se extremamente tênues. Planetas, em algum momento, perderão contato com outros mundos, e poderão emergir novas ramificações da humanidade que possam se adaptar a condições radicalmente diferentes. Colonos poderão ainda modificar-se genética e ciberneticamente para se adaptar a ambientes estranhos. E podem chegar ao ponto de não sentir mais qualquer conexão com o planeta natal.

Isso parece contradizer a visão de Asimov na *Trilogia da Fundação*, na qual um Império Galático emerge daqui a cinquenta mil anos e coloniza grande parte da galáxia. É possível conciliar duas visões tão diferentes do futuro?

Seria o destino da civilização humana, em última análise, fragmentar-se em entidades menores, que se conheçam apenas superficialmente? Daí vem a pergunta fundamental: será que ganharmos as estrelas implicará perdermos nossa humanidade? E, na existência de tantas ramificações distintas da humanidade, o que significará ser humano?

Essa divergência aparenta ter natureza universal, uma trama comum que percorre toda a história da evolução, não só a da humanidade. Darwin foi o primeiro a enxergar sua ocorrência nos reinos animal e vegetal, como demonstrado no profético diagrama que rascunhou no bloco de notas. Ele fez uma ilustração dos galhos de uma árvore, na qual cada um se bifurca em galhos menores. Num simples diagrama, retratou a árvore da vida, com toda a diversidade da natureza evoluindo a partir de uma espécie.

Talvez esse diagrama se aplique não apenas à vida na Terra, mas à própria humanidade daqui a milhares de anos, quando nos tornemos uma civilização Tipo II capaz de colonizar as estrelas próximas.

GRANDE DIÁSPORA NA GALÁXIA

Para se ter uma compreensão mais concreta desse problema, temos de reanalisar nossa própria evolução. Contemplando todo o alcance da história humana, podemos ver que mais ou menos 75 mil anos atrás ocorreu uma Grande Diáspora, caracterizada por pequenos grupos de humanos saindo da África através do Oriente Médio e criando assentamentos pelo caminho. Talvez movida por desastres ecológicos como a erupção do vulcão de Toba e um período glacial, uma das ramificações principais passou pelo Oriente Médio e seguiu jornada até a Ásia Central. Então, cerca de 40 mil anos atrás, essa migração se dividiu ainda mais, formando várias ramificações menores. Uma delas continuou na rota leste e acabaria por se estabelecer na Ásia, formando a base do povo asiático de hoje. Outra mudou de curso e foi para o norte da Europa, onde daria origem à raça caucasiana. Houve ainda uma terceira que rumou para sudeste, cruzando a Índia e o Sudeste asiático e chegando à Austrália.

Hoje, vemos as consequências da Grande Diáspora.

Há uma variedade de humanos de diferentes cores de pele, portes, silhuetas e culturas sem memórias ancestrais de sua verdadeira origem. Dá até para calcular por alto o quão diversa é a raça humana. Se partirmos do pressuposto de que uma geração compreende vinte anos, então cada dois humanos no planeta estão separados por no máximo 3.500 gerações.

Atualmente, dezenas de milhares de anos depois, com a ajuda da tecnologia moderna, podemos começar a recriar todas as rotas migratórias do passado e construir uma árvore genealógica ancestral das migrações humanas ao longo dos últimos 75 mil anos.

Tive um intenso exemplo disso ao apresentar um especial científico para a BBC sobre a natureza do tempo. A emissora pegou parte do meu DNA e o sequenciou. Quatro dos meus genes foram então cuidadosamente comparados aos de milhares de outros indivíduos ao redor do mundo, em busca de equivalências. Em seguida identificamos num mapa onde estavam as pessoas com genes equivalentes àqueles quatro. O resultado foi dos mais interessantes. Exibia uma concentração de pessoas espalhadas por Japão e China com alguma equivalência, mas também havia uma trilha suave de pontos que se afunilava na direção do deserto de Gobi, através do Tibete. Portanto, através da análise do meu DNA, foi possível reconstituir a rota que meus ancestrais cruzaram 20 mil anos atrás.

QUÃO SEVERA SERÁ NOSSA DIVISÃO?

Quão severa será a divisão da humanidade ao longo de milhares de anos? Seria ela ainda reconhecível como tal após dezenas de milhares de anos de separação genética?

É possível responder essa pergunta usando o DNA como um "relógio". Biólogos já notaram que as mutações do DNA se dão em ritmo basicamente constante ao longo do tempo. Por exemplo, nosso vizinho evolutivo mais próximo é o chimpanzé. Análises mostram que diferimos deles em cerca de 4% do DNA. Estudos de fósseis humanos e de chimpanzés indicam que nos separamos deles cerca de 6 milhões de anos atrás.

Isso significa que nosso DNA se modificou ao ritmo de 1% a cada 1,5 milhão de anos. Esse número é apenas aproximado, mas vejamos se pode nos ajudar a entender a história ancestral de nosso próprio DNA.

Vamos presumir por um momento que o ritmo de mudança (1% a cada 1,5 milhão de anos) seja mais ou menos constante.

Vamos então analisar o homem de Neandertal, parente mais próximo da nossa espécie. Análises de DNA e fósseis indicam diferença de meros 0,5% entre as duas espécies em termos de DNA e que nos separamos deles em torno de 500 mil a 1 milhão de anos atrás. Esse dado aproxima-se ao do relógio do DNA.

Se analisarmos a raça humana, descobriremos que duas pessoas escolhidas a esmo podem diferir em 0,1% em termos de DNA. Nosso relógio diz então que diferentes ramificações começaram a se dividir cerca de 150 mil anos atrás, o que se aproxima da origem da humanidade.

Através do relógio do DNA, portanto, podemos calcular por alto quando nos separamos dos chimpanzés, do homem de Neandertal e ainda de outros seres humanos.

A questão é que tal relógio pode nos servir de base para calcular o quanto a humanidade se transformará no futuro se nos dispersarmos pela galáxia e não mexermos drasticamente em nosso DNA. Vamos presumir por um momento que continuemos a ser uma civilização Tipo II dotada apenas de foguetes mais lentos do que a velocidade da luz por cem mil anos.

Ainda que diversos assentamentos humanos percam todo e qualquer contato com outras ramificações da humanidade, isso significa que haverá divergências de DNA de não mais que 0,1%, uma quantidade que já pode ser verificada hoje dentro da espécie.

A conclusão aqui é que, à medida que a humanidade se espalhar pela galáxia em velocidade inferior à da luz e suas ramificações começarem a perder contato umas com as outras, ainda seremos todos basicamente humanos. Mesmo após 10 mil anos, quando já seria razoável esperar que tenhamos atingido a velocidade da luz, não haverá maior diferença entre dois assentamentos humanos distintos do que já existe hoje na Terra entre duas pessoas diferentes.

Esse fenômeno se aplica ainda à língua que falamos. Arqueólogos e linguistas já identificaram um padrão surpreendente ao tentarem rastrear a origem de línguas. Descobriram que elas costumam se desmembrar em outros dialetos menores devido às migrações; com o tempo, os novos dialetos vão se tornando idiomas plenamente formados.

Se criarmos uma vasta árvore genealógica das línguas conhecidas e de como se desmembraram umas a partir das outras, comparando-a então à árvore ancestral que detalha as antigas rotas migratórias, encontraremos padrões idênticos.

Por exemplo, a Islândia, basicamente isolada da Europa desde o ano 874 d.C., quando os noruegueses começaram a se estabelecer por lá, pode ser usada como laboratório de teste de teorias linguísticas e genéticas. A língua islandesa é parente muito próxima da norueguesa do século IX, com pitadas de escocês e irlandês (provavelmente em função de vikings terem escravizado gente desses países). É possível então criar um relógio de DNA e outro linguístico e fazer um cálculo aproximado do quanto há de divergência ao longo de mil anos. Mesmo após esse período, dá para se encontrar facilmente as evidências de antigos padrões de migração entranhadas na língua.

Mesmo que nosso DNA e nossa língua ainda sejam aparentados após milhares de anos de separação, o que dizer de nossa cultura e nossas crenças? Seremos capazes de entender e nos identificar com culturas tão diversas?

VALORES BÁSICOS COMUNS

Quando olhamos para a Grande Diáspora e as civilizações que criou, vemos cortar não só uma série de diferenças físicas em cor de pele, porte, cabelo etc., mas um certo núcleo básico de características que é notoriamente o mesmo de cultura para cultura, até entre as que não tiveram qualquer contato umas com as outras por milhares de anos.

Podemos ver uma prova disso hoje em dia quando vamos ao cinema. Pessoas de diferentes raças e culturas, algumas das quais talvez tenham se separado da nossa 75 mil anos atrás, ainda riem, choram e se emocionam nos mesmos momentos do filme. Tradutores de filmes estrangeiros notam a universalidade das piadas e do humor no cinema, mesmo que as línguas em si tenham se distanciado muito tempo atrás.

Isso se aplica ainda ao nosso senso estético. Se visitamos um museu de arte com exposições de civilizações ancestrais, vemos temas comuns.

Independentemente da cultura, encontramos obras que retratam paisagens, ricos e poderosos, e imagens de mitos e deuses. Embora seja difícil quantificar o sentido de beleza, o que é considerado belo numa cultura frequentemente também o é noutra sem qualquer relação com a primeira. Por exemplo, em qualquer cultura que se examine, vemos flores e padrões florais parecidos.

Outro tema que supera as barreiras do espaço e do tempo são nossos valores sociais comuns. Um interesse básico é o bem-estar dos outros. Isso significa bondade, generosidade, amizade, ponderação. A Regra de Ouro é encontrada em diversas civilizações em vários formatos. Muitas religiões do mundo, no nível mais fundamental, ressaltam os mesmos conceitos, tais como caridade e empatia pelos pobres e necessitados.

Outra característica-base é voltada não para dentro, mas para fora. Isso inclui curiosidade, inovação, criatividade e uma ânsia por explorar e descobrir. Todas as culturas do mundo têm mitos e lendas sobre grandes exploradores e desbravadores.

Portanto, o princípio do homem das cavernas reconhece que pouca coisa mudou em 200 mil anos no âmago de nossas personalidades. E, dessa forma, mesmo ao espalharmo-nos pelas estrelas, o mais provável é nossos valores e características pessoais serem mantidos.

Além disso, psicólogos observaram que talvez haja uma imagem do que seja atraente codificada em nosso cérebro. Se pegarmos fotografias de centenas de pessoas diferentes escolhidas a esmo e, via computadores, as sobrepormos umas às outras, veremos surgir uma imagem composta, uma média. Surpreendentemente, a imagem será considerada atraente por muitos. Se for verdade, a implicação é a existência de uma imagem média, talvez enfronhada em nosso cérebro, a determinar o que consideramos atraente. O que consideramos bonito no rosto de uma pessoa é, na verdade, a regra e não a exceção.

O que acontecerá quando finalmente atingirmos o status de Tipo III e tivermos a capacidade de viajar mais rápido do que a luz? Serão nossos valores e nossa estética espalhados galáxia afora?

TRANSIÇÃO PARA O TIPO III

Um dia, uma civilização Tipo II poderá exaurir a energia não só do planeta natal, mas de todas as estrelas próximas e, gradualmente, iniciar a jornada para ascender ao Tipo III, o galático. Uma civilização desse tipo não só pode colher energia de bilhões de estrelas, mas ainda a de buracos negros como o supermassivo localizado no centro da Via Láctea, e que pesa tanto quanto 2 milhões de sóis. Se uma nave estelar viajar rumo ao núcleo de nossa galáxia, encontrará uma vasta coleção de estrelas densas e nuvens de poeira cósmica que seriam a fonte ideal de energia para uma civilização Tipo III. Para se comunicar através da galáxia, civilizações tão avançadas poderiam usar ondas de gravidade, previstas originalmente por Einstein em 1916 e finalmente detectadas por físicos em 2016. Se feixes de laser podem ser absorvidos, dispersos e difusos ao longo da viagem, as ondas de gravidade poderiam espalhar-se a estrelas e galáxia afora e seriam, portanto, mais confiáveis ao longo de grandes distâncias.

Não está claro a essa altura se viajar mais rápido do que a luz é algo factível, e é preciso considerarmos por ora a possibilidade de que não seja.

Se apenas espaçonaves abaixo da velocidade da luz forem possíveis, então uma civilização Tipo III talvez decida explorar os bilhões de mundos em seu quintal galático por meio do envio de sondas autorreplicantes que viajem nessa velocidade até as estrelas. A ideia é instalar naves robóticas em luas distantes. Luas são a escolha ideal por terem ambientes mais estáveis, sem erosão e, devido à baixa gravidade, ser fácil pousar e decolar delas. Com coletores solares para supri-la de energia, uma sonda lunar poderia vasculhar o sistema solar e enviar indefinidamente mensagens de rádio com informações úteis.

Uma vez que tenha pousado, a sonda criará uma fábrica a partir do material lunar para produzir mil cópias de si própria. Cada clone da segunda geração então partirá para colonizar outras luas distantes. Começa-se com um robô para logo se ter mil. Se cada um criar outros mil, tem-se então 1 milhão. E 1 bilhão. E 1 trilhão. Em poucas gerações, pode-se vir a ter uma esfera em expansão contendo quatrilhões desses dispositivos, que os cientistas chamam de máquinas de von Neumann.

Essa é, na verdade, a trama do filme *2001: uma odisseia no espaço*, ainda hoje talvez o retrato mais realista do contato com uma inteligência alienígena. No filme, extraterrestres instalam na Lua uma dessas máquinas de von Neumann, o monólito, e ela envia sinais a uma estação de retransmissão baseada em Júpiter para monitorar e até mesmo influenciar a evolução da humanidade.

Nosso primeiro contato, portanto, poderá não ser com um monstro com olhos de inseto, mas com uma pequena sonda autorreplicante. Poderá ser bem pequena, miniaturizada pela nanotecnologia, talvez tão pequena a ponto de poder passar despercebida. É concebível que haja, seja no seu quintal, seja na Lua, indícios praticamente invisíveis de uma visita passada.

O professor Paul Davies, aliás, fez uma proposta. Ele escreveu um artigo promovendo a volta à Lua no sentido de procurar assinaturas de energia anômalas ou transmissões de rádio. Caso uma sonda von Neumann tenha pousado por lá milhões de anos atrás, provavelmente se alimentaria da luz solar de forma a poder emitir mensagens de rádio continuamente. E como não há erosão na Lua, as chances são boas de que esteja em condições operacionais quase perfeitas e possa ainda estar funcionando.

Devido ao interesse renovado em nosso retorno à Lua e na posterior ida a Marte, cientistas teriam uma oportunidade excelente para checar se há indícios de visitas anteriores.

(Pessoas como Erich von Däniken defenderam a tese de que naves alienígenas já pousaram aqui séculos atrás e que os astronautas alienígenas aparecem nas obras de arte de civilizações antigas. Alegam que os cocares e roupas elaboradas vistos tão frequentemente em pinturas e monumentos ancestrais seriam na verdade representações de antigos astronautas, com seus capacetes, tanques de combustível, trajes pressurizados etc. Embora não se possa descartar tal ideia, é muito difícil prová-la. Pinturas ancestrais não são o bastante. É preciso provas definitivas, tangíveis de visitas prévias. Por exemplo, para haver espaçoportos alienígenas teriam de existir detritos e resíduos deixados para trás na forma de fios, chips, ferramentas, objetos eletrônicos, lixo e maquinário. Um chip alienígena bastaria para liquidar a questão. Portanto, se algum conhecido seu alegar ter sido abduzido por alienígenas vindos do espaço, diga a ele ou ela que da próxima vez lembre-se de roubar alguma coisa da nave.)

Mesmo que não se possa romper a velocidade da luz, portanto, uma civilização Tipo III poderia ter trilhões e mais trilhões de sondas espalhadas por toda a galáxia em poucas centenas de milhares de anos, todas emitindo informações úteis.

Máquinas de von Neumann podem ser a maneira mais eficiente de uma civilização Tipo III obter informações sobre o estado da galáxia.

Mas há ainda outra maneira de explorá-la mais diretamente, e é através de algo que chamo de "portabilidade a laser".

PORTABILIDADE A LASER PARA AS ESTRELAS

Um dos sonhos dos autores de ficção científica é poder explorar o universo na condição de seres feitos de pura energia. Talvez um dia, num futuro muito distante, possamos deixar de lado nossa existência material e vagar pelo cosmos sentados num raio de luz. Poderíamos viajar até as estrelas mais distantes na maior velocidade possível. Quando estivermos livres das amarras materiais, poderemos voar bem ao lado de cometas, resvalar a superfície de vulcões em erupção, sobrevoar os anéis de Saturno e visitar destinos do outro lado da galáxia.

Esse sonho pode na verdade ter bases sólidas na ciência, e não ser o delírio que parece. No capítulo 10, analisamos o Projeto do Conectoma Humano, um esforço ambicioso para mapear todo o cérebro. Talvez no fim deste século ou no início do próximo, já tenhamos o mapa completo, que na teoria conteria todas as nossas memórias, sensações, sentimentos, até nossa personalidade. O conectoma então seria instalado num feixe de laser e mandado para o espaço. Toda a informação necessária para criar uma cópia digital da mente de alguém poderia viajar pelos céus afora.

Em um segundo, seu conectoma chegaria à Lua. Dentro de minutos, poderia alcançar Marte. Em horas, chegaria aos gigantes gasosos. E, dentro de quatro anos, você poderia estar visitando Proxima Centauri. Em cem mil anos, atingiria os limites da Via Láctea.

Ao chegar a um planeta distante, a informação no feixe de raio laser seria baixada para um computador *mainframe*. A partir daí, seu conectoma poderia controlar um avatar robótico, de corpo tão robusto que seria capaz de sobreviver mesmo numa atmosfera tóxica, sob temperatura congelante ou infernal, em gravidade forte ou fraca. Ainda que seus padrões neurais estejam abrigados dentro do computador *mainframe*, você teria todas as sensações advindas do avatar. Para todos os efeitos, o habitaria.

A vantagem dessa abordagem é dispensar foguetes auxiliares caros e complicados ou estações espaciais. Não seria necessário encarar problemas de ausência de peso, colisões com asteroides, radiação, acidentes e tédio, pois seríamos transmitidos como pura e simples informação. E à velocidade da luz, estaríamos fazendo a mais rápida viagem possível às estrelas. Seria instantânea do ponto de vista da pessoa, que só se lembraria de entrar no laboratório e então chegar instantaneamente a seu destino. (Isso ocorre em função de o tempo efetivamente parar quando se está a bordo do feixe. A consciência do passageiro é congelada durante a viagem à velocidade da luz, e este cruza o cosmos sem qualquer atraso. É algo bem diferente da animação suspensa, pois ao se atingir a velocidade da luz, como já disse, o tempo efetivamente para. E apesar de não poder ver a vista em trânsito, a pessoa ainda poderia parar em qualquer estação retransmissora e observar o entorno.)

A isso dou o nome de "portabilidade a laser", e é talvez a forma mais conveniente e rápida de se chegar às estrelas. Talvez uma civilização Tipo I seja capaz de conduzir os primeiros experimentos do gênero dentro de um século. Mas para as dos Tipos II e III, esse talvez seja o método preferido de transporte através da galáxia, pois já terão à essa altura colonizado planetas distantes com robôs autorreplicantes. Talvez uma civilização Tipo III venha a ter uma supervia expressa de portabilidade a laser a conectar as estrelas da Via Láctea, com trilhões de almas em trânsito o tempo todo.

Embora essa ideia pareça nos proporcionar a forma mais conveniente de explorar a galáxia, criar a porta a laser implica resolver uma série de problemas práticos.

Instalar o conectoma de alguém num feixe de laser não é problema, pois lasers, em teoria, são capazes de transportar quantidades ilimitadas de informação. O grande problema seria a criação de uma rede de estações retransmissoras ao longo do caminho para receber conectomas, amplificá-los e enviá-los à estação seguinte. Como mencionamos, a Nuvem de Oort estende-se a vários anos-luz de distância de uma estrela, por isso Nuvens de Oort de diferentes estrelas podem se sobrepor. Cometas estacionários na Nuvem de Oort, portanto, podem ser os locais ideais para tais estações (criá-las ali seria preferível a instalá-las numa lua distante, pois luas estão em órbita de planetas e às vezes são ocultas por eles, ao passo que cometas como esses são estacionários).

Como vimos anteriormente, tais estações podem ser estabelecidas somente a velocidades mais baixas que a da luz. Uma das formas de solucionar tal problema é o uso de um sistema de velas a laser, que viajam a uma fração significativa da velocidade da luz. Quando as velas pousarem num cometa na Nuvem de Oort, poderão usar a nanotecnologia para fazer cópias de si mesmas e montar uma estação retransmissora a partir dos materiais brutos encontrados no cometa.

Portanto, apesar de as estações retransmissoras originais terem de ser construídas a velocidades inferiores à da luz, uma vez estabelecidas, nossos conectomas estariam livres para vagar à velocidade da luz.

A portabilidade a laser poderia ser usada não apenas para propósitos científicos, mas também recreativos. Poderíamos tirar férias nas estrelas. Começaríamos por mapear uma sequência de planetas, luas ou cometas que gostaríamos de visitar, independentemente de quão hostil ou perigoso seja o ambiente. Poderíamos fazer uma lista de controle dos tipos de avatares que desejaríamos habitar (estes não existiriam em realidade virtual, mas sim na condição de robôs dotados de poderes sobre-humanos). Assim, em cada planeta haveria um avatar à nossa espera com todos os traços e superpoderes que desejássemos. Ao chegar, assumiríamos a identidade do avatar, viajaríamos pelo planeta e aproveitaríamos todo o incrível visual. Depois, devolveríamos o robô para uso do próximo cliente. Então seríamos teleportados a laser para o próximo destino. Numa única viagem de férias, poderemos explorar várias luas, cometas e exoplanetas. Nunca teríamos de nos preocupar com acidentes ou doenças, pois só quem estaria a vagar pela galáxia seria nosso conectoma.

Assim, quando contemplamos o céu noturno imaginando se haverá alguém em algum canto, ainda que tudo pareça frio, estático e vazio, talvez ele esteja fervilhando com trilhões de viajantes a vagar à velocidade da luz pelo firmamento.

BURACOS DE MINHOCA E A ENERGIA DE PLANCK

Isso, contudo, deixa em aberto a segunda possibilidade, a de que viajar mais rápido do que a luz possa ser possível para uma civilização Tipo III. Nesse cenário, há de se considerar uma nova lei da física. Entramos na esfera da energia de Planck, escala que mede novos e bizarros fenômenos que violam as leis usuais da gravidade.

Para entender o grau da importância da energia de Planck, é essencial compreender que no momento todos os fenômenos físicos conhecidos, do Big Bang ao movimento das partículas subatômicas, podem ser explicados por duas teorias: a geral da relatividade, de Einstein, e a quântica. Juntas, elas representam as leis físicas fundamentais que governam toda a matéria e a energia. A primeira teoria, a geral da relatividade, rege tudo que é muito grande: explica o Big Bang, as propriedades dos buracos negros e a evolução do universo em expansão. A segunda, a teoria quântica, rege o que é muito pequeno: descreve as propriedades e movimentos de partículas atômicas e subatômicas que tornam possíveis todos os milagres eletrônicos que se vê nas salas de nossas casas.

O problema é que não dá para juntar as duas teorias numa só que seja definitiva. São bem diferentes, baseiam-se em pressupostos distintos, matemática diferente e imagens físicas distintas.

Se uma teoria de campo unificada fosse possível, a energia por meio da qual ocorreria a unificação é a de Planck. Esse é o ponto de total ruptura da teoria da gravidade de Einstein. É a energia do Big Bang e a existente no centro de um buraco negro.

A energia de Planck é 10^{19} bilhões de elétron-volts, 1 quatrilhão de vezes a que é produzida pelo Grande Colisor de Hádrons na CERN, o mais poderoso acelerador de partículas da Terra.

A princípio pareceria sem sentido esquadrinhar a energia de Planck, de tão enorme que é, mas uma civilização Tipo III, cuja energia é mais de 10^{20} vezes maior que a de uma Tipo I, teria força suficiente para tal. Uma civilização Tipo III, portanto, talvez consiga manipular o tecido do espaço-tempo e dobrá-lo à sua vontade.

Talvez atinjam essa incrível escala de energia criando um acelerador de partículas muito maior que o Grande Colisor de Hádrons – um tubo circular no formato de uma rosquinha, com 27,3 quilômetros de circunferência e cercado por enormes campos magnéticos.

Quando um fluxo de prótons é injetado no Grande Colisor, os campos magnéticos inclinam sua trajetória no formato de um círculo. Então pulsos de energia são periodicamente enviados à rosquinha, levando-os a acelerar. Dois feixes de prótons viajam no tubo em direções opostas. Ao atingirem a velocidade máxima, colidem de frente e liberam energia da ordem de 14 trilhões de elétron-volts, maior explosão já criada artificialmente (de tão massiva, a colisão preocupa algumas pessoas, receosas de que possa abrir um buraco negro que consuma a Terra. Não é uma preocupação que faça sentido. Na verdade, partículas subatômicas de ocorrência natural atingem a Terra com energias bem maiores do que a de 14 trilhões de elétron-volts. A Mãe Natureza pode nos atingir com raios cósmicos muito mais poderosos que os insignificantes criados em laboratórios).

ALÉM DO GRANDE COLISOR DE HÁDRONS

O Grande Colisor de Hádrons ganhou várias manchetes, entre as quais a da descoberta do fugidio bóson de Higgs, que valeu a dois físicos, Peter Higgs e François Englert, o Prêmio Nobel. Um dos principais propósitos do Colisor era completar o quebra-cabeça com sua última peça, batizada de Modelo-Padrão de partículas, a mais avançada versão da teoria quântica, que nos oferece uma descrição completa do universo em baixa energia.

O Modelo-Padrão é chamado às vezes de "teoria de quase tudo", pois descreve de forma precisa o universo de baixa energia que vemos ao nosso redor. Mas não pode ser a teoria final, por várias razões:

- Sequer menciona a gravidade. Pior, se combinarmos o Modelo-Padrão à teoria da gravidade de Einstein, a teoria híbrida cai por terra, resultando em disparates (os cálculos tornam-se infinitos, e isso significaria que a teoria é inútil).
- Tem uma estranha coleção de partículas que parecem forçadas. Conta com 36 quarks e antiquarks, uma série de glúons de Yang-Mills, léptons (elétrons e múons) e bósons de Higgs.
- Tem cerca de 19 parâmetros livres (massas e acoplamentos de partículas) que precisam ser depositados à mão. Essas massas e acoplamentos não são determinados pela teoria; ninguém sabe por que têm esses valores numéricos.

É difícil acreditar que o Modelo-Padrão, com sua coleção heterogênea de partículas subatômicas, seja a teoria final da natureza. Seria como pegar fita crepe e amarrar juntos um ornitorrinco, um porco-formigueiro e uma baleia e chamar o resultado de a maior criação da Mãe Natureza, o produto final de milhões de anos de evolução.

O próximo grande acelerador de partículas atualmente em fase de planejamento é o Colisor Linear Internacional (ILC, na sigla em inglês), que consiste num tubo reto de aproximadamente 48,2 quilômetros onde feixes de elétrons e antielétrons irão colidir. O plano atual é que fique localizado nas montanhas Kitakami, no Japão, e espera-se que custe em torno de US$ 20 bilhões, metade dos quais virão do governo japonês.

Embora sua energia máxima não vá passar de 1 trilhão de elétron--volts, o ILC será superior ao Grande Colisor de Hádrons de várias maneiras. Ao esmagarmos prótons uns contra os outros, a colisão é extremamente difícil de analisar devido à estrutura complicada do próton. Contém três quarks, unidos por partículas chamadas de "glúons". O elétron, contudo, não tem estrutura conhecida. Parece um ponto material. Assim, quando um elétron colide com um antielétron, a interação é simples e limpa.

Mesmo com os avanços na física, nossa civilização Tipo 0 não pode esquadrinhar diretamente a energia de Planck. Mas isso estará no âmbito das possibilidades de uma civilização Tipo III. Construir aceleradores como o ILC pode ser um passo crucial para poder um dia testar quão estável é o espaço-tempo e determinar se é possível pegar atalhos dentro dele.

ACELERADOR NO CINTURÃO DE ASTEROIDES

Um dia uma civilização avançada poderá erguer um acelerador de partículas do tamanho do cinturão de asteroides. Um feixe circular de prótons seria instalado ao redor do cinturão, guiado por ímãs gigantes. As partículas na Terra seriam direcionadas para dentro de um grande tubo circular contendo um vácuo. Mas como o vácuo do espaço sideral é melhor que qualquer um existente aqui, o acelerador nem precisaria de tubo.

Só precisaria de uma série de estações magnéticas gigantescas estrategicamente situadas ao redor do cinturão, criando uma rota circular para o feixe de prótons. Lembra um pouco uma corrida de revezamento. A cada vez que os prótons passam por uma estação, uma descarga de energia elétrica alimenta os ímãs, e estes chutam o feixe de prótons de forma que vá até a estação seguinte no ângulo correto. Cada vez que o feixe passa por uma estação magnética, mais energia é bombeada para ele na forma de laser, até que atinja gradualmente a energia de Planck.

Uma vez que o acelerador obtenha essa energia, pode focá-la num só ponto. Um buraco de minhoca deverá se abrir ali, e então ser injetado com energia negativa para estabilizá-lo de forma a não entrar em colapso.

Como poderia ser uma viagem pelo buraco de minhoca? Não se sabe, mas o físico Kip Thorne, da Caltech, fez uma suposição informada ao ajudar na consultoria ao diretor do filme *Interestelar*. Thorne usou um programa de computador para rastrear o caminho dos feixes de luz ao passarem por um buraco de minhoca, de forma a poder conceber visualmente a ideia da viagem. Ao contrário das representações cinematográficas comuns, essa foi a mais rigorosa tentativa de visualizar essa jornada no cinema até hoje.

(No filme, ao aproximar-se do buraco negro, vê-se uma esfera negra gigante chamada de ponto de horizonte de eventos. Passar por ela é cruzar o ponto de não retorno. Dentro da esfera está o buraco negro em si, um minúsculo ponto de incrível densidade e gravidade.)

Além de construir aceleradores de partículas gigantescos, há algumas outras formas consideradas pelos físicos para explorar buracos de minhoca. Uma possibilidade é que o Big Bang tenha sido explosivo a ponto de inflar minúsculos buracos de minhoca existentes há 13,8 bilhões de anos no universo nascente. Quando começou a se expandir exponencialmente, talvez os buracos de minhoca tenham se expandido junto. Isso significa que, apesar de ninguém nunca ter visto um, podem ser um fenômeno que ocorra naturalmente. Alguns físicos especularam sobre como fazer para procurar um no espaço (para encontrar um buraco de minhoca natural, que é o tema de vários episódios de *Jornada nas estrelas*, seria preciso procurar por um objeto que distorcesse a passagem da luz estelar de maneira particular, talvez de forma a lembrar uma esfera ou um anel).

Outra possibilidade, igualmente explorada por Kip Thorne e seus colaboradores, é encontrar um buraco minúsculo no vácuo e expandi-lo. As teorias mais atualizadas defendem que o espaço possa estar fervilhando de minúsculos buracos de minhoca, sinais de universos que nascem e depois esvanecem. Contando com energia suficiente, poderia então ser possível manipular um buraco preexistente e inflá-lo.

Mas essas propostas têm um problema. Buracos de minhoca são cercados por partículas de gravidade, chamadas grávitons. Quem estiver a ponto de passar por um se deparará com correções quânticas no formato de radiação gravitacional. Normalmente, correções quânticas são pequenas e podem ser ignoradas. Mas os cálculos indicam que na passagem por um buraco de minhoca elas são infinitas, e a radiação provavelmente

Quando uma nave estelar adentra um buraco de minhoca, precisa suportar radiação intensa devido às flutuações quânticas. A princípio, só a teoria das cordas nos permitiria calcular as flutuações, de forma a determinar se sobreviveríamos.

seria letal. Além disso, de tão forte, a radiação poderia levar o buraco a se fechar, e a passagem seria impossível. Há uma discussão hoje entre físicos sobre quão perigoso poderia ser viajar através de um buraco de minhoca.

Ao entrarmos em um, a relatividade de Einstein deixa de valer qualquer coisa. Os efeitos quânticos são tão grandes que precisamos de uma teoria mais sofisticada para nos guiar. A única capaz de fazê-lo hoje em dia é a teoria das cordas, uma das mais estranhas já propostas pela física.

NEBULOSIDADE QUÂNTICA

Que teoria é capaz de unificar a da relatividade geral e a quântica na energia de Planck? Einstein passou os últimos trinta anos de sua vida a perseguir uma "teoria de tudo" que lhe permitisse "ler o pensamento de Deus", mas falhou. Essa ainda é uma das grandes questões da física moderna. A solução revelará alguns dos mais importantes segredos do universo e, ao aplicá-la, quem sabe poderemos viajar no tempo, explorar buracos de minhoca, dimensões superiores, universos paralelos, talvez até o que ocorreu antes do Big Bang. Além disso, a resposta determinará se é possível ou não para a humanidade viajar pelo universo mais rápido do que a luz.

Para atingirmos essa compreensão, precisamos entender a base da teoria quântica, o princípio da incerteza de Heisenberg. Sua formulação, aparentemente simples, é que nunca se poderá saber tanto a velocidade quanto a posição de qualquer partícula subatômica – um elétron, digamos –, não importa o quão inteligentes sejam os instrumentos à disposição. Sempre vai haver uma "nebulosidade" quântica. Daí emerge um quadro alarmante. Um elétron não passa de uma coleção de diferentes estados, cada um dos quais o descreve numa posição distinta com velocidade própria (Einstein odiava esse princípio. Acreditava numa "realidade objetiva", a noção de senso comum de que objetos existem em estados definitivos e bem definidos, e é possível determinar posição e velocidade exatas de qualquer partícula).

A teoria quântica já propõe algo diverso. Quando nos olhamos no espelho, não nos vemos como realmente somos. Somos compostos de uma vasta coleção de ondas. A imagem à nossa frente no espelho é, na verdade, uma média, uma composição de todas essas ondas. Há até uma pequena probabilidade de que algumas dessas ondas possam espalhar-se por todo o ambiente e espaço afora. Uma parte de nossas ondas, na verdade, pode estender-se até Marte ou além (um problema que costumo passar a alunos de doutorado é pedir-lhes que calculem a probabilidade de que algumas de nossas ondas estendam-se até Marte e um dia, ao levantar da cama, acordemos no Planeta Vermelho).

Essas ondas chamam-se correções ou flutuações quânticas. Trata-se normalmente de correções pequenas, às quais o senso comum se aplica sem problemas, posto que somos uma coleção de átomos e só conseguimos enxergar médias. No nível subatômico, porém, correções quânticas podem ser enormes, implicando que elétrons estejam em vários lugares ao mesmo tempo e existam em estados paralelos (Newton ficaria chocado se alguém lhe explicasse como os elétrons em transistores podem existir em estados paralelos. Essas correções tornam possível a eletrônica moderna. Se desse para desligar de alguma forma a tal nebulosidade quântica, todas as maravilhas da tecnologia parariam de funcionar e a sociedade seria arremetida quase cem anos no passado, retrocedendo para antes da idade da eletricidade).

Felizmente, físicos podem calcular as correções quânticas para partículas subatômicas e fazer previsões para elas, algumas das quais são válidas com incrível precisão, de uma parte em 10 trilhões. Na verdade, de tão precisa, talvez a quântica seja a mais bem-sucedida teoria de todos os tempos. Nada se compara à sua precisão no que se refere a matéria atômica comum. Talvez seja a teoria mais bizarra já proposta em toda a história (Einstein disse que, quanto mais sentido ela faz, mais estranha se torna), mas tem um pequeno detalhe a seu favor: é inegavelmente correta.

O princípio da incerteza de Heisenberg, assim, nos força a reavaliar o que sabemos sobre a realidade. Um resultado determina que os buracos negros não poderiam ser de fato negros. A teoria quântica prega que há de se fazer correções quânticas à pura negritude, e buracos negros, então, na verdade seriam cinzentos (e emitiriam leve radiação chamada de radiação de Hawking). Muitos livros didáticos afirmam haver no centro de um buraco negro, ou no início do tempo, uma "singularidade", um ponto de gravidade infinita. Mas isso viola o princípio da incerteza (ou seja, a tal "singularidade" não existe; é só uma palavra que inventamos para disfarçar nossa ignorância quanto ao que ocorre quando as equações não funcionam. Na teoria quântica, não há singularidades, pois uma nebulosidade impede de saber a localização exata do buraco negro). Da mesma forma, é comum a afirmação de que o puro vácuo é um estado de puro nada. O conceito de "zero" viola o princípio da incerteza, logo não existiria algo como o puro nada (o vácuo seria, na verdade, um caldeirão de partículas virtuais de matéria e antimatéria constantemente entrando e saindo do estado de existência). E não existiria algo como o zero absoluto, temperatura em que cessa todo o movimento (mesmo ao aproximarmo-nos dela, átomos ainda se movem ligeiramente, o que se chama de energia de ponto zero).

Contudo, ao tentarmos formular uma teoria quântica da gravidade, ocorre um problema. Correções quânticas à teoria de Einstein são descritas por partículas que chamamos de "grávitons". Trata-se de partículas de gravidade, da mesma forma que um fóton é uma partícula de luz. Grávitons são tão esquivos que nunca se viu um em laboratório. Mas os físicos são confiantes na sua existência, pois são essenciais a qualquer teoria quântica da gravidade. Ao tentar calcular com os grávitons, no entanto, descobrem-se correções quânticas infinitas. A gravidade quântica é emaranhada por correções que desmontam as equações. Algumas das maiores mentes da física já tentaram resolver esse problema e fracassaram.

Essa é uma meta da física moderna: criar uma teoria quântica da gravidade em que as correções sejam finitas e calculáveis. Em outras palavras, a teoria da gravidade de Einstein aceita a formação de buracos de minhoca, que um dia poderão nos servir de atalhos pela galáxia, mas não consegue nos assegurar se estes seriam ou não estáveis. Para calcular as correções quânticas, precisamos de uma teoria que combine a da relatividade com a quântica.

TEORIA DAS CORDAS

Por ora, a principal (e única) candidata a resolver esse problema é a chamada teoria das cordas, segundo a qual toda matéria e energia no universo é composta de minúsculas cordas. Cada vibração de uma corda corresponde a uma partícula subatômica distinta. O elétron não seria então um ponto material. Um supermicroscópio revelaria não se tratar sequer de uma partícula, mas sim de uma corda vibrante, que apenas aparenta ser um ponto material porque a corda é minúscula.

Se a corda vibra numa frequência diferente, é porque corresponde a uma partícula diferente, como um quark, um múon, um neutrino, um fóton e por aí afora. Por isso os físicos descobriram um número tão absurdo de partículas subatômicas. São literalmente às centenas, e tudo por serem só diferentes vibrações de uma minúscula corda. Por esse ângulo, a teoria das cordas explica a teoria quântica das partículas subatômicas. De acordo com a teoria das cordas, quando a corda se move, ela força o espaço-tempo a se espiralar exatamente como Einstein previu; portanto, essa teoria unifica de forma bastante adequada as teorias de Einstein e a quântica.

Isso significa que partículas subatômicas são exatamente como notas musicais. O universo é uma sinfonia de cordas, a física representa as harmonias dessas notas, e o "pensamento de Deus" perseguido por Einstein ao longo de tantas décadas é música cósmica ressoando pelo hiperespaço.

Então, como a teoria das cordas baniria as correções quânticas que acossam os físicos há décadas? Ela possui algo chamado "supersimetria". Para cada partícula, há um parceiro: uma superpartícula ou "s-partícula". Por exemplo, o parceiro do elétron é o "s-elétron". O do quark, o "s-quark". Temos assim dois tipos de correções quânticas, as advindas das partículas comuns e as que vêm das s-partículas. A beleza da teoria das cordas é que as correções quânticas advindas desses dois tipos de partículas anulam umas às outras com perfeição.

A teoria das cordas, portanto, nos fornece uma maneira simples, mas elegante, de eliminar aquelas correções quânticas infinitas. Elas esvanecem porque a teoria revela uma nova simetria que lhe confere força matemática e beleza.

Artistas talvez vejam a beleza como um valor etéreo que almejem capturar em suas obras. Para um físico teórico, porém, a beleza está na simetria. É ainda uma absoluta necessidade ao se examinar a natureza definitiva do espaço e do tempo. Por exemplo, se tenho um floco de neve e o faço girar sessenta graus, ele permanece igual. Da mesma forma, os belos padrões criados por um caleidoscópio se devem ao fato de este lançar mão de espelhos para duplicar repetidamente uma imagem até preencher 360c de ângulo. Dizemos que tanto o floco de neve quanto o caleidoscópio possuem simetria radial; isto é, permanecem os mesmos após uma certa rotação radial.

Digamos que eu tenha uma equação contendo muitas partículas subatômicas e então as embaralhe ou rearranje entre si. Se a equação ainda permanecer a mesma após o intercâmbio dessas partículas, eu diria que ela possui uma simetria.

O PODER DA SIMETRIA

Simetria não é só questão de estética. É uma forma poderosa de eliminar imperfeições e anomalias em nossas equações. Se girarmos o floco de neve, rapidamente identificaremos quaisquer defeitos só de compará-lo com o original. Se não forem iguais, então haverá um problema que necessita de correção.

Da mesma forma, ao elaborar uma equação quântica, é comum que julguemos certa teoria infestada de minúsculas anomalias e divergências. Mas se a equação tem uma simetria, esses defeitos são eliminados. Dessa mesma forma, a supersimetria dá conta dos infinitos e imperfeições tão comuns de se encontrar em teorias quânticas.

De quebra, a supersimetria é nada menos que a maior simetria já encontrada na física. Através dela, é possível pegar todas as partículas subatômicas conhecidas, misturá-las ou rearranjá-las ao mesmo tempo que se preserva a equação original. Tão poderosa, na verdade, que permite pegar a teoria de Einstein, incluindo o gráviton e as partículas subatômicas do Modelo-Padrão, e rodar ou intercambiar tudo. Isso nos fornece uma forma agradável e natural de unificar a teoria da gravidade de Einstein e as partículas subatômicas.

A teoria das cordas é como um gigantesco floco de neve cósmico, a não ser pelo fato de que cada extremidade dentada do floco representa todo o conjunto das equações de Einstein e o Modelo-Padrão de partículas subatômicas. Cada dente do floco de neve representa, portanto, todas as partículas do universo. Ao girarmos o floco de neve, todas as partículas do universo trocam de lugar. Alguns físicos já observaram que, mesmo que Einstein nunca tivesse existido e bilhões de dólares nunca tivessem sido gastos em esmagar átomos para criar o Modelo-Padrão, toda a física do século XX poderia ter sido descoberta ainda assim por quem simplesmente estivesse de posse da teoria das cordas.

Mais importante de tudo, a supersimetria cancela as correções quânticas de partículas por meio daquelas de s-partículas, e assim nos deixa com uma teoria finita da gravidade. Esse é o milagre da teoria das cordas, que também responde à pergunta que mais se faz sobre ela: o porquê de pressupor dez dimensões. Por que não treze? Ou vinte?

Isso se deve ao fato de o número de partículas na teoria das cordas poder variar com a dimensionalidade do espaço-tempo. Em dimensões superiores temos mais partículas, pois há mais formas de elas vibrarem. Ao tentarmos anular as correções quânticas das partículas no confronto com as correções das s-partículas, descobrimos que o nivelamento por igual só pode acontecer em dez dimensões.

Quase sempre os matemáticos criam estruturas novas e imaginativas, e os físicos depois as incorporam às suas teorias. Por exemplo, a teoria das superfícies curvas foi concebida por matemáticos no século XIX e foi depois incorporada à teoria da gravidade de Einstein em 1915. Mas dessa vez ocorreu o contrário. A teoria das cordas abriu tantas novas portas para a matemática que deixou sobressaltados os matemáticos. Os mais jovens e ambiciosos, que geralmente desprezam aplicações de sua disciplina, têm de aprender a teoria das cordas se quiserem estar na vanguarda.

Embora a teoria de Einstein aceite a possibilidade de buracos de minhoca e viagens mais rápidas que a luz, a teoria das cordas é necessária para calcular quão estáveis os buracos de minhoca seriam na presença de correções quânticas.

Em resumo, as correções quânticas são infinitas, e remover tais infinidades é um dos problemas fundamentais da física. A teoria das cordas elimina as correções quânticas ao contar com dois tipos delas que anulam um ao outro com precisão. O nivelamento preciso entre as partículas e as s-partículas se deve à supersimetria.

Contudo, com toda sua elegância e força, a teoria das cordas não basta por si só; precisa, em última análise, enfrentar o desafio final, que é ser posta à prova.

CRÍTICAS À TEORIA DAS CORDAS

Por mais cativante e persuasivo que seja o retrato pintado pela teoria, há críticas válidas a fazer a ela. Em primeiro lugar, como a energia por meio da qual a teoria das cordas (ou qualquer teoria de qualquer coisa, por sinal) unifica toda a física é a energia de Planck, não existe máquina na Terra poderosa o suficiente para testá-la com rigor. Um teste direto envolveria a criação de um universo bebê em laboratório, o que é obviamente fora de questão com a tecnologia atual.

Em segundo lugar, como qualquer teoria física, esta tem mais de uma solução. Por exemplo, as equações de Maxwell, que determinam como age a luz, têm um número infinito de soluções. Isso não é problema. Logo no início de qualquer experimento, especificamos o que estamos estudando, seja uma lâmpada, raio laser ou uma TV. Só posteriormente, dadas as condições iniciais, é que resolvemos as equações de Maxwell. Mas se a teoria em questão é sobre o universo, quais seriam as condições iniciais? Físicos creem que uma "teoria de tudo" deveria ditar seu próprio estado inicial. Isto é, prefeririam que as condições iniciais do Big Bang emergissem, de alguma forma, do coração da própria teoria. A teoria das cordas, porém, não nos indica qual de suas muitas soluções é a correta para nosso universo. E, sem estabelecer condições iniciais, o que contém é um número infinito de universos paralelos, chamados multiverso, cada um tão válido quanto o outro. Temos, portanto, um vale-tudo, que prevê não só o nosso universo, com o qual estamos familiarizados, mas talvez um número infinito de outros universos alienígenas igualmente válidos.

Em terceiro lugar, talvez a previsão mais desconcertante da teoria das cordas seja a de que o universo não é quadridimensional de maneira alguma, mas teria dez dimensões. Em toda a história da física, nunca se viu previsão tão bizarra: uma teoria do espaço-tempo que seleciona a própria dimensionalidade. Era tão estranho que muitos físicos a descartaram como sendo ficção científica, de início (quando originalmente proposta, sua formulação válida apenas no âmbito das dez dimensões foi ridicularizada. O ganhador do Nobel Richard Feynman, por exemplo, pegava no pé de John Schwarz, um dos autores da teoria, perguntando: "E aí, John, hoje quantas dimensões tem por aí?").

VIVENDO NO HIPERESPAÇO

Sabemos que qualquer objeto em nosso universo pode ser descrito através de três números: comprimento, largura e altura. Se adicionarmos o tempo, quatro números passam a poder descrever qualquer evento no universo. Por exemplo, se quero encontrar alguém em Nova York, poderia propor que nos encontrássemos no prédio da esquina da Rua 42 com a Quinta Avenida, no 10º andar, ao meio-dia. Mas para um matemático a necessidade de só haver três ou quatro coordenadas poderia parecer arbitrária, pois nada há de especial a respeito de três ou quatro dimensões. Por que a característica mais fundamental do universo físico seria descrita por números tão banais?

Os matemáticos, assim, não têm problemas com a teoria das cordas. Mas para visualizar tais dimensões superiores, físicos costumam recorrer a analogias. Quando era criança, eu passava horas contemplando o Japanese Tea Garden em São Francisco. Enquanto observava os peixes a nadarem no lago raso, me fazia uma daquelas perguntas típicas de criança: "Como deve ser um peixe?". Que mundo estranho eles veriam, pensava. Deviam achar que o universo era bidimensional. Só nadavam naquele espaço limitado movendo-se para os lados, nunca para cima ou para baixo. Qualquer peixe que ousasse mencionar uma terceira dimensão além do lago seria chamado de maluco. Imaginei então um peixe habitante do lago que riria, irônico, sempre que alguém mencionasse o hiperespaço, pois universo era só aquilo que se pode tocar e sentir, nada além. E imaginei a mim, pegando o peixe e erguendo-o para o mundo "acima" dele. O que ele veria? Seres movendo-se sem barbatanas. Uma nova lei da física. Seres respirando sem água. Uma nova lei da biologia. Imaginei então que punha o peixe cientista de volta no lago, e ele teria de explicar aos demais as incríveis criaturas habitantes do mundo "acima" deles.

Talvez nós sejamos os peixes. Se a teoria das cordas for comprovada, isso significa que há dimensões nunca vistas além do nosso familiar mundo quadridimensional. Mas onde estariam as tais dimensões superiores? Uma possibilidade é de que seis das dez dimensões originais tenham se "espiralado" e não possam mais ser vistas. Imagine se você pegar uma folha de papel e a enrolar dentro de um tubo apertado. A folha original era bidimensional, mas o processo de enrolá-la criou um tubo unidimensional. À distância, ele é só o que se vê, mas na realidade ainda há ali um objeto bidimensional.

Da mesma maneira, a teoria das cordas defende que, originalmente, o universo tinha dez dimensões, mas por alguma razão seis espiralaram e nos deixaram com a ilusão de vivermos num mundo com apenas quatro. Ainda que esse aspecto da teoria pareça fantástico, há trabalhos em andamento no sentido de medir tais dimensões superiores.

Mas como dimensões superiores ajudariam a teoria das cordas a unificar a relatividade e a mecânica quântica? Se tentarmos unificar as forças gravitacionais, nucleares e eletromagnéticas numa só teoria, vamos descobrir não haver "espaço" suficiente em quatro dimensões para tanto. Tais forças seriam como peças de um quebra-cabeça que não se encaixam. Mas no que começamos a adicionar mais e mais dimensões, passa a haver espaço suficiente para montar as teorias secundárias, da mesma forma que o encaixe das peças do quebra-cabeça forma o todo.

Por exemplo, pense num mundo bidimensional de planolandeses que só possam se mover para a esquerda ou a direita, mas nunca para "cima", como bonequinhos de biscoito. Imagine ter existido outrora um belo cristal tridimensional que explodiu, fazendo chover fragmentos sobre Planolândia. Ao longo dos anos, os planolandeses remontaram o cristal em dois grandes fragmentos. Mas por mais que tentassem, nunca conseguiram encaixá-los um no outro. Um dia, um planolandês faz a proposta ultrajante de que, caso movam um dos fragmentos "para cima", para a jamais vista terceira dimensão, os dois então se encaixariam e formariam um belo cristal de três dimensões. A chave para a recriação do cristal, assim, seria mover os fragmentos através da terceira dimensão.

Para efeito de analogia, os dois fragmentos são a teoria da relatividade e a teoria quântica, o cristal é a teoria das cordas e a explosão, o Big Bang.

Muito embora a teoria das cordas bata direitinho com os dados, nós ainda precisamos testá-la. Embora um teste direto não seja possível, como já discutimos, muita coisa na física é feita de forma indireta. Por exemplo, sabemos que o Sol é feito basicamente de hidrogênio e hélio, muito embora ninguém nunca tenha ido até lá. Sabemos a sua composição por análise indireta, observando a luz solar através de um prisma que a divide em faixas de cores. Ao estudar as faixas desse arco-íris, podemos identificar as digitais do hidrogênio e do hélio (o hélio, na verdade, não foi descoberto na Terra de início. Em 1868, cientistas descobriram indícios de um novo e estranho elemento ao analisarem a luz solar durante um eclipse, e o batizaram de "hélio", que quer dizer "metal do Sol". Foi só em 1895 que se descobriram na Terra indícios claros da presença de hélio, e foi quando os cientistas se deram conta de ser um gás e não um metal).

MATÉRIA ESCURA E CORDAS

Da mesma forma, pode-se provar a teoria das cordas via uma série de testes indiretos. Como cada vibração da corda corresponde a uma partícula, podemos buscar, em nossos aceleradores, partículas inteiramente novas que representem "oitavas" mais altas da corda. A esperança é que, ao esmagar prótons juntos a trilhões de volts, crie-se brevemente em meio aos restos uma nova partícula que seja prevista pela teoria das cordas. E isso, por sua vez, poderia ajudar a explicar um dos grandes dilemas nunca solucionados da astronomia.

Nos anos 1960, quando astrônomos examinaram a rotação da Via Láctea, depararam-se com algo estranho. Estava rodando tão rápido que, a se pautar pelas leis de Newton, deveria se despedaçar – e, no entanto, é uma galáxia estável há cerca de dez bilhões de anos. Na verdade, ela rodava cerca de dez vezes mais rápido do que deveria de acordo com a mecânica tradicional newtoniana.

Apresentava-se um tremendo problema. Ou as equações de Newton estavam erradas (o que era quase impensável) ou havia um halo invisível de matéria desconhecida a cercar as galáxias e aumentar-lhes a massa o suficiente para que a gravidade as mantivesse estáveis. Isso significava que talvez as fotos conhecidas de lindas galáxias com belos braços em espiral estivessem incompletas, e elas na verdade fossem cercadas por um halo invisível gigante dez vezes mais massivo que a parte visível. Como fotos de galáxias só mostram a bela massa giratória de estrelas, o que quer que a esteja sustentando não pode interagir com a luz – tem de ser invisível.

Astrofísicos chamaram essa massa ausente de "matéria escura". Sua existência os forçava a revisar suas teorias, que apontavam o universo como composto principalmente por átomos. Hoje há mapas de matéria escura universo afora. Embora seja invisível, ela distorce a luz estelar como faria qualquer coisa dotada de massa. Portanto, ao analisar a distorção da luz estelar ao redor das galáxias, podemos usar computadores para calcular a presença de matéria escura e mapear sua distribuição universo afora. Como se pode imaginar, o mapa mostra que grande parte da massa total de uma galáxia existe dessa forma.

Além de ser invisível, matéria escura tem gravidade, mas não se pode segurá-la na mão. Como ela não interage de forma alguma com os átomos (sendo eletricamente neutra), atravessaria a mão, o chão e a crosta do planeta. Oscilaria entre Nova York e a Austrália como se simplesmente não existisse a Terra, exceto pelo fato de que a gravidade desta a manteria confinada. Portanto, mesmo invisível, matéria escura não deixa de interagir com outras partículas via gravidade.

Uma teoria propõe a matéria escura como sendo uma vibração mais alta da supercorda. O principal candidato é o superparceiro do fóton, que é chamado de "fotino" ou "pequeno fóton". Tem todas as propriedades de que precisaria para ser matéria escura: é invisível porque não interage com a luz, no entanto tem peso e é estável.

Há várias formas de provar essa conjectura. A primeira é criar matéria escura diretamente com o Grande Colisor de Hádrons esmagando prótons uns contra os outros. Por um breve instante de tempo, uma partícula de matéria escura seria formada dentro do acelerador. Se isso for possível, as repercussões para a ciência serão enormes. Representaria a primeira vez na história em que se encontrou uma nova forma de matéria não baseada em átomos. Se o Grande Colisor de Hádrons não der conta dessa tarefa, talvez o Colisor Linear Internacional possa.

Há ainda outra maneira de provar essa suposição. A Terra se move de acordo com o vento da matéria escura invisível. A esperança é que uma partícula de matéria escura possa colidir com um próton dentro de um detector de partículas, criando uma chuva de partículas subatômicas que possa ser fotografada. Atualmente há físicos mundo afora pacientemente à espera de encontrar a assinatura de uma colisão entre matéria e matéria escura em seus detectores. Há um Prêmio Nobel à espera do primeiro que conseguir.

Se matéria escura for achada, seja com aceleradores de partículas ou com sensores de solo, poderemos comparar suas propriedades com as que foram previstas na teoria das cordas. Dessa forma, teremos provas que nos permitirão avaliar a validade da teoria.

Encontrar matéria escura seria um grande passo no sentido de provar a teoria das cordas, mas outras provas são possíveis. A lei da gravidade de Newton, por exemplo, rege o movimento de grandes objetos como estrelas e planetas, mas pouco se sabe sobre como age a força da gravidade em pequenas distâncias, como poucos centímetros. Como a teoria das cordas postula dimensões superiores, isso significa que a famosa lei do quadrado inverso newtoniana (a gravidade diminui na proporção do quadrado da distância) deveria ser violada nas pequenas distâncias, pois a lei de Newton tem três dimensões como base (se o espaço fosse quadridimensional, por exemplo, a gravidade deveria diminuir em proporção ao cubo inverso da distância. Até hoje, testes da lei da gravidade de Newton não mostraram quaisquer indícios de uma dimensão superior, mas os físicos não desistem).

Outro possível caminho é enviar detectores de ondas de gravidade ao espaço. O Observatório de Ondas Gravitacionais por Interferômetro a Laser (LIGO), nos estados da Louisiana e de Washington, foi bem-sucedido na captação de ondas de gravidade a partir de colisões de buracos negros, em 2016, e de estrelas de nêutrons, em 2017. Uma versão modificada da Antena Espacial de Interferômetro a Laser (LISA), situada no espaço, talvez possa detectar ondas de gravidade do instante do Big Bang. A esperança é que seja então possível "rebobinar a fita" e conjeturar sobre a natureza da era pré-Big Bang. Isso nos permitiria realizar um teste por alto de algumas das previsões da teoria das cordas relativas ao universo pré-Big Bang.

A TEORIA DAS CORDAS E OS BURACOS DE MINHOCA

Outros testes para a teoria das cordas podem envolver o encontro de partículas exóticas previstas por ela, tais como microburacos negros, que se assemelham a partículas subatômicas.

Vimos como a física nos permite especular sobre civilizações em um futuro muito distante e fazer hipóteses razoáveis com base em seu consumo de energia. Pode-se esperar delas que evoluam do estágio de civilização planetária Tipo I ao de civilização estelar Tipo II e finalmente ao de civilização galática Tipo III. Esta última, por sua vez, provavelmente seria capaz de explorar a galáxia via sondas de von Neumann ou portabilidade a laser, transportando apenas suas consciências. A questão-chave é que uma civilização Tipo III talvez possa acessar a energia de Planck, o ponto no qual o espaço-tempo se torna instável e viajar mais rápido do que a luz, uma eventual possibilidade. Mas para calcular a física das viagens mais rápidas do que a luz, necessitamos de uma teoria que vá além da de Einstein, e que bem poderia ser a teoria das cordas.

A esperança é que, ao lançar mão dela, possamos calcular correções quânticas necessárias para analisar fenômenos exóticos como a viagem no tempo, a viagem interdimensional, os buracos de minhoca e o que ocorreu antes do Big Bang. Por exemplo, partamos do princípio de que uma civilização Tipo III seja capaz de manipular buracos negros e assim criar um portal para um universo paralelo através de um buraco de minhoca. Sem a teoria das cordas, é impossível calcular o que aconteceria ao entrar num deles. Ele explodiria? A radiação gravitacional o fecharia no momento em que nele entrássemos? Seria possível passar por ele e viver para contar a história?

A teoria das cordas deveria ser capaz de calcular o quanto de radiação gravitacional alguém encontraria ao passar pelo buraco de minhoca e assim responder a essas perguntas.

Outra questão fortemente debatida entre físicos é o que aconteceria se alguém entrasse num buraco de minhoca e retrocedesse no tempo. Se a pessoa matar o próprio avô antes de ela mesma nascer, estará criado um paradoxo. Como ela poderia sequer existir se acaba de matar seu próprio ancestral? A teoria de Einstein aceita viagens no tempo (se existir a energia negativa), mas nada diz quanto à forma de resolver tais paradoxos. A teoria das cordas, por ser uma teoria finita na qual tudo pode ser calculado, deve ser capaz de solucionar todos esses paradoxos confusos (minha opinião, estritamente pessoal, é que o rio do tempo se bifurca em dois quando uma pessoa entra numa máquina do tempo – ou seja, a linha do tempo se divide. Isso significa que ela matou o avô de outra pessoa, igualzinho ao dela, mas que existe em outra linha temporal em um universo alternativo. Dessa forma o multiverso dá conta dos paradoxos temporais).

Atualmente, contudo, devido à complexidade matemática da teoria das cordas, os físicos ainda não conseguiram aplicá-la a essas questões. Esse é um problema matemático, não experimental, e talvez algum dia um físico empreendedor consiga calcular em definitivo as propriedades dos buracos de minhoca e do hiperespaço. Em vez de especular preguiçosamente sobre viagens mais rápidas do que a luz, um físico que use a teoria das cordas terá a habilidade de afirmar se isso será possível. Mas teremos de esperar até que a teoria seja suficientemente compreendida para fazer essa afirmação.

O FIM DA DIÁSPORA?

Há então a possibilidade de que uma civilização Tipo III possa usar a teoria quântica da gravidade para obter espaçonaves mais rápidas do que a luz.

Mas que implicações isso terá para a humanidade?

Anteriormente, observamos que uma civilização Tipo II, limitada pela velocidade da luz, poderia estabelecer colônias espaciais que acabassem por se ramificar, criando muitas linhagens genéticas distintas e passíveis de um dia perderem todo o contato com o planeta natal.

A pergunta permanece: o que acontecerá quando uma civilização Tipo III dominar a energia de Planck e começar a fazer contato com essas ramificações da humanidade?

A história poderá se repetir. Por exemplo, a Grande Diáspora teve fim com o advento do avião e da tecnologia moderna, que nos forneceram uma rede internacional de transporte expresso. Hoje, nos é possível fazer curtas viagens de avião sobrevoando continentes que nossos ancestrais levaram dezenas de milhares de anos para cruzar.

Da mesma maneira, quando fizermos a transição de civilização Tipo II para Tipo III, teremos, por definição, suficiente poder para explorar a energia de Planck, o ponto no qual o espaço-tempo se torna instável.

Se partirmos do pressuposto de que isso torna possíveis as viagens mais rápidas do que a luz, significa que uma civilização Tipo III poderia ser capaz de unificar as várias colônias Tipo II espalhadas pela galáxia.

Levando em conta nossa herança humana comum, poderia tornar possível a criação de uma nova civilização galática, como Asimov a imaginou.

Como abordamos anteriormente, o nível de divergência genética que a humanidade poderá vir a experimentar ao longo de várias dezenas de milhares de anos futuros é mais ou menos o mesmo que já ocorreu desde a Grande Diáspora. O ponto-chave é que mantivemos nossa humanidade ao longo do processo. Uma criança nascida numa cultura pode crescer e amadurecer facilmente noutra totalmente diferente, mesmo que as duas sejam separadas por um vasto abismo cultural.

Isso também significa que arqueólogos Tipo III, curiosos quanto às ancestrais migrações humanas, poderão tentar rastrear as antigas rotas migratórias de várias ramificações de civilizações Tipo II espalhadas pela galáxia. Arqueólogos galáticos poderão buscar sinais de várias civilizações Tipo II ancestrais.

Na *Trilogia da Fundação*, nossos heróis buscam o planeta ancestral onde nasceu o Império Galático, cujo nome e localização se perderam no caos da pré-história galática. Como a população humana está na casa dos trilhões, e há milhões de planetas habitados, a tarefa parece inglória. Mas quando exploram os mais antigos planetas da galáxia, acham as ruínas das primeiras colônias planetárias. Veem como guerras, doenças e outras calamidades levaram planetas a serem abandonados.

Da mesma maneira, uma civilização Tipo III pode emergir de uma Tipo II e tentar rastrear as várias ramificações que partiram séculos antes para explorar o cosmos a bordo de espaçonaves que não chegavam à velocidade da luz. Assim como a nossa civilização atual é enriquecida pela presença de tantos tipos diferentes de culturas, cada uma com sua história e perspectiva próprias, uma civilização Tipo III também poderá sê-lo através da interação com as muitas civilizações divergentes surgidas no passado Tipo II.

A criação de espaçonaves mais rápidas que a luz pode tornar real o sonho de Asimov, unificando a humanidade numa só civilização galática.

Como diz sir Martin Rees, "se os humanos evitarem a autodestruição, a era pós-humana nos chama. Formas de vida da Terra podem espalhar-se por toda a galáxia e evoluírem, alcançando uma complexidade abundante muito além do que podemos sequer conceber. E se isso ocorrer, o nosso pequeno planeta – um pontinho azul flutuando no espaço

– pode se tornar o lugar mais importante de toda a galáxia. Os primeiros viajantes interestelares da Terra terão uma missão que repercutirá por toda a galáxia e além".

Porém, em algum momento, qualquer civilização avançada terá de encarar o desafio final à sua existência: o fim do próprio universo. Faz-se necessária a pergunta: poderá uma civilização avançada, com toda a sua vasta tecnologia, evadir a morte de tudo o que existe? Talvez só haja uma esperança para a vida inteligente, e seja a de evoluir para uma civilização Tipo IV.

14

DEIXANDO O UNIVERSO

Alguns dizem que o mundo acabará em fogo,
Outros, que será em gelo.
A julgar pelo desejo que cruzou meu caminho
Junto aos que preferem o fogo me alinho.
— ROBERT FROST, 1920

A eternidade leva tempo demais — em especial quando se aproxima do fim.
— WOODY ALLEN

A Terra está morrendo.

No filme *Interestelar*, um estranho flagelo se abate sobre o planeta, levando à morte das colheitas e ao colapso da agricultura. Pessoas passam fome. A civilização desmorona aos poucos à medida que a escassez de comida se alastra.

Matthew McConaughey vive um ex-astronauta da NASA a quem uma missão perigosa é confiada. Algum tempo antes, um buraco de minhoca se abriu misteriosamente próximo a Saturno. É um portal, e quem nele entrar será transportado a um trecho distante da galáxia onde pode haver novos mundos habitáveis. Desesperado para salvar a humanidade, ele se alista como voluntário para entrar no portal e buscar um novo lar para a raça humana entre as estrelas.

Enquanto isso, na Terra, cientistas procuram desesperadamente pelo segredo do buraco de minhoca. Quem o abriu? E por que apareceu justo no momento em que a humanidade ameaçava perecer?

Aos poucos, a verdade se descortina para os cientistas. A tecnologia para criar o buraco de minhoca é milhões de anos mais avançada do que a nossa. Os seres que o criaram são, na verdade, nossos descendentes. De tão avançados, vivem no hiperespaço, além do nosso universo familiar. Criaram um portal para o passado de forma a enviar tecnologia avançada para salvar seus ancestrais (nós). Salvando a humanidade, estarão de fato salvando a si próprios. Segundo Kip Thorne, que além de físico é um dos produtores do filme, a inspiração da física que sustenta a narrativa é derivada da teoria das cordas.

Se sobrevivermos, um dia nos depararemos com crise semelhante, a não ser pelo fato de que, dessa vez, será o universo a morrer.

Um dia num futuro distante, o universo se tornará frio e escuro; as estrelas deixarão de brilhar enquanto o cosmos mergulha no Big Freeze. Toda a vida deixará de existir quando o próprio universo morrer, atingindo afinal temperatura próxima ao zero absoluto.

A questão, contudo, é: haverá alguma rota de fuga? Nos será possível evitar esse trágico destino cósmico? Poderemos, a exemplo de Matthew McConaughey, encontrar a salvação no hiperespaço?

Para entender como o universo pode morrer, é importante analisar as previsões para o futuro distante que Einstein nos forneceu na teoria da gravidade, e as estarrecedoras novas revelações feitas na última década.

De acordo com essas equações, há três possibilidades para o destino final do universo.

GRANDE COLAPSO, GRANDE CONGELAMENTO OU GRANDE RUPTURA

A primeira é o Big Crunch (Grande Colapso), em que a expansão do universo diminui de ritmo, para e se reverte. Nessa hipótese, todo o movimento das galáxias cessará e elas começarão a se contrair. Temperaturas aumentarão dramaticamente à medida que estrelas distantes se tornarem cada vez mais próximas, até todas elas se amalgamarem numa só massa primordial superaquecida. Algumas hipóteses preveem como parte desse processo um Big Bounce (Grande Rebote), podendo dar início de novo ao Big Bang.

A segunda é o Big Freeze (Grande Congelamento), segundo o qual o universo continua a crescer, inabalável. A segunda lei da termodinâmica diz que a entropia total sempre aumenta, e em algum momento o universo se tornaria frio à medida que a matéria e o calor se tornarem mais difusos. As estrelas deixariam de brilhar, o céu noturno se tornaria totalmente preto e as temperaturas despencariam até perto do zero absoluto, quando até as moléculas param quase que totalmente de se mover.

Há décadas os astrônomos vêm tentando determinar qual hipótese ditará o destino de nosso universo. Isso se faz por meio de cálculos de sua densidade média. Em um universo denso o bastante, há matéria e gravidade suficientes para atrair as galáxias distantes e reverter a expansão, e assim o Big Crunch se torna uma possibilidade realista. Se faltar massa suficiente, porém, então não há gravidade o bastante para reverter a expansão e o Big Freeze seria o caminho. A densidade crítica que separa as duas hipóteses é mais ou menos seis átomos de hidrogênio por metro cúbico.

Em 2011, Saul Perlmutter, Adam Riess e Brian Schmidt ganharam o Prêmio Nobel de Física por uma descoberta que causou uma reviravolta em crenças acalentadas havia décadas. Eles descobriram que, em vez de desacelerar, o ritmo de expansão do universo na verdade aumentava. O universo tem 13,8 bilhões de anos, mas 5 bilhões de anos atrás começou a acelerar exponencialmente. Hoje, se expande de forma desenfreada. Nas palavras da *Scientific American*, "a comunidade astrofísica ficou estupefata ao saber que o universo estava se desmantelando". A conclusão espantosa a que os astrônomos chegaram se deu através da análise de explosões de supernovas em galáxias distantes para determinar o ritmo de expansão do universo bilhões de anos atrás (um tipo de explosão de supernova, a que se denomina Tipo Ia, tem luminosidade constante, de forma que seu brilho pode ser usado para medir com precisão sua distância. Quando uma pessoa usa uma lanterna de cabeça de luminosidade conhecida, é fácil determinar a que distância ela está, mas quando não se sabe de quanto é o seu brilho, é difícil medir a distância. Uma lanterna de cabeça de brilho conhecido é uma "luz-padrão". Uma supernova Tipo Ia age como uma luz-padrão, de forma que é fácil medir sua distância). Ao analisarem as supernovas, os cientistas descobriram que se afastavam de nós, como esperado. Mas para sua grande surpresa, descobriram que supernovas mais próximas pareciam estar se distanciando mais rápido do que deveriam, indicando que o ritmo de expansão estava acelerando.

Assim, além do Big Freeze e do Big Crunch, começou a emergir dos dados uma terceira alternativa, o Big Rip (Grande Ruptura), uma espécie de Big Bang anabolizado. Trata-se de um prazo incrivelmente acelerado para o ciclo de vida do universo.

No Big Rip, as galáxias distantes se afastam de nós tão rápido que acabam por exceder a velocidade da luz e desaparecer de vista (a hipótese não viola a teoria da relatividade especial, pois quem está se expandindo mais rápido do que a luz é o espaço. Objetos materiais não podem superar a velocidade da luz, mas espaço vazio pode se esticar e expandir a qualquer velocidade). Isso significa que o céu noturno se tornaria preto, pois a luz das galáxias distantes se afastaria tão rápido que não poderia nos alcançar.

Chegaria um momento em que tal expansão exponencial se tornaria tão grande que não apenas a galáxia se romperia, mas também o sistema solar e os próprios átomos que compõem nossos corpos. A matéria como a conhecemos não teria como existir nos estágios finais do Big Rip.

Nas palavras da *Scientific American*: "Galáxias seriam destruídas, o sistema solar se desataria e todos os planetas acabariam por explodir em pedaços devido à dilaceração de seus átomos causada pela rápida expansão do espaço. E nosso universo teria fim numa explosão, uma singularidade de energia literalmente infinita".

Bertrand Russell, o grande filósofo e matemático britânico, escreveu certa vez:

> Toda a devoção, toda a inspiração, todo o brilho meridiano da genialidade humana, têm por destino a extinção na vasta morte do sistema solar, e todo o templo das realizações do homem se verá inevitavelmente soterrado sob escombros de um universo em ruínas. (...) Apenas se sustentada por tais verdades, apenas estabelecida sob os firmes alicerces de um sólido desespero, poderá doravante a habitação da alma ser erguida com segurança.

Russell escreveu sobre "um universo em ruínas" e "sólido desespero" em resposta a previsões de físicos quanto à eventual morte da Terra. Mas não anteviu a chegada do programa espacial. Não anteviu que os avanços na tecnologia poderiam nos permitir escapar à morte de nosso planeta.

Embora possamos um dia evadir-nos à morte do Sol com nossas espaçonaves, como fazer diante da morte do próprio universo?

FOGO OU GELO?

Os antigos, de certa forma, anteciparam muitas dessas violentas hipóteses.

Toda religião, pelo jeito, é dotada de alguma mitologia que explica o nascimento e a morte do universo.

Na mitologia nórdica, o Crepúsculo dos Deuses chama-se Ragnarok, o dia do prestar contas, quando o mundo será encoberto por neve e gelo sem fim e o firmamento se congelará. O mundo então será testemunha da batalha final entre os gigantes de gelo e os deuses nórdicos de Asgard. Na mitologia cristã, temos o Armagedom, o confronto final entre as forças do bem e do mal. Os Quatro Cavaleiros do Apocalipse surgiriam, prenunciando o Juízo Final. Na mitologia hindu, não existe qualquer fim definitivo dos dias. O que há é uma série interminável de ciclos, cada um com cerca de oito bilhões de anos de duração.

Após milhares de anos de especulações e conjecturas, a ciência começa a entender como nosso mundo evoluirá e eventualmente morrerá.

O fogo nos aguarda no futuro da Terra. Em cerca de cinco bilhões de anos teremos o último dia agradável de nosso planeta e então o Sol exaurirá suas reservas de hidrogênio e assumirá as dimensões de uma gigantesca estrela vermelha, que acabará por fazer o céu pegar fogo. Os oceanos evaporarão e as montanhas derreterão. A Terra será engolida pelo Sol. Em órbita dentro de sua ardente atmosfera, será como um pedaço de carvão incandescente. Uma referência bíblica diz "do pó viestes, ao pó retornarás". Pois os físicos dizem que da poeira cósmica viemos, e a ela retornaremos.

O destino do Sol já será diferente. Após a fase de gigante vermelho, acabará por exaurir todo o combustível nuclear, encolher e esfriar. Vai virar uma pequena estrela-anã branca, do tamanho da Terra, e ao morrer terá virado uma anã escura, um mero resíduo nuclear a vagar pela galáxia.

Ao contrário de nosso Sol, a Via Láctea morrerá sob fogo. Dentro de quatro bilhões de anos, colidirá com Andrômeda, a mais próxima galáxia em espiral, e cujo tamanho é praticamente o dobro do da Via Láctea. Será uma tomada hostil. Simulações em computador da colisão mostram que as duas galáxias iniciarão uma dança da morte ao entrarem uma em órbita da outra. Andrômeda arrancará vários braços da Via Láctea, desmembrando-a. Os buracos negros ao centro de ambas as galáxias entrarão um em órbita do outro e finalmente colidirão, fundindo-se num buraco negro maior, e da colisão emergirá uma nova galáxia, uma gigante elíptica.

Em cada uma dessas hipóteses, é importante a compreensão de que o renascimento também faz parte do ciclo cósmico. Planetas, estrelas e galáxias se reciclam. Nosso Sol, por exemplo, é provavelmente uma estrela de terceira geração. Quando uma estrela explode, a poeira cósmica e o gás que expele para o espaço realimentam a geração seguinte de estrelas.

A ciência também nos oferece uma compreensão da vida em todo o universo. Até recentemente, astrônomos pensavam já ter entendido sua história e seu eventual destino pelos próximos trilhões de anos. Eles haviam especulado que o universo evolui lentamente ao longo de cinco períodos:

- Na primeira época, correspondente ao primeiro bilhão de anos após o Big Bang, o universo era recheado de nuvens quentes e opacas de moléculas iônicas, quente demais para elétrons e prótons se condensarem em átomos.
- Na segunda época, um bilhão de anos após o Big Bang, o universo esfriou o bastante para que átomos, estrelas e galáxias pudessem emergir do caos. De repente, o espaço vazio tornou-se claro e as estrelas iluminaram o universo pela primeira vez. Essa é a era em que vivemos.
- Na terceira época, cerca de cem bilhões de anos depois do Big Bang, as estrelas terão exaurido a maior parte do seu combustível nuclear. O universo então consistirá basicamente de pequenas estrelas-anãs vermelhas, que queimam lentamente a ponto de poderem brilhar por trilhões de anos.
- Na quarta época, trilhões de anos após o Big Bang, todas as estrelas finalmente queimarão e o universo se tornará totalmente preto. Só permanecerão estrelas mortas de nêutrons e buracos negros.

- Na quinta época, até os buracos negros começarão a evaporar e se desintegrar, e o universo se tornará um mar de resíduos nucleares e partículas subatômicas errantes.

Com a descoberta de que o universo está se acelerando, toda essa hipótese poderá ser comprimida em alguns bilhões de anos. O Big Rip veio para bagunçar todo o coreto.

ENERGIA ESCURA

O que vem causando a súbita mudança em nossa compreensão do destino final do universo?

Segundo a teoria da relatividade de Einstein, duas fontes de energia conduzem a evolução do universo. A primeira é a curvatura do espaço-tempo, que cria os familiares campos gravitacionais que circundam estrelas e galáxias. É essa curvatura que mantém nossos pés no chão. Essa é a fonte de energia mais estudada por astrofísicos.

Mas há ainda uma segunda fonte, geralmente ignorada. É a energia do nada, a energia do vácuo, chamada de energia escura (não confundir com matéria escura). O próprio vazio do espaço contém energia.

Os cálculos mais recentes mostram que a energia escura age como antigravidade e está rasgando o universo. Quanto mais este se expande, mais energia escura contém, e ela o leva a se expandir ainda mais rápido.

Atualmente, os dados mais confiáveis indicam que cerca de 69% da matéria/energia (já que as duas se equivalem) no universo está contida na energia escura (por contraste, a matéria escura corresponde a 26%, átomos de hidrogênio e hélio a 5%, e elementos superiores, que compõem a Terra e nossos próprios corpos, não passam de mísero 0,5%). A energia escura, portanto, que empurra as galáxias para mais longe de nós, é claramente a força dominante do universo, muito maior do que a energia contida na curvatura do espaço-tempo.

Um dos problemas centrais da cosmologia é, portanto, o de entender a origem da energia escura. De onde vem? Será que destruirá o universo?

De maneira geral, quando meramente combinamos a relatividade com a teoria quântica, até é possível se obter uma predição de energia escura, mas ela é inexata por um fator de 10^{120}, a maior discrepância de toda a história da ciência. Em nenhuma outra fórmula de cálculo encontra-se algo assim. Isso indica haver algo terrivelmente errado quanto à nossa compreensão do universo. Portanto, a teoria de campo unificado, em vez de uma curiosidade científica, torna-se essencial para a compreensão de como tudo funciona. A solução para essa questão nos revelará o destino do universo e de todas as criaturas inteligentes que o habitam.

FUGA DO APOCALIPSE

Considerando-se que o destino do universo é provavelmente o de uma fria morte num futuro distante, o que podemos fazer a respeito? Dá para se reverter as forças cósmicas?

Há pelo menos três opções.

A primeira é não fazer nada e deixar o ciclo da vida do universo se cumprir. À medida que ele se tornar mais e mais frio, seres inteligentes irão se ajustar e pensar mais e mais devagar, segundo o físico Freeman Dyson, até atingirem o ponto em que um simples pensamento poderá levar milhões de anos, mas tais seres nem repararão porque todos os demais também estarão pensando mais devagar. Será possível para eles ter conversas inteligentes, mesmo que levem milhões de anos. A se julgar por esse ponto de vista, portanto, tudo parecerá normal.

Viver num mundo tão frio pode até ser bastante interessante. Saltos quânticos, extremamente improváveis dentro do ciclo de vida atual de um ser humano, poderiam se tornar corriqueiros. Poderíamos ver com nossos próprios olhos buracos de minhoca se abrirem e fecharem. Universos-bolha poderiam desabrochar e definhar. Os seres poderiam ver esses tipos de ocorrências o tempo todo, tão lento seria o trabalho de seus cérebros.

Contudo, essa solução seria temporária, pois o movimento molecular eventualmente se tornaria lento a ponto de impossibilitar a transferência de informação de um lugar para outro. Quando se atingir esse ponto, toda a atividade, inclusive o pensamento, por mais lento que seja, cessará. Uma esperança aflita é a de que, antes de tudo isso vir a ocorrer, a aceleração causada pela energia escura desapareça repentinamente por si só. Como ninguém sabe por que o universo está acelerando, essa possibilidade existe.

TORNANDO-NOS TIPO IV

Na mesma veia, a segunda opção é evoluirmos ao estágio de civilização Tipo IV e aprendermos a utilizar energia para além de nossa galáxia. Certa vez fiz uma palestra sobre cosmologia e discuti a escala de Kardashev. Terminada a palestra, um menino de dez anos de idade veio me abordar e dizer que eu estava errado. Tinha de haver uma civilização Tipo IV, além das habituais Tipos I, II e III da classificação de Kardashev. Eu o corrigi e disse que só havia planetas, estrelas e galáxias no universo e, portanto, uma civilização Tipo IV é impossível. Não havia fonte de energia para além de uma galáxia.

Mais tarde me dei conta de talvez ter sido impaciente com o menino.

Lembremo-nos de que cada tipo de civilização é de 10 a 100 bilhões de vezes mais poderoso do que o anterior. Como há cerca de 100 bilhões de galáxias no universo visível, uma civilização Tipo IV poderia fazer uso de toda a energia dele.

Talvez a fonte de energia extragalática seja a energia escura, de longe a maior fonte de matéria/energia em todo o universo. Como poderia uma civilização Tipo IV manipular a energia escura e reverter o Big Rip?

Como fazer uso de energia extragalática está na própria definição do que seja uma civilização Tipo IV, talvez lhe seja possível manipular algumas das dimensões extras reveladas pela teoria das cordas e criar uma esfera na qual a energia escura reverta a polaridade, de forma a reverter também a expansão cósmica. Fora da esfera, talvez o universo continue a se expandir exponencialmente. Mas dentro as galáxias evoluiriam normalmente. Assim, uma civilização Tipo IV poderia sobreviver ainda que o universo estivesse morrendo ao seu redor.

De certa forma, seria como o efeito de uma esfera de Dyson. Mas se o propósito desta última é prender a luz solar em seu interior, o daquela seria o de aprisionar a energia escura, de forma a poder conter a expansão.

A possibilidade final seria criar um buraco de minhoca através do espaço e do tempo. Se o universo estiver morrendo, uma opção poderia ser a de deixá-lo e entrar noutro, mais jovem.

O retrato original que Einstein nos pintou do universo foi o de uma enorme bolha em expansão. Nós vivemos em sua pele. O novo retrato que a teoria das cordas nos oferece indica haver outras bolhas por aí, cada uma delas uma solução às equações das cordas. Na verdade, haveria um banho de espuma de universos, criando um multiverso.

Muitas dessas bolhas seriam microscópicas e formariam um míni Big Bang para rapidamente se desfazer. A maioria nos é inconsequente, pois suas curtas vidas ocorrem no vácuo do espaço. Stephen Hawking chamava de "espuma espaço-temporal" a constante agitação de universos no vácuo. O nada, portanto, não é vazio, mas cheio de universos em constante movimento. Estranhamente, isso significa haver vibrações na espuma do espaço-tempo até mesmo no interior de nossos corpos, mas tão minúsculas que felizmente nem nos damos conta delas.

O aspecto surpreendente dessa teoria é a constatação de que, se o Big Bang ocorreu uma vez, pode voltar a ocorrer várias vezes. E assim surge um novo retrato de universos bebês brotando de universos-mãe, e o nosso seria nada mais do que um retalho mínimo de um multiverso muito maior.

(Ocasionalmente, uma fração mínima dessas bolhas não some e volta ao vácuo, expandindo-se enormemente graças à energia escura. Essa talvez seja a origem do nosso universo, ou pode ter resultado da colisão entre duas bolhas ou do fissionamento de uma bolha em outras menores.)

Como vimos no capítulo anterior, uma civilização avançada poderia ser capaz de construir um acelerador de partículas gigantesco, do tamanho do cinturão de asteroides, e por meio dele abrir um buraco de minhoca. Se estabilizado pela energia negativa, tal buraco poderia funcionar como uma rota de fuga para outro universo. Já discutimos como usar o efeito Casimir para criar a energia negativa, mas outra fonte poderia residir nas dimensões superiores. Elas podem servir a dois propósitos: mudar o valor da energia escura, e assim impedir o Big Rip, ou criar energia negativa para ajudar a estabilizar um buraco de minhoca.

Cada bolha ou universo do multiverso obedece a diferentes leis da física. Num cenário ideal, queremos adentrar um universo paralelo onde os átomos sejam estáveis (para nossos corpos não se desintegrarem logo na entrada) e a quantidade de energia escura seja bem mais baixa, para que sua expansão se dê em escala suficiente que permita o esfriamento e a formação de planetas habitáveis, mas não tanto que o leve a acelerar rumo a um Big Freeze precoce.

INFLAÇÃO

A princípio, todas essas especulações soam risíveis, mas os mais recentes dados cosmológicos de nossos satélites parecem corroborar a tese. Até os céticos são forçados a admitir que a ideia do multiverso é consistente com a teoria chamada de "inflação", uma versão aditivada da velha teoria do Big Bang. A julgar por essa hipótese, imediatamente antes do Big Bang teria havido uma explosão chamada inflação, que criou o universo nos primeiros 10^{-33} segundos, muito mais rápido do que na teoria original. Essa ideia, originalmente proposta por Alan Guth, do MIT, e Andrei Linde, de Stanford, solucionava uma série de mistérios cosmológicos. Por exemplo, o universo parece bem mais plano e uniforme do que o previsto pela teoria de Einstein. Mas caso tenha passado por uma expansão cósmica, isso o teria nivelado, como acontece quando se infla um enorme balão. A superfície do balão inflado parece plana por causa de seu tamanho.

Além disso, se olharmos numa direção do universo e então girarmos 180c para olhar na direção oposta, perceberemos que é basicamente a mesma coisa, independentemente do lado para o qual se olhe. Isso exige algum tipo de mistura entre suas partes distintas, mas como a velocidade da luz é finita, simplesmente não há tempo suficiente para que a informação viaje por distâncias tão vastas. Consequentemente, o universo deveria parecer irregular e desorganizado em função da falta de tempo hábil para misturar a matéria. A inflação soluciona essa questão ao postular que, no início dos tempos, o universo era um minúsculo fragmento de matéria uniforme. À medida que a inflação expandia esse fragmento, criava o que vemos hoje. E sendo a inflação uma teoria quântica, há uma pequena, mas finita, probabilidade de que possa ocorrer de novo.

Embora a teoria da inflação tenha tido inegável sucesso em explicar os dados, ainda há uma discussão entre cosmólogos quanto à teoria de base a sustentá-la. Há indícios consideráveis de nossos satélites a mostrar que o universo passou por uma vertiginosa inflação, mas precisamente o que a impulsionou não se sabe. Por ora, a principal forma de explicar a teoria da inflação é por meio da teoria das cordas.

Certa vez perguntei ao dr. Guth se seria possível criar um universo bebê em laboratório. Ele respondeu que chegou a fazer os cálculos. Seria preciso concentrar uma fantástica quantidade de calor em dado momento. Se o universo bebê fosse formado dentro de um laboratório, explodiria violentamente num Big Bang. Porém, explodiria noutra dimensão, ou seja, a julgar pelo nosso ponto de vista, simplesmente desapareceria. Contudo, ainda assim sentiríamos a onda de choque de seu nascimento, equivalente à explosão de muitas armas nucleares. Portanto, concluiu, se criássemos um, teríamos de correr rápido!

NIRVANA

O multiverso também pode ser visto por uma perspectiva teológica, em que todas as religiões se encaixam em duas categorias: aquelas nas quais houve um instante de criação e as eternas. Por exemplo, a filosofia judaico-cristã fala da Criação, um evento cósmico que deu origem ao universo (não é de se surpreender que os cálculos originais do Big Bang tenham sido feitos por um padre católico e físico, Georges Lemaître, que considerava a teoria de Einstein compatível com o Gênesis). Contudo, no budismo não há deus de espécie alguma. O universo é atemporal, sem início ou fim. Há somente o Nirvana. Essas duas filosofias parecem se opor frontalmente uma à outra. Ou o universo teve um início ou não teve.

Mas a fusão dessas duas filosofias diametralmente opostas passa a ser possível se adotarmos o conceito do multiverso. Na teoria das cordas, nosso universo teve de fato uma origem cataclísmica, o Big Bang. Só que vivemos num multiverso composto de universos-bolha que, por sua vez, pairam numa arena muito maior, um hiperespaço de dez dimensões, que não teve um início.

Portanto, dentro da arena mais ampla do Nirvana (o hiperespaço), o Gênesis está acontecendo o tempo todo.

Assim temos uma simples e elegante unificação da narrativa judaico-cristã da origem do mundo com o budismo. Nosso universo de fato teria nascido sob a marca do fogo, mas coexistimos num Nirvana atemporal de universos paralelos.

FAZEDOR DE ESTRELAS

Tudo isso nos leva de volta ao trabalho de Olaf Stapledon, que imaginou haver um Fazedor de Estrelas, um ser cósmico que cria e descarta universos inteiros. Seria como um pintor celeste, constantemente evocando novos universos, ajustando suas propriedades e então partindo para o seguinte. Cada universo tem leis naturais diferentes e formas de vida distintas.

O Fazedor de Estrelas propriamente dito estava fora desses universos e conseguia enxergá-los todos em sua totalidade enquanto pintava a tela do multiverso. Stapledon escreve: "Cada cosmos (...) era dotado de seu próprio tempo peculiar, de tal maneira que toda a sequência de eventos em cada um deles podia ser observada pelo Fazedor de Estrelas não apenas de dentro do tempo cósmico em si, mas também como quem observa de fora, do tempo propriamente dito à sua própria vida, com todas as épocas cósmicas coexistindo juntas".

Essa descrição é bem semelhante à maneira como os teóricos das cordas enxergam o multiverso. Cada universo num multiverso corresponde a uma solução das equações das cordas, cada um com suas próprias leis da física, cada um com suas próprias escalas de tempo e unidades de medida. Como disse Stapledon, é preciso estar de fora do tempo normal, de fora de todos esses universos, para poder enxergar todas as bolhas juntas.

(Tudo isso remete ainda à maneira como Santo Agostinho enxergava a natureza do tempo. Se Deus era Todo-Poderoso, então não poderia estar agrilhoado por problemas terrenos. Em outras palavras, seres divinos não têm de correr para cumprir prazos ou chegar na hora a compromissos. Portanto, de alguma maneira, Deus deveria existir fora do tempo. Da mesma forma, o Fazedor de Estrelas e os teóricos das cordas, observando o banho de espuma de universos no multiverso, também se encontram fora do tempo.)

Mas se temos um banho de espuma de possíveis universos, qual seria o nosso entre eles? Isso levanta a questão se o nosso universo foi ou não projetado por um ser superior.

Quando examinamos as forças do universo, notamos que ele parece "afinado" no ponto exato para possibilitar a vida inteligente. Por exemplo, se a energia nuclear fosse um pouco mais intensa, o Sol teria se consumido milhões de anos atrás. Se fosse um pouco mais fraca, nunca teria sequer se inflamado. O mesmo se aplica à gravidade. Fosse um pouco mais forte, e o Big Crunch teria ocorrido bilhões de anos atrás. Fosse um pouco mais fraca, e teria ocorrido o Big Freeze em seu lugar. Em ambos os casos, a força nuclear e a da gravidade estão "afinadas" no ponto exato para tornar possível a vida inteligente na Terra. Ao examinarmos outras forças e parâmetros, encontramos o mesmo padrão.

Várias escolas filosóficas se desenvolveram para se dedicar à questão do âmbito restrito em que as leis fundamentais permitem a criação da vida.

A primeira é o princípio de Copérnico, que propõe simplesmente não haver nada de especial a respeito da Terra. Ela seria apenas um pedaço de poeira cósmica vagando pelo cosmos sem qualquer propósito. O fato de as forças da natureza estarem "afinadas" no ponto exato não passaria de uma coincidência.

A segunda é o princípio antrópico, segundo o qual a nossa simples existência já impõe enormes limites aos tipos de universos que porventura possam existir. Uma formulação fraca desse princípio declara simplesmente que as leis da natureza devem ser tais que tornem a vida possível, já que nós existimos e as estamos contemplando. Qualquer universo é tão bom quanto qualquer outro, mas só o nosso tem seres inteligentes capazes de ponderar e escrever a esse respeito. Mas um postulado bem mais sólido é o que declara ser tão improvável a existência da vida inteligente que talvez o universo seja de alguma maneira impelido a permitir a sua existência, que talvez tenha sido projetado especificamente para isso.

O princípio de Copérnico diz que nosso universo não é especial; já o princípio antrópico diz que é. Estranhamente, apesar de os princípios serem diametralmente opostos, ambos são compatíveis com o universo como o conhecemos.

(Lembro-me claramente da minha professora do ensino fundamental explicando essa ideia para mim. Deus amava tanto a Terra, dizia ela, que a situou à perfeita distância do Sol. Fosse próxima demais dele, os oceanos ferveriam. Fosse distante demais, congelariam. Portanto, Deus elegeu a Terra para ficar à distância exata do Sol. Foi a primeira vez que ouvi um princípio científico ser explicado dessa forma.)

A maneira de solucionar esse problema sem colocar religião no meio é a existência dos exoplanetas, muitos dos quais estão próximos demais ou distantes demais do Sol para permitir a existência de vida. Estamos aqui hoje por pura sorte. É por sorte que habitamos a zona Cachinhos Dourados da órbita do Sol.

Da mesma maneira, a explicação do porquê de o universo parecer afinado para permitir a vida como a conhecemos se deve à sorte, pois há bilhões de universos paralelos não ajustados especificamente para permitir vida, e estes são completamente desprovidos dela. Somos os sortudos que viveram para contar a história. O universo, assim, não é necessariamente projetado por um ser superior. Estamos aqui para discutir a questão porque vivemos num universo compatível com a vida.

Mas há outra maneira de encarar essa questão. É a filosofia que prefiro e aquela com a qual trabalho atualmente. Nessa abordagem, há no multiverso vários universos, mas a maioria é instável e acabará por decair para um universo mais estável. Muitos outros universos podem ter existido no passado, mas não duraram e foram absorvidos pelo nosso. Nesse cenário, o nosso sobreviveu por ser um dos mais estáveis.

Meu ponto de vista, portanto, combina os princípios de Copérnico e antrópico. Creio que nosso universo não é especial, como prega o princípio de Copérnico, exceto por duas características: a de ser muito estável e a de ser compatível com a vida como a conhecemos. Em vez de um número infinito de universos paralelos a flutuar no Nirvana do hiperespaço, temos uma maioria instável e talvez apenas um punhado sobreviva para criar vida como a nossa.

A palavra final sobre a teoria das cordas ainda há de ser dada. Quando a teoria completa estiver fechada, poderemos compará-la à quantidade de matéria escura no universo e aos parâmetros que descrevem as partículas subatômicas, o que poderá estabelecer afinal se a teoria é correta ou não. Se for, talvez a teoria das cordas explique também o mistério da energia escura, que físicos acreditam ser o motor que pode um dia destruir o universo. E se a boa fortuna nos permitir evoluirmos para uma civilização Tipo IV, capaz de extrair energia extragalática, talvez a teoria das cordas explique como escaparmos à própria morte do universo.

Talvez alguma jovem mente empreendedora, ao ler este livro, sinta-se inspirada a completar o capítulo final da história da teoria das cordas e responder à pergunta: seria possível reverter a morte do universo?

A ÚLTIMA PERGUNTA

Isaac Asimov disse certa vez que, de todos os contos que havia escrito, seu favorito era "A última pergunta", onde introduzia uma surpreendente nova visão da vida trilhões de anos no futuro e explicava como a humanidade poderia confrontar o fim do universo.

No conto, as pessoas se perguntam há milênios se o universo tem necessariamente de morrer ou se é possível reverter sua expansão e impedi-lo de congelar. Ao ser questionado "é possível reverter a entropia?", o computador central sempre responde: "Não há dados suficientes para uma resposta significativa".

Finalmente, num futuro distante trilhões de anos do presente, a humanidade já se libertou do confinamento da própria matéria. Humanos evoluíram e se tornaram seres de pura energia capazes de se transportar galáxia afora. Sem os grilhões materiais, vertidos em pura consciência, lhes é possível visitar os confins da galáxia. Seus corpos físicos são imortais, mas armazenados em algum sistema solar distante e esquecido, suas mentes são livres para vagar. Entretanto, sempre que fazem a fatídica pergunta "é possível reverter a entropia?", ouvem a mesma resposta: "Não há dados suficientes para uma resposta significativa".

Finalmente, o computador central torna-se poderoso a ponto de não ter como ser depositado em planeta algum e o hiperespaço passa a abrigá-lo. Os trilhões de mentes que compõem a humanidade se fundem a ele. E no que o universo adentra seu estado final de agonia, o computador afinal soluciona o problema da reversão da entropia. No instante exato da morte do universo, o computador central declara: "Faça-se a luz!". E nasce a luz.

Em última análise, portanto, o futuro da humanidade é evoluir ao ponto de tornarmo-nos um deus capaz de criar um universo inteiramente novo e recomeçar do zero. Assim, analisemos o conto agora pelo prisma da física moderna.

Como mencionamos no último capítulo, talvez por volta do próximo século já sejamos capazes de portabilizar nossas consciências via laser à velocidade da luz. A portabilidade a laser pode eventualmente assumir as proporções de uma vasta supervia expressa transportando bilhões de mentes em alta velocidade galáxia afora. A visão de Asimov de seres feitos de pura energia a explorar a galáxia, portanto, não é tão estapafúrdia assim.

Em seguida, o computador central torna-se tão grande e poderoso que tem de ser depositado no hiperespaço e a humanidade acaba por se fundir a ele. Talvez um dia possamos nos tornar como o Fazedor de Estrelas e, de nosso ponto de observação no hiperespaço, olhar para baixo e contemplar nosso universo a coexistir com tantos outros no multiverso, cada um com bilhões de galáxias. Ao analisar a paisagem de universos possíveis, talvez possamos escolher um novo, ainda jovem, que possa nos servir de novo lar. Escolheríamos um universo com matéria estável, como átomos, e jovem o suficiente para que estrelas possam criar novos sistemas solares para gerar novas formas de vida. O futuro distante, portanto, em vez de se configurar como beco sem saída para a vida inteligente, pode ser testemunha do nascimento de um novo lar para ela. Se for o caso, então o fim de nosso universo não representará o fim desta história.

> Nossa única chance de sobrevivência a longo prazo não é continuar à espreita no planeta Terra, mas lançarmo-nos ao espaço. (...) Mas sou um otimista. Se conseguirmos evitar o desastre pelos próximos dois séculos, nossa espécie deverá estar em segurança, a espalhar-se pelo espaço. Uma vez que estabeleçamos colônias independentes, todo o nosso futuro deverá estar a salvo.
> – STEPHEN HAWKING

> Todo sonho começa com um sonhador. Lembrem-se sempre de que vocês possuem em seu interior a força e a paixão para atingirem as estrelas e mudarem o mundo.
> – HARRIET TUBMAN

AGRADECIMENTOS

Gostaria de agradecer aos seguintes cientistas e especialistas que generosamente me concederam seu tempo e perícia através de entrevistas para este livro e para meus programas em rede nacional de rádio e TV. Seu conhecimento e suas aguçadas impressões a respeito da ciência ajudaram a tornar este livro possível.

Também gostaria de agradecer ao meu agente, Stuart Krichevsky, que ao longo de todos esses anos ajudou a transformar meus livros em sucessos. Minha gratidão a ele pelo incansável trabalho é eterna. É sempre a primeira pessoa a quem recorro quando preciso de conselhos sólidos.

Gostaria ainda de agradecer a Edward Kastenmeier, meu editor na Penguin Random House, por sua orientação e comentários, que ajudaram a manter o foco do livro. Como sempre, seus conselhos aperfeiçoaram consideravelmente o manuscrito. Sua mão certeira de editor é visível ao longo deste livro.

Gostaria de agradecer aos seguintes pioneiros e desbravadores:
Peter Doherty, Ganhador do Nobel, Hospital St. Jude de Pesquisa Infantil
Gerald Edelman, Ganhador do Nobel, Instituto de Pesquisa Scripps
Murray Gell-Mann, Ganhador do Nobel, Instituto Santa Fe e Caltech
Walter Gilbert, Ganhador do Nobel, Universidade Harvard
David Gross, Ganhador do Nobel, Instituto Kavli de Física Teórica
Henry Kendall, Ganhador do Nobel, MIT
Leon Lederman, Ganhador do Nobel, Instituto de Tecnologia de Illinois
Yoichiro Nambu, Ganhador do Nobel, Universidade de Chicago

Henry Pollack, Painel Intergovernamental sobre Mudanças Climáticas, Prêmio Nobel da Paz
Joseph Rotblat, Ganhador do Nobel, Hospital St. Bartholomew
Steven Weinberg, Ganhador do Nobel, Universidade do Texas, Austin
Frank Wilczek, Ganhador do Nobel, MIT
Amir Aczel, autor de *Uranium Wars*
Buzz Aldrin, astronauta, NASA, segundo homem a caminhar na Lua
Geoff Andersen, Academia da Força Aérea dos Estados Unidos, autor de *The Telescope*
David Archer, cientista geofísico, Universidade de Chicago, autor de *The Long Thaw*
Jay Barbree, coautor de *Moon Shot*
John Barrow, físico, Universidade de Cambridge, autor de *Impossibility*
Marcia Bartusiak, autora de *Einstein's Unfinished Symphony*
Jim Bell, astrônomo, Universidade Cornell
Gregory Benford, físico, Universidade da Califórnia, Irvine
James Benford, físico, presidente da Microwave Sciences
Jeffrey Bennett, autor de *Beyond UFOs*
Bob Berman, astrônomo, autor de *Secrets of the Night Sky*
Leslie Biesecker, pesquisador sênior, genômica médica, Institutos Nacionais de Saúde
Piers Bizony, autor de *How to Build Your Own Spaceship*
Michael Blaese, pesquisador sênior, Institutos Nacionais de Saúde
Alex Boese, fundador do Museum of Hoaxes
Nick Bostrom, transumanista, Universidade de Oxford
Tenente-coronel Robert Bowman, diretor, Instituto de Estudos Espaciais e de Segurança
Travis Bradford, autor de *Solar Revolution*
Cynthia Breazeal, codiretora, Centro de Narrativas do Futuro, Laboratório de Mídia do MIT
Lawrence Brody, pesquisador sênior, genômica médica, Institutos Nacionais de Saúde
Rodney Brooks, ex-diretor, Laboratório de Inteligência Artificial do MIT
Lester Brown, fundador e presidente do Instituto de Políticas para a Terra
Michael Brown, astrônomo, Caltech
James Canton, autor de *The Extreme Future*

Arthur Caplan, fundador da Divisão de Ética Médica, Escola de Medicina da NYU
Fritjof Capra, autor de *A ciência de Leonardo da Vinci*
Sean Carroll, cosmólogo, Caltech
Andrew Chaikin, autor de *A Man on the Moon*
Leroy Chiao, astronauta, NASA
Eric Chivian, médico, Médicos Internacionais pela Prevenção da Guerra Nuclear
Deepak Chopra, autor de *Supercérebro*
George Church, professor de genética, Escola de Medicina de Harvard
Thomas Cochran, físico, Conselho de Defesa dos Recursos Naturais
Christopher Cokinos, astrônomo, autor de *The Fallen Sky*
Francis Collins, diretor, Institutos Nacionais de Saúde
Vicki Colvin, química, Universidade Rice
Neil Comins, físico, Universidade do Maine, autor de *The Hazards of Space Travel*
Steve Cook, Centro de Voos Espaciais Marshall, porta-voz da NASA
Christine Cosgrove, coautora de *Normal at Any Cost*
Steve Cousins, Programa de Robôs Pessoais de Willow Garage
Philip Coyle, ex-secretário-assistente de defesa dos Estados Unidos
Daniel Crevier, cientista da computação, CEO da Coreco Imaging
Ken Croswell, astrônomo, autor de *Magnificent Universe*
Steven Cummer, cientista da computação, Universidade Duke
Mark Cutkosky, engenheiro mecânico, Universidade Stanford
Paul Davies, físico, autor de *Superforce*
Daniel Dennett, codiretor, Centro de Estudos Cognitivos, Universidade Tufts
Michael Dertouzos, cientista da computação, MIT
Jared Diamond, ganhador do Prêmio Pulitzer, UCLA
Mariette DiChristina, editora-chefe, *Scientific American*
Peter Dilworth, pesquisador científico, Laboratório de Inteligência Artificial do MIT
John Donoghue, criador do BrainGate, Universidade Brown
Ann Druyan, roteirista e produtora, Cosmos Studios
Freeman Dyson, físico, Instituto de Estudos Avançados, Princeton
David Eagleman, neurocientista, Universidade Stanford

Paul Ehrlich, ambientalista, Universidade Stanford
John Ellis, físico, CERN
Daniel Fairbanks, geneticista, Universidade do Vale de Utah, autor de *Relics of Eden*
Timothy Ferris, roteirista e produtor, autor de *Coming of Age in the Milky Way*
Maria Finitzo, cineasta, especialista em células-tronco, ganhadora do prêmio Peabody
Robert Finkelstein, ciência da computação e robótica, Robotic Technology, Inc.
Christopher Flavin, membro sênior, Instituto Worldwatch
Louis Friedman, cofundador, Sociedade Planetária
Jack Gallant, neurocientista, Universidade da Califórnia, Berkeley
James Garvin, cientista-chefe, NASA
Evalyn Gates, Museu de História Natural de Cleveland, autora de *Einstein's Telescope*
Michael Gazzaniga, neurologista, Universidade da Califórnia, Santa Barbara
Jack Geiger, cofundador, Médicos pela Responsabilidade Social
David Gelernter, cientista da computação, Universidade Yale
Neil Gershenfeld, diretor, Centro de Bits e Átomos, Laboratório de Mídia do MIT
Paul Gilster, autor de *Centauri Dreams*
Rebecca Goldburg, ambientalista, Pew Charitable Trusts
Don Goldsmith, astrônomo, autor de *The Runaway Universe*
David Goodstein, ex-vice-reitor, Caltech
J. Richard Gott III, físico, Universidade Princeton, autor de *Time Travel in Einstein's Universe*
Stephen Jay Gould, biólogo, Universidade Harvard
Embaixador Thomas Graham, especialista em controle e não proliferação de armas durante os governos de seis presidentes
John Grant, autor de *Corrupted Science*
Eric Green, diretor, Instituto Nacional de Pesquisa do Genoma Humano, Institutos Nacionais de Saúde
Ronald Green, genômica e bioética, Dartmouth College, autor de *Babies by Design*

Brian Greene, físico, Universidade Columbia, autor de *O universo elegante*
Alan Guth, físico, MIT, autor de *The Inflationary Universe*
William Hanson, autor de *The Edge of Medicine*
Chris Hadfield, astronauta, CSA
Leonard Hayflick, Escola de Medicina da Universidade da Califórnia, São Francisco
Donald Hillebrand, diretor, Divisão de Sistemas de Energia do Laboratório Nacional de Argonne
Allan Hobson, psiquiatra, Universidade Harvard
Jeffrey Hoffman, astronauta, NASA, MIT
Douglas Hofstadter, Ganhador do Pulitzer, autor de *Gödel, Escher, Bach*
John Horgan, jornalista, Instituto Stevens de Tecnologia, autor de *O fim da ciência*
Jamie Hyneman, apresentador de *MythBusters*
Chris Impey, astrônomo, Universidade do Arizona, autor de *O universo vivo*
Robert Irie, cientista da computação, Projeto Cog, Laboratório de Inteligência Artificial do MIT
P. J. Jacobowitz, jornalista, revista *PC Magazine*
Jay Jaroslav, Human Intelligence Enterprise, Laboratório de Inteligência Artificial do MIT
Donald Johanson, paleoantropólogo, Instituto de Origens do Homem, descobridor de Lucy
George Johnson, jornalista de ciência, *The New York Times*
Tom Jones, astronauta, NASA
Steve Kates, astrônomo, apresentador de TV
Jack Kessler, professor de medicina, Northwestern Medical Group
Robert Kirshner, astrônomo, Universidade Harvard
Kris Koenig, astrônomo, cineasta
Lawrence Krauss, físico, Universidade Estadual do Arizona, autor de *The Physics of Star Trek*
Lawrence Kuhn, cineasta, *Closer to Truth*
Ray Kurzweil, inventor e futurista, autor de *The Age of Spiritual Machines*

Geoffrey Landis, físico, NASA

Robert Lanza, especialista em biotecnologia, diretor-geral da Astellas Global Regenerative Medicine

Roger Launius, coautor de *Robots in Space*

Stan Lee, criador da Marvel Comics e do Homem-Aranha

Michael Lemonick, ex-editor sênior de ciência, revista *Time*

Arthur Lerner-Lam, geólogo e vulcanista, Instituto Terra

Simon LeVay, autor de *When Science Goes Wrong*

John Lewis, astrônomo, Universidade do Arizona

Alan Lightman, físico, MIT, autor de *Os sonhos de Einstein*

Dan Linehan, autor de *SpaceShipOne*

Seth Lloyd, engenheiro mecânico e físico, MIT, autor de *Programming the Universe*

Werner R. Loewenstein, ex-diretor do Laboratório de Física Celular, Universidade Columbia

Joseph Lykken, físico, Laboratório Nacional de Aceleradores de Fermi

Pattie Maes, professora de artes e ciências midiáticas, Laboratório de Mídia do MIT

Robert Mann, autor de *Forensic Detective*

Michael Paul Mason, autor de *Head Cases*

W. Patrick McCray, autor de *Keep Watching the Skies!*

Glenn McGee, autor de *The Perfect Baby*

James McLurkin, cientista da computação, Universidade Rice

Paul McMillan, diretor, Space Watch

Fulvio Melia, astrofísico, Universidade do Arizona

William Meller, autor de *Evolution Rx*

Paul Meltzer, Centro de Pesquisa do Câncer, Institutos Nacionais de Saúde

Marvin Minsky, cientista da computação, MIT, autor de *A sociedade da mente*

Hans Moravec, Instituto de Robótica da Universidade Carnegie Mellon, autor de *Robot*

Philip Morrison, físico, MIT

Richard Muller, astrofísico, Universidade da Califórnia, Berkeley

David Nahamoo, membro da IBM, Grupo de Tecnologia das Línguas Humanas da IBM

Christina Neal, vulcanista, U.S. Geological Survey

Michael Neufeld, autor de *Von Braun: Dreamer of Space, Engineer of War*

Miguel Nicolelis, neurocientista, Universidade Duke

Shinji Nishimoto, neurologista, Universidade da Califórnia, Berkeley

Michael Novacek, paleontólogo, Museu Americano de História Natural

S. Jay Olshansky, biogerontólogo, Universidade de Illinois em Chicago, coautor de *The Quest for Immortality*

Michael Oppenheimer, ambientalista, Universidade Princeton

Dean Ornish, professor clínico de medicina, Universidade da Califórnia em São Francisco

Peter Palese, virologista, Escola de Medicina Icahn no Mount Sinai

Charles Pellerin, ex-diretor de astrofísica, NASA

Sidney Perkowitz, autor de *Hollywood Science*

John Pike, diretor, GlobalSecurity.org

Jena Pincott, autora de *Do Gentlemen Really Prefer Blondes?*

Steven Pinker, psicólogo, Universidade Harvard

Tomaso Poggio, cientista cognitivo, MIT

Corey Powell, editor-chefe, *Discover*

John Powell, fundador, JP Aerospace

Richard Preston, autor de *Zona quente* e *O demônio no freezer*

Raman Prinja, astrônomo, University College London

David Quammen, biólogo evolucionista, autor de *As dúvidas do sr. Darwin*

Katherine Ramsland, cientista forense, Universidade DeSales

Lisa Randall, física, Universidade Harvard, autora de *Warped Passages*

Sir Martin Rees, astrônomo, Universidade de Cambridge, autor de *Before the Beginning*

Jeremy Rifkin, fundador, Foundation on Economic Trends

David Riquier, instrutor de escrita/professor-assistente, Universidade Harvard

Jane Rissler, ex-cientista sênior, Union of Concerned Scientists

Joseph Romm, membro sênior no Center for American Progress, autor de *Hell and High Water*

Steven Rosenberg, diretor-geral da divisão de imunologia de tumores, Institutos Nacionais de Saúde

Oliver Sacks, neurologista, Universidade Columbia

Paul Saffo, futurista, Universidade Stanford e Instituto para o Futuro
Carl Sagan, astrônomo, Universidade Cornell, autor de *Cosmos*
Nick Sagan, coautor de *You Call This the Future?*
Michael H. Salamon, cientista acadêmico da NASA a cargo de Física Fundamental e do programa Beyond Einstein
Adam Savage, apresentador de *MythBusters*
Peter Schwartz, futurista, fundador da Global Business Network
Sara Seager, astrônoma, MIT
Charles Seife, autor de *Sun in a Bottle*
Michael Shermer, fundador, Skeptic Society e revista *Skeptic*
Donna Shirley, ex-coordenadora, Programa de Exploração de Marte da NASA
Seth Shostak, astrônomo, Instituto SETI
Neil Shubin, biólogo evolucionista, Universidade de Chicago, autor de *A história de quando éramos peixes*
Paul Shuch, engenheiro aeroespacial, diretor executivo emérito, SETI League
Peter Singer, autor de *Wired for War*
Simon Singh, roteirista e produtor, autor de *Big Bang*
Gary Small, coautor de *iBrain*
Paul Spudis, geólogo e cientista lunar, autor de *The Value of the Moon*
Steven Squyres, astrônomo, Universidade Cornell
Paul Steinhardt, físico, Universidade Princeton, coautor de *Endless Universe*
Jack Stern, cirurgião de células-tronco, professor de ensino clínico de neurocirurgia, Universidade Yale
Gregory Stock, UCLA, autor de *Redesigning Humans*
Richard Stone, jornalista de ciência, *Discover Magazine*
Brian Sullivan, astrônomo, Hayden Planetarium
Michael Summers, astrônomo, coautor de *Exoplanets*
Leonard Susskind, físico, Universidade Stanford
Daniel Tammet, autor de *Born on a Blue Day*
Geoffrey Taylor, físico, Universidade de Melbourne
Ted Taylor, físico, projetista de ogivas nucleares americanas
Max Tegmark, cosmólogo, MIT
Alvin Toffler, futurista, autor de *A terceira onda*

Patrick Tucker, futurista, World Future Society

Chris Turney, climatólogo, Universidade de Wollongong, autor de *Ice, Mud and Blood*

Neil deGrasse Tyson, astrônomo, diretor, Hayden Planetarium

Sesh Velamoor, futurista, Foundation for the Future

Frank von Hippel, físico, Universidade Princeton

Robert Wallace, coautor de *Spycraft*

Peter Ward, coautor de *Rare Earth*

Kevin Warwick, especialista em ciborgues humanos, Universidade de Reading

Fred Watson, astrônomo, autor de *Stargazer*

Mark Weiser, pesquisador científico, Xerox PARC

Alan Weisman, autor de *O mundo sem nós*

Spencer Wells, geneticista e produtor, autor de *The Journey of Man*

Daniel Werthheimer, astrônomo, SETI@home, Universidade da Califórnia, Berkeley

Mike Wessler, Projeto Cog, Laboratório de Inteligência Artificial do MIT

Michael West, CEO, AgeX Therapeutics

Roger Wiens, astrônomo, Laboratório Nacional de Los Alamos

Arthur Wiggins, físico, autor de *The Joy of Physics*

Anthony Wynshaw-Boris, geneticista, Case Western Reserve University

Carl Zimmer, biólogo, coautor de *Evolution*

Robert Zimmerman, autor de *Leaving Earth*

Robert Zubrin, fundador, Mars Society

OBSERVAÇÕES

PRÓLOGO

9   **Um dia, cerca de 75 mil anos atrás:** A. R. Templeton, "Genetics and Recent Human Evolution" (Genética e evolução humana recente), *International Journal of Organic Evolution 61*, nº 7 (2007); 1507-19. Ver também *Supervolcano: The Catastrophic Event That Changed the Course of Human History; Could Yellowstone Be Next?* (NewYork: MacMillan, 2015).

9   **Provas cabais desse cataclismo:** Embora haja consenso universal de que a erupção do supervulcão em Toba foi um acontecimento verdadeiramente catastrófico, deve-se frisar que nem todos os cientistas acreditam ter alterado a direção da evolução humana. Um grupo, da Universidade de Oxford, analisou sedimentos no lago Malawi, na África, datados de dezenas de milhares de anos no passado. Ao perfurar o fundo do lago, é possível colher sedimentos ali depositados num passado remoto e, assim, recriar condições climáticas de então. A análise de dados da época do vulcão Toba não mostrou qualquer sinal significativo de mudanças climáticas permanentes, o que lança dúvidas sobre a teoria. No entanto, ainda é preciso ver se o resultado pode ser generalizado para outras áreas que não o lago Malawi. Outra teoria prega que o gargalo na evolução humana, cerca de 75 mil anos atrás, teria sido causado por efeitos ambientais lentos, não um colapso repentino do meio ambiente. É preciso pesquisar mais para se chegar a uma conclusão definitiva.

CAPÍTULO 1: PREPARAR PARA DECOLAR

28 **Na juventude, passou a maior parte do tempo:** As três leis da mecânica de Newton são:

– Um objeto em movimento permanece em movimento, a não ser que uma força exterior interfira (isso significa que nossas sondas podem atingir planetas distantes com o mínimo de combustível, uma vez estando no espaço, pois podem basicamente singrar a caminho dos planetas, visto que no espaço não há fricção).

– A força equivale à massa multiplicada pela aceleração. É essa a lei fundamental por trás da mecânica newtoniana, que possibilita a construção de arranha-céus, pontes e fábricas. Em qualquer universidade, o primeiro ano do curso de física é basicamente dedicado a solucionar essa equação para diferentes sistemas mecânicos.

– A cada ação corresponde uma reação oposta em igual medida. É essa a razão de foguetes poderem se mover no espaço sideral.

Essas leis funcionam perfeitamente quando se trata de lançar sondas espaciais sistema solar afora. Porém, elas inevitavelmente entram em colapso em vários domínios importantes: a) velocidades extremamente rápidas, próximas à da luz, b) campos gravitacionais extremamente intensos, como nas proximidades de um buraco negro, e c) distâncias extremamente pequenas encontradas dentro de átomos. Para explicar esses fenômenos, precisamos da teoria da relatividade de Einstein e também da teoria quântica.

28 **"Pisar o solo dos asteroides":** Chris Impey, *Beyond* (New York: W.W. Norton, 2015).

30 **"O tal professor Goddard":** Impey, *Beyond*, página 30.

31 **Wernher von Braun pegaria os esboços, os sonhos e os modelos:** Ainda há muita discussão entre os historiadores quanto ao grau exato de sinergia entre pioneiros como Tsiolkovsky, Goddard e von Braun. Alguns alegam que eles trabalharam quase que em total isolamento e redescobriram independentemente os trabalhos uns dos outros. Há quem diga que havia considerável interação, em especial porque grande parte de sua obra foi publicada. Mas é sabido que os nazistas arguiram Goddard, em busca de conselhos. Portanto, pode-se afirmar com segurança que von Braun, que tinha acesso ao governo alemão, estava plenamente ciente das pesquisas de seus predecessores.

31 **"Planejo viajar até a Lua":** Hans Fricke, *Der Fisch, der aus der Urzweit kam* (Munique: Deutscher Taschenbuch-Verlag, 2010), páginas 23-24.

34 **"Miro nas estrelas, mas às vezes acerto Londres":** Ver Lance Morrow, "The Moon and the Clones" (A Lua e os clones), *Time*, 3 de agosto de 1998. Mais informações sobre o legado político de von Braun em M. J. Neufeld, *Wernher von Braun: Dreamer of Space, Engineer of War* (New York: Vintage, 2008). Partes dessa discussão têm por base ainda uma entrevista em rádio que fiz com o sr. Neufeld, em setembro de 2007. Muito já se escreveu sobre esse grande cientista, que abriu as portas da era espacial, mas o fez com apoio financeiro dos nazistas, e as conclusões foram muito diferentes.

35 **Enquanto o programa americano de foguetes prosseguia aos trancos e barrancos:** Ver R. Hal e D. J. Sayler, *The Rocket Men: Vostok and Voskhod, the First Soviet Manned Spaceflights* (New York: Springer Verlag, 2001).

41 **"o Congresso passou a enxergar a NASA principalmente como um cabide de empregos":** Ver Gregory Benford e James Benford, *Starship Century* (New York: Lucky Bat Books, 2014), página 3.

CAPÍTULO 2: NOVA ERA DE OURO DAS VIAGENS ESPACIAIS

51 **"A ideia é preservar a Terra":** Peter Whoriskey, "For Jeff Bezos, The Post Represents a New Frontier" (Para Jeff Bezos, o Post representa uma nova fronteira), *Washington Post*, 12 de agosto de 2013.

52 **Nos anos 1990, uma descoberta inesperada pegou os cientistas de surpresa:** Ver R. A. Kerr, "How Wet the Moon? Just Damp Enough to Be Interesting" (Quão úmida é a Lua? O suficiente para ser interessante), revista *Science*, nº 330 (2010): 434.

54 **Os chineses anunciaram que colocarão astronautas na Lua:** Ver B. Harvey, *China's Space Program: From Conception to Manned Spaceflight* (Dordrecht: Springer-Verlag, 2004).

54 **Um fator a limitar o tempo possível de permanência de astronautas na Lua:** Ver J. Weppler, V. Sabathicr e A. Bander, "Costs of an International Lunar Base" (O custo de uma base lunar internacional) – Washington, D. C.: Centro de Estudos Estratégicos e Internacionais, 2009; <https://csis.org/publication/costs-international-lunar-base>.

CAPÍTULO 3: GARIMPANDO O CÉU

67 **A Planetary Resources estima que a platina:** Ver <www.planetaryresources.com>.

CAPÍTULO 4: MARTE OU NADA

74 **"Aqui na SpaceX, é":** Para mais citações de Elon Musk, ver <www.investopedia.com/university/elon-musk-biography/elon-musk-most-influential-quotes.asp>.

74 **"Dizem que Marte é o novo preto":** Ver <https://manofmetropolis.com/nick-graham-fall-2017-review>.

74 **"Realmente não tenho qualquer outra motivação":** *The Guardian*, setembro de 2016; <www.theguardian.com/technology/2016/sep/27/elon-musk-spacex-mars-exploration-space-science>.

74-75 **"Estou convencido":** *The Verge*, 5 de outubro de 2016, <www.theverge.com/2016/10/5/13178056/boeing-ceo-mars- colony-rocket-space-elon-musk>.

66 **"É bom haver múltiplos caminhos para Marte":** *Business Insider*, 6 de outubro de 2016; <www.businessinsider.com/boeing-spacex-mars-elon-musk-2016-10>.

75 **"A NASA aplaude a todos":** Na mesma fonte.

79 **Bill Gerstenmaier, membro da Diretoria de Operações e Exploração Humana da NASA:** Ver <www.nasa.gov/feature/deep-space-gateway-to-open-opportunities-for-distant-destinations>.

CAPÍTULO 5: MARTE: O PLANETA-HORTA

92 **"Foi o Sputnik, na verdade":** Entrevista à rádio *Science Fantastic*, junho de 2017.

94 **Outra tentativa esdrúxula de formar uma colônia isolada:** Ver R. Reider, *Dreaming the Biosphere* (Albuquerque: University of New Mexico Press, 2010).

CAPÍTULO 6: GIGANTES GASOSOS, COMETAS E ALÉM

111 **Por meio das leis de Newton, astrônomos podem calcular:** O cálculo do limite de Roche e das forças de maré exige apenas uma aplicação elementar da lei da gravidade de Newton. Como uma lua é um objeto esférico e não um ponto material, a força da atração de um gigante gasoso como Júpiter é maior do lado voltado para o planeta do que a gravidade no lado oculto. Isso leva a lua a inchar um pouco. Mas também é possível calcular a força da gravidade, que sustenta a integridade da lua por meio de sua própria atração gravitacional. Se a lua se aproxima o bastante, a

força da gravidade que tenta desintegrá-la compensa a força da gravidade que a mantém coesa. Nesse ponto, a lua começa a se desintegrar. É o que nos fornece o limite de Roche. Todos os anéis documentados dos gigantes gasosos estão dentro dele. Isso indica, embora ainda sem provar, que tais anéis foram causados por forças de maré.

113 **Além dos gigantes gasosos, nos confins do sistema solar:** Cometas do Cinturão de Kuiper e da Nuvem de Oort provavelmente têm origens distintas. Originalmente, o Sol era uma bola gigantesca de gás hidrogênio e poeira cósmica, talvez com alguns anos-luz de diâmetro. Quando o gás começou a entrar em colapso devido à gravidade, começou a girar mais rápido. Nesse ponto, parte do gás se desprendeu na forma de um disco giratório, que acabaria por se condensar na forma do sistema solar. Como o disco giratório continha água, criou um anel de cometas nos confins do sistema solar, que se tornou o Cinturão de Kuiper. No entanto, parte do gás e da poeira não se condensou no disco giratório. Parte se condensou em blocos estacionários de gelo, traçando por alto os contornos originais da antiga protoestrela. Daí vem a Nuvem de Oort.

CAPÍTULO 7: ROBÔS NO ESPAÇO

122 **"O AlphaGo não sabe nem jogar xadrez":** Revista *Discover*, abril de 2017; <discovermagazine.com/2017/april-2017/cultivating-common-sense>.

134 **Em 2017, uma polêmica eclodiu entre dois bilionários:** Muita gente teme que a IA possa revolucionar o mercado de trabalho, eliminando os empregos de milhões de pessoas. Isso tem grandes chances de ocorrer, mas outras tendências podem reverter esse efeito. Novos empregos vão se abrir – na concepção, reparo e manutenção de robôs – com a explosão do tamanho da indústria, talvez a ponto de rivalizar com a automobilística. Além disso, há várias categorias de empregos que robôs não terão como ocupar por muitas décadas ainda. Por exemplo, trabalhos não repetitivos, semiqualificados – como zelador, policial, operário, encanador, jardineiro, empreiteiro etc. –, não podem ser substituídos por robôs, que são primitivos demais para coletar lixo, por exemplo. No geral, os empregos difíceis de automatizar com robôs incluem os que envolvem a) senso comum, b) reconhecimento de padrões e c) interações humanas. Por exemplo, em um escritório de Direito, o assistente paralegal pode ser substituído, mas defender um caso perante

um júri ou um juiz ainda exigirá um advogado. Quem pode se ver sem trabalho são principalmente os intermediários, que terão de agregar valor a seus serviços (isto é, capital intelectual). Isso significa trazer capacidade de análise, experiência, intuição e o dom para a inovação, nos quais os robôs são deficientes.

134 **"Estamos nós mesmos criando nossos sucessores"**: Samuel Butler, *Darwin Among the Machines*; <www.historyofinformation.com/expanded.php?id=3849>.

135 **"Visualizo uma época em que seremos para os robôs o que os cães são para os humanos"**: Para outras citações de Claude Shannon, ver <www.quotes-inspirational.com/quote/visualize-time-robots-dogs-humans-121>.

135 **"É ridículo falar sobre essas coisas tão cedo"**: Raffi Khatchadourian, "The Doomsday Invention" (A invenção do apocalipse), *New Yorker*, 23 de novembro de 2015; <www.newyorker.com/magazine/2015/11/23/doomsday-invention-artificial-intelligence-nick-bostrom>.

136 **No que tange à polêmica Zuckerberg/Musk:** A discussão sobre os perigos e os benefícios da IA tem de ser colocada em perspectiva. Qualquer descoberta pode ser usada para o bem e para o mal. Ao ser inventado, o arco e flecha era usado basicamente para caçar pequenos animais, como esquilos e coelhos. Mas acabaria por se tornar uma arma formidável que poderia ser usada para a caça de outros seres humanos. Da mesma maneira, quando os primeiros aviões foram inventados, eram usados para recreação e entrega de correspondência. Acabaram por se tornar armas que poderiam disparar bombas. A IA, igualmente, será ainda por várias décadas uma invenção útil, capaz de gerar empregos, novas indústrias e prosperidade. Essas máquinas podem eventualmente representar um risco existencial se tornarem-se inteligentes demais. Em que ponto elas se tornariam perigosas? Pessoalmente, eu creio que o ponto crítico ocorrerá quando se tornarem autoconscientes. Hoje em dia, robôs não sabem que são robôs, mas isso pode mudar radicalmente no futuro. Contudo, essa guinada, na minha opinião, provavelmente não será atingida até perto do fim deste século, o que nos dá tempo para nos prepararmos.

136 **Ele crê que por volta de 2045 vamos atingir a "singularidade"**: Deve-se ter cuidado ao analisar um aspecto da singularidade: o de que gerações futuras de robôs poderão ser mais inteligentes do que a geração anterior, de

forma que se possa criar rapidamente robôs superinteligentes. É possível criar computadores com cada vez mais capacidade de memória, claro, mas isso significaria que eles são "mais inteligentes"? Na verdade, ninguém foi capaz até hoje de demonstrar um único computador capaz de criar outro de segunda geração que seja mais inteligente. Por sinal, não existe sequer uma definição rigorosa da palavra *inteligente*. Isso não significa que seja impossível de ocorrer, mas tão somente que o processo é mal formulado. Na verdade, não está claro como isso poderia ser alcançado.

140 **Para criar máquinas autoconscientes:** Na minha opinião, a chave da inteligência humana é nossa habilidade de simular o futuro. Os seres humanos vivem planejando, maquinando, devaneando, ponderando e meditando sobre o futuro. Não podemos evitar. Somos máquinas previsoras. Mas uma das chaves para simular o futuro é a compreensão das leis do senso comum, que são bilhões. Tais leis, por sua vez, dependem da compreensão básica da biologia, da química e da física do mundo ao nosso redor. Quanto mais exata a nossa compreensão dessas leis, mais exata será nossa simulação do futuro. No momento, a questão do senso comum é um dos grandes obstáculos à IA. Tentativas ambiciosas de codificar todas as leis do senso comum fracassaram. Até uma criança é mais dotada de senso comum do que o computador mais avançado. Em outras palavras, um robô que tente tomar dos seres humanos o controle do mundo fracassará por não entender as coisas mais simples a respeito de nosso mundo. Não basta para um robô tentar dominar os humanos: é preciso ter o domínio das leis mais simples do senso comum para se poder levar um plano adiante. Por exemplo, confiar a um robô a simples meta de roubar um banco acabará por resultar em fracasso por sua incapacidade de mapear realisticamente todos os possíveis desdobramentos da situação.

CAPÍTULO 8: A CONSTRUÇÃO DE UMA NAVE ESTELAR

151 **Numa fase subsequente do projeto:** R. L. Forward, "Roundtrip Interstellar Travel Using Laser-Pushed Lightsails" (Viagens interestelares de ida e volta por meio de velas movidas a laser), *Journal of Spacecraft* 21, nº 2 (1984): 187-95.

151 **Nanonaves movidas a laser:** Ver G. Vulpetti, L. Johnson e L. Matloff, *Solar Sails: A Novel Approach to Interplanetary Flight* (New York: Springer, 2008).

151 **"Surgirão um dia velocidades bem maiores do que esta":** Júlio Verne, *Da Terra à Lua*. Citado em <www.space.com/5581-nasa-deploy-solar-sail-summer.html>.

156 **A ideia foi desenvolvida pelo físico nuclear Ted Taylor:** G. Dyson, *Project Orion: The True Story of the Atomic Spaceship* (New York: Henry Holt, 2002).

158 **Há várias formas de liberar sem percalços a energia da fusão:** S. Lee e S. H. Saw, "Nuclear Fusion Energy – Mankind's Giant Step Forward" (Energia de fusão nuclear – O gigantesco passo à frente da humanidade), *Journal of Fusion Energy* 29, 2, 2010.

160 **O foguete a fusão nuclear é um conceito sólido:** A razão fundamental pela qual a fusão magnética ainda não foi atingida na Terra é o problema da estabilidade. Na natureza, bolas gigantes de gás podem ser comprimidas de forma a fazer a estrela entrar em combustão, porque a gravidade comprime o gás uniformemente. Magnetismo, contudo, envolve dois polos, norte e sul. Assim, é impossível comprimir gás uniformemente usando magnetismo. Ao espremer o gás magneticamente numa área, ele incha na outra ponta (imagine-se tentando espremer um balão; se você o beliscar num lado, ele se expande noutro). Uma ideia é a criação de um campo magnético em forma de rosquinha e o gás será comprimido do lado de dentro dela. Mas os físicos não conseguiram ainda comprimir gás quente por mais de um décimo de segundo, tempo curto demais para criar uma reação de fusão autossustentável.

160 **Usariam a maior fonte de energia do universo:** Embora foguetes de antimatéria convertam matéria em energia com 100% de eficiência, há também algumas perdas ocultas. Por exemplo, parte da energia de uma colisão matéria/antimatéria é na forma de neutrinos, que não podem ser colhidos para criar energia utilizável. Nossos corpos são continuamente irradiados por neutrinos do Sol e nada sentimos apesar disso. Mesmo quando o Sol se põe, nossos corpos são irradiados por neutrinos que atravessaram o planeta Terra. Na verdade, se fosse possível emitir um feixe de neutrinos através de chumbo sólido, talvez ele penetrasse um ano-luz de chumbo até finalmente ser parado. Portanto a energia de neutrino criada por colisões de matéria e antimatéria é perdida e não pode ser usada para gerar força.

163 **O foguete de fusão ramjet é outro conceito atraente:** R. W. Bussard, "Galactic Matter and Interstellar Flight" (Matéria galática e voos interestelares), *Astronautics Acta* 6 (1960): 179-94.

166 **Elevadores espaciais seriam uma aplicação transformadora:** D. B. Smitherman Jr., "Space Elevators: An Advanced Earth-Space Infrastructure for the New Millennium" (Elevadores espaciais: uma infraestrutura avançada Terra-espaço para o novo milênio), NASA pub. CP 2000-210429.

167 **"Provavelmente cerca de cinquenta anos depois de todo mundo parar de rir":** NASA Science, "Audacious and Outrageous: Space Elevators" (Audaciosos e chocantes: elevadores espaciais); <https://science.nasa.gov/science-news/science-at-nasa/2000/ast07sep_1>.

168 **Um dia, um menino leu um livro infantil e mudou a história do mundo:** A teoria da relatividade especial de Einstein se baseia na simples frase: "A velocidade da luz é constante em qualquer referencial inercial (isto é, qualquer referencial que se mova uniformemente)". Isso viola as leis de Newton, que nada dizem a respeito da velocidade da luz. Para se satisfazer tal lei é preciso haver grandes mudanças em nossa compreensão das leis da mecânica. A partir daquela frase, pode-se mostrar que:

Quanto mais rápido alguém se mova num foguete, mais lenta será a passagem do tempo dentro dele.

O espaço é comprimido dentro do foguete quanto mais a sua velocidade aumenta.

Você fica mais pesado à medida que se move mais rápido.

Como resultado, isso significa que, à velocidade da luz, o tempo pararia e nos tornaríamos infinitamente planos e infinitamente pesados, o que é impossível. Portanto, não se pode romper a barreira da luz (no Big Bang, contudo, o universo se expandiu tão rapidamente que excedeu a velocidade da luz nesse processo. Isso não é um problema, pois se tratava de espaço vazio a fazê-lo. Mas objetos materiais não podem superar a velocidade da luz).

A única forma conhecida de superar a velocidade da luz é trazer à baila a teoria geral da relatividade de Einstein, de acordo com a qual o espaço--tempo é um tecido esticável, dobrável e até rasgável. A primeira forma é via "espaços multiplamente conectados" (buracos de minhoca), nos quais dois universos se juntam como irmãos siameses. Se pegarmos duas folhas de papel paralelas e abrirmos um furo que as conecte, teremos um buraco de minhoca. Ou então poderíamos comprimir o espaço à nossa frente de forma a poder pular esse trecho e superar a velocidade da luz.

172 **Embora os físicos jamais tenham encontrado provas da existência de matéria negativa:** Stephen Hawking provou um poderoso teorema, cujo postulado é de que a energia negativa é essencial para qualquer solução das equações de Einstein que valide a possibilidade de viagem no tempo ou naves estelares capazes de cruzar buracos de minhoca.

A mecânica newtoniana comum não prevê a energia negativa. Contudo, a teoria quântica o faz por meio do efeito Casimir. Já se mediu energia negativa em laboratório e comprovou-se que é extremamente pequena. Se pegarmos duas grandes chapas de metal paralelas, a energia de Casimir será proporcional ao inverso da distância que separa as chapas elevada à terceira potência. Em outras palavras, a energia negativa ganha vulto rapidamente em energia à medida que as duas chapas se aproximam.

O problema é que tais chapas têm de ser aproximadas a distâncias subatômicas, o que não é possível com a tecnologia de hoje. Temos de partir do pressuposto de que uma civilização muito avançada terá dominado de alguma forma a habilidade de colher grandes quantidades de energia negativa para tornar possíveis máquinas do tempo e naves estelares que atravessem buracos de minhoca.

172 **Entrevistei certa vez o físico teórico mexicano Miguel Alcubierre:** Ver M. Alcubierre, "The Warp Drive: Hyperfast Travel Within General Relativity" (A dobra espacial: viagens hiperrápidas no escopo da relatividade geral), *Classical and Quantum Gravity* 11, nº 5 (1994): L73-L77. Quando entrevistei Alcubierre para o Discovery Channel, ele estava confiante que sua solução para as equações de Einstein era uma contribuição significativa, mas tinha a noção das dificuldades que enfrentaria se alguém de fato tentasse construir um motor de dobra espacial. Primeiro, o espaço--tempo dentro da bolha de dobra seria causalmente separado do mundo do lado de fora. Isso levaria à impossibilidade de manobrar a nave ou dirigi-la a partir de fora. Segundo, e mais importante, exigiria grandes quantidades de matéria negativa (que nunca foi encontrada) e energia negativa (que existe apenas em quantidades irrisórias). Portanto, concluiu ele, grandes obstáculos precisam ser tirados do caminho antes que um motor de dobra viável possa ser construído.

CAPÍTULO 9: KEPLER E UM UNIVERSO DE PLANETAS

177 **Bruno, predecessor de Galileu:** William Boulting, *Giordano Bruno: His Life, Thought, and Martyrdom* (Victoria, Australia: Leopold Classic Library, 2014).

178 **"Este espaço que declaramos infinito":** Ibid.

182 **Um grande avanço se verificou com o lançamento da espaçonave Kepler em 2009:** Para mais sobre a espaçonave Kepler, ver o site da NASA: <http://www.kepler.arc.nasa.gov>.
A espaçonave Kepler centrou o foco num trecho minúsculo da Via Láctea. Ainda assim, achou indícios de 4 mil e tantos planetas orbitando outras estrelas. Mas a partir daquele trecho minúsculo podemos extrapolar para a galáxia inteira e assim obter uma análise por alto dos planetas da Via Láctea. As missões a suceder a Kepler focarão em regiões diferentes da galáxia, na esperança de encontrar tipos diferentes de planetas extrassolares, e outros mais semelhantes à Terra.

182 **"Há planetas pelo espaço afora sem paralelo no nosso sistema solar":** Entrevista com a professora Sara Seager, rádio *Science Fantastic*, junho de 2017.

184 **"Isso muda todo o cenário da ciência exoplanetária":** Christopher Crockett, "Year in Review: A Planet Lurks Around the Star Next Door" (Retrospectiva do ano: um planeta se esconde atrás da estrela mais próxima), *Science News*, 14 de dezembro de 2016.

184 **"É absolutamente fenomenal":** Entrevista com a professora Sara Seager, rádio *Science Fantastic*, junho de 2017.

185 **"Esse sistema planetário é incrível":** Ver <www.quotes.euronews.com/people/michael-gillion-KAp4OyeA>.

CAPÍTULO 10: IMORTALIDADE

199 **Outra proposta de colonização da galáxia envolveria enviar ao espaço embriões:** A. Crow, J. Hunt e A. Hein, "Embryo Space Colonization to Overcome the Interstellar Time Distance Bottleneck" (Colonização do espaço por embriões pode superar o gargalo da distância do tempo interestelar). *Journal of the British Interplanetary Society* 65 (2012): 283-85.

203 **"Tudo indica, inclusive a genética, que há alguma causalidade":** Linda Marsa, "What It Takes to Reach 100" (O que é preciso para chegar aos 100), revista *Discover*, outubro de 2016.

205 **Pouco a pouco, o mecanismo do envelhecimento vai sendo revelado:** Às vezes se diz que a imortalidade viola a segunda lei da termodinâmica, segundo a qual tudo, incluindo organismos vivos, em algum momento entrará em declínio, apodrecerá e morrerá. Contudo, há uma brecha na segunda lei, segundo a qual (num sistema fechado) a entropia (o desarranjo) vai inevitavelmente se intensificar. *Fechado* é a palavra-chave. Quando um sistema é aberto (e pode-se adicionar energia a partir de fora), a entropia pode ser revertida. É como funciona uma geladeira. O motor na parte de baixo bombeia gás através de um tubo, que leva o gás a se expandir e esfria a geladeira. Essa noção, aplicada a organismos vivos, significa que a entropia pode ser revertida contanto que se adicione energia externa (ou seja, luz do Sol).

Portanto, toda a nossa existência é possível porque a luz solar pode energizar plantas, e nós podemos consumi-las e usar tal energia para reparar os danos causados pela entropia. Portanto, podemos reverter a entropia localmente – e, assim, quando discutimos a imortalidade humana, podemos fugir à segunda lei ao adicionarmos localmente nova energia externa (em formas tais como mudanças de dieta, exercícios, terapia de genes, absorção de novos tipos de enzimas etc.).

207 **"Não creio que a hora já tenha chegado, mas está se aproximando":** Citado em Michio Kaku, *A física do futuro* (Rio de Janeiro: Rocco, 2012).

207 **O que ocorrerá se resolvermos o problema do envelhecimento?:** A questão é: no geral, as previsões pessimistas quanto ao colapso da população feitas nos anos 1960 se provaram furadas. A taxa de expansão da população mundial, na verdade, está diminuindo. A questão, contudo, é que, em números absolutos, ela ainda está aumentando, em especial na África subsaariana, e isso torna difícil estimar a população mundial em 2050 e 2100. Alguns demógrafos, porém, defendem que, se a tendência continuar, a população mundial acabará por se nivelar e estabilizar. Se isso ocorrer, poderá atingir uma espécie de platô e assim evitaríamos uma catástrofe populacional. Mas tudo isso ainda é conjetura.

211 **"Sou tão apegado ao meu corpo quanto qualquer um":** Ver <https://quotefancy.com/quote/1583084/Danny-Hillis-I-m-as-fond-of-my-body-as-anyone-but-if-I-can-be-200-with-a-body-of-silicon>.

CAPÍTULO 11: TRANSUMANISMO E TECNOLOGIA

225 **"Modifica totalmente o panorama":** Andrew Pollack, "A Powerful New Way to Edit DNA" (Uma nova e poderosa forma de corrigir o DNA), *The New York Times*, 3 de março de 2014; <www.nytimes.com/2014/03/04/health/a-powerful-new-way-to-edit-DNA.html>.

227 **"A verdade é que ninguém tem coragem de dizer abertamente":** Ver Michio Kaku, *Visões do futuro* (Rio de Janeiro: Rocco, 2001), e Michio Kaku, *A física do futuro*.

227 **"Minha previsão é a de que, por volta do ano 2100":** Kaku, *A física do futuro*.

228 **Francis Fukuyama, de Stanford, já lançou o alerta:** F. Fukuyama, "The World's Most Dangerous Ideas: Transhumanism" (As ideias mais perigosas do mundo: transumanismo), *Foreign Policy* 144 (2004): 42-43.

CAPÍTULO 12: A PROCURA POR VIDA EXTRATERRESTRE

236 **"É só prestarmos atenção em nós mesmos":** Arthur C. Clarke disse certa vez: "Ou há vida inteligente no universo, ou não há. Qualquer das duas ideias é assustadora".

236 **"Se você mora numa floresta":** Rebecca Boyle, "Why These Scientists Fear Contact With Space Aliens" (Por que os cientistas temem o contato com alienígenas do espaço), NBC News, 8 de fevereiro de 2017; <www.nbcnews.co/storyline/the-big-questions/why-these-scientists-fear-contact-space-aliens-n717271>.

237 **O projeto é o SETI:** No momento não existe qualquer consenso universalmente aceito com relação ao Projeto SETI. Alguns acreditam que a galáxia possa estar fervilhando de vida inteligente. Outros, que talvez estejamos sós no universo. Com apenas um elemento a analisar (nosso planeta), há pouquíssimas diretrizes rigorosas a nortear nossa análise, a não ser pela equação de Drake.

Para outra opinião, ver N. Bostrom, "Where Are They: Why I Hope the Search for Extraterrestrial Intelligence Finds Nothing" (Onde eles estão: porque espero que a busca por inteligências extraterrestres não dê em nada), *MIT Technology Review Magazine*, maio/junho de 1998, 72-77.

253 **Apesar de tudo, ainda resta uma pergunta incômoda e insistente:** E. Jones, "Where Is Everybody? An Account of Fermi's Question" (Onde estão todos? Um relato do paradoxo de Fermi), *Los Alamos Technical Report* LA 10311-MS, 1985. Ver também S. Webb, *If the Universe Is Teeming with Aliens... Where Is Everybody?* (New York: Copernicus Books, 2002).

254 **"Alguns destes mundos pré-utópicos":** Stapledon, *Star Maker* (New York: Dover, 2008), página 118.

254 **Existe ainda a possibilidade de quererem roubar o calor:** Há várias outras possibilidades que não se pode descartar facilmente. Uma é a de que talvez estejamos sós no universo. O argumento seria o de estarmos encontrando mais e mais zonas Cachinhos Dourados, o que significa ser cada vez mais difícil achar planetas aptos a se encaixar em todas essas novas zonas. Por exemplo, há uma zona Cachinhos Dourados para a Via Láctea. Se um planeta está próximo demais do centro da galáxia, a radiação é demasiada para existir vida. Se estiver muito longe do centro, não há elementos pesados o bastante para criar as moléculas da vida. Argumenta-se que pode haver tantas zonas Cachinhos Dourados, muitas das quais ainda não descobertas, que talvez só exista um planeta no universo com vida inteligente. A cada vez que surge uma nova zona, diminui tremendamente a probabilidade de haver vida. Com tantas zonas, a probabilidade coletiva de vida inteligente é próxima de zero.

Além disso, às vezes se diz que a vida extraterrestre pode ter por base leis inteiramente novas da química e da física, muito além de qualquer coisa que possamos criar em laboratório. Portanto, nossa compreensão da natureza seria basicamente estreita e simplista demais para explicar a vida no espaço sideral. Pode ser o caso. E é certamente verdade que, quando explorarmos o universo, nos depararemos com surpresas totalmente inéditas. Contudo, não se faz a discussão avançar simplesmente afirmando-se que química e física alienígenas possam existir. A ciência se baseia em teorias que sejam testáveis, reproduzíveis e falsificáveis. Assim, simplesmente postular a existência de leis desconhecidas da química e da física não ajuda.

CAPÍTULO 13: CIVILIZAÇÕES AVANÇADAS

257 **As manchetes dos tabloides trombeteavam:** Ver David Freeman, "Are Space Aliens Behind the 'Most Mysterious Star in the Universe'?"

(Estariam alienígenas do espaço por trás da "estrela mais misteriosa do universo"?) *Huffington Post*, 25 de agosto de 2016; <www.huffingtonpost.com/entry/are-space-aliens-behind-the-most-mysterious-star-in-the-universe_us_57bb5537e4b00d9c3a1942f1>. Ver também Sarah Kaplan, "The Weirdest Star in the Sky Is Acting Up Again" (A estrela mais esquisita do céu faz das suas de novo), *Washington Post*, 24 de maio de 2017; <www.washingtonpost.com/news/speaking-of-science/wp/2017/05/24/the-weirdest-star-in-the-sky-is-acting-up-again/?utm_term=.5301cac2152a>.

258 **"Nunca havíamos visto nada semelhante a esta estrela":** Ross Anderson, "The Most Mysterious Star In Our Galaxy" (A estrela mais misteriosa de nossa galáxia), *The Atlantic*, 13 de outubro de 2015; <www.theatlantic.com/science/archive/2015/10/the-most-interesting-star-in-our-galaxy/41023>.

259 **A classificação de civilizações avançadas foi inicialmente proposta:** N. Kardashev, "Transmission of Information by Extraterrestrial Civilization" (Transmissão de informação por civilização extraterrestre), *Soviet Astronomy* 8, 1964: 217.

268 **"A premissa é de que qualquer civilização altamente avançada":** Chris Impey, *Beyond: Our Future in Space* (New York: W.W. Norton, 2006), páginas 255-56.

268 **"A lógica me diz que é razoável procurar por sinais divinos":** David Grinspoon, *Planetas solitários* (São Paulo: Globo, 2005).

281 **O Grande Colisor de Hádrons ganhou várias manchetes:** Às vezes alega-se que a criação de aceleradores gigantes, como o Grande Colisor de Hádrons e outros maiores, criará um buraco negro que poderá destruir todo o planeta. Isso é impossível por várias razões:
Em primeiro lugar, o Grande Colisor de Hádrons não conseguiria gerar energia suficiente para a criação de um buraco negro, o que exigiria energia comparável à de uma estrela gigante. A energia do Colisor é a das partículas subatômicas, pequenas demais para abrir um buraco no espaço-tempo. Em segundo lugar, a Mãe Natureza bombardeia a Terra com partículas subatômicas mais poderosas que aquelas criadas pelo Colisor, e a Terra ainda está onde sempre esteve. Portanto, partículas subatômicas com energia maior do que a do Colisor se provaram inofensivas. E, por último, a teoria das cordas prevê a possibilidade da existência de miniburacos negros que nossos aceleradores podem vir a

descobrir um dia, mas esses miniburacos seriam partículas subatômicas e não estrelas, e assim não representariam risco algum.

284 **A única capaz de fazê-lo hoje em dia:** Se tentarmos ingenuamente unir a teoria quântica à relatividade geral, encontraremos inconsistências matemáticas que vêm embatucando cientistas há quase um século. Por exemplo, se calcularmos a dispersão de dois grávitons (partículas de gravidade), descobriremos que a resposta resultante é infinita, o que é incoerente. Consequentemente, o problema fundamental a ser abordado pela física teórica é unificar a gravidade com a teoria quântica de forma a nos proporcionar respostas finitas.

Atualmente, a única forma que se conhece para dar fim a essas perturbadoras infinidades é usar a teoria das supercordas. A teoria tem um conjunto poderoso de simetrias por meio do qual as infinidades cancelam umas às outras. Isso ocorre porque, na teoria das cordas, cada partícula tem uma parceira, chamada de "s-partícula". As infinidades originárias de partículas comuns são neutralizadas justamente ao se defrontarem com as infinidades decorrentes das s-partículas, e por consequência toda a teoria é finita. A teoria das cordas é a única da física a selecionar sua própria dimensionalidade. Isso se deve a ser simétrica segundo as regras da supersimetria. Em geral, todas as partículas do universo existem em dois tipos, bósons (que possuem spins inteiros) e férmions (com spins semi-inteiros). À medida que aumenta o número de dimensões do espaço-tempo, o de férmions e bósons cresce igualmente. Em geral, o número de férmions aumenta bem mais rápido que o de bósons. As duas curvas se cruzam, porém, em dez dimensões (para cordas) e onze dimensões (para membranas, como esferas e bolhas). Por consequência, a única teoria supersimétrica consistente está em dez e onze dimensões.

Se estabelecermos em dez a dimensão do espaço-tempo, teremos uma teoria das cordas consistente. Contudo, há cinco tipos diferentes de teorias das cordas em dez dimensões. Para um físico, em busca da teoria definitiva do espaço e do tempo, é duro crer que deva haver cinco teorias de cordas autoconsistentes distintas. Em última análise, queremos uma só (uma das perguntas fundamentais que Einstein fez foi: Deus teve escolha ao fazer o universo? Ou seja, seria o universo ímpar?).

Posteriormente, Edward Witten demonstraria que as cinco teorias de cordas poderiam ser unificadas numa só, única, se adicionássemos uma dimensão a mais, estabelecendo onze. Essa teoria foi chamada de Teoria-M e contém membranas, além de cordas. Se partirmos de uma membrana em onze dimensões e então reduzirmos uma das onze dimensões (nivelando-a, ou fatiando-a), descobriremos que há cinco maneiras pelas quais uma membrana pode ser reduzida a uma corda, e isso nos traz as cinco teorias de cordas conhecidas (por exemplo, se achatarmos uma bola de praia, deixando apenas seu equador, o que fizemos foi reduzir uma membrana de onze dimensões a uma corda de dez). Infelizmente, a teoria fundamental por trás da Teoria-M é ainda hoje totalmente desconhecida. Só o que sabemos é que a Teoria-M se reduz a cada uma das cinco teorias de cordas diferentes se reduzirmos onze dimensões a dez, e também que, no limite de baixa energia, a Teoria-M se reduz à teoria da supergravidade de onze dimensões.

296 **Se a pessoa matar o próprio avô antes de ela mesma nascer:** Viajar no tempo apresenta outro problema teórico. Se um fóton, uma partícula de luz, adentrar o buraco de minhoca e retornar no tempo alguns anos, poderá então atingir o presente anos depois e voltar a entrar no buraco de minhoca. Na verdade, poderá fazê-lo um número infinito de vezes, e acabaria levando a máquina do tempo a explodir. Essa é uma das objeções de Stephen Hawking a máquinas do tempo. Contudo, há uma forma de fugir ao problema. Defende a teoria de muitos mundos da mecânica quântica que o universo se parte frequentemente ao meio em universos paralelos. Assim, se o tempo está constantemente se partindo, significa que o fóton só volta no tempo uma vez. Se reentrar no buraco de minhoca, estará simplesmente adentrando um universo paralelo distinto, e por consequência sua passagem pelo buraco de minhoca seria uma só. Dessa forma, fica resolvida a questão das infinidades. Na verdade, se adotarmos a ideia de que o universo se parte constantemente em realidades paralelas, os paradoxos das viagens no tempo estarão todos solucionados. Se alguém matar o próprio avô antes de nascer, terá simplesmente matado um avô num universo paralelo que lembra o seu. O seu próprio avô, no seu próprio universo, não terá sido morto.

CAPÍTULO 14: DEIXANDO O UNIVERSO

296 **Na quinta época, até os buracos negros:** Até buracos negros têm de morrer em algum momento. Segundo o princípio da incerteza, tudo

é incerto, até mesmo buracos negros. Teoricamente, eles absorveriam 100% de toda a matéria que cair em seu interior, o que viola o princípio da incerteza. Por isso há na verdade uma fraca radiação que escapa de um buraco negro, chamada radiação de Hawking. Foi ele quem provou se tratar de fato de uma radiação de corpo negro (similar àquela emitida por um pedaço derretido de metal), tendo, portanto, uma temperatura associada. Pode-se calcular que, ao longo de uma eternidade, um buraco negro (cinza, na verdade) emitirá radiação suficiente para não ser mais estável. Ele então desaparecerá numa explosão. Portanto, mesmo buracos negros morrerão eventualmente.

Se partirmos da ideia de que o Big Freeze ocorrerá em algum momento no futuro, teremos de confrontar o fato de que a matéria atômica como a conhecemos poderá se desintegrar daqui a trilhões e trilhões de anos. Atualmente, o Modelo-Padrão de partículas subatômicas diz que o próton deveria ser estável. Mas se generalizarmos o modelo para tentar unificar as várias forças atômicas, descobriremos que o próton poderia eventualmente regredir para positron ou neutrino. Se for o caso, isso significa que a matéria (como a conhecemos) é, em última análise, instável e regredirá para uma névoa de positrons, neutrinos, elétrons etc. A vida provavelmente não poderia existir sob condições tão desfavoráveis. De acordo com a segunda lei da termodinâmica, só se pode extrair trabalho útil se houver diferença em temperatura. No Big Freeze, contudo, estas cairão quase até o zero absoluto, não havendo mais qualquer diferença que nos permita extrair trabalho útil. Ou seja, tudo para, até mesmo todas as possíveis formas de vida.

307 **O que vem causando a súbita mudança em nossa compreensão:** A energia escura é um dos grandes mistérios da física. As equações de Einstein têm dois termos que geralmente são covariantes. O primeiro é *tensor de curvatura*, que mede as distorções no espaço-tempo causadas por estrelas, poeira cósmica, planetas etc. O segundo é *volume do espaço-tempo*. Pois até mesmo o vácuo tem energia associada a ele. Quanto mais o universo se expande, mais vácuo existe e, assim, mais energia escura fica disponível para criar ainda mais expansão. Em outras palavras, o ritmo de expansão do vácuo é proporcional à quantidade de vácuo, o que, por definição, cria uma expansão exponencial do universo, chamada expansão de Sitter (em homenagem ao físico que a identificou).

A expansão de Sitter pode ter gerado a inflação original que deu início ao Big Bang. Mas também está levando o universo a se expandir exponencialmente de novo. Infelizmente, físicos não vêm conseguindo explicar nada disso a partir dos primeiros princípios. A teoria das cordas é a que mais se aproxima de explicar a energia escura, mas seu problema é não poder prever a quantidade precisa de energia escura no universo. Ela determina que, dependendo de como se espirale o hiperespaço de dez dimensões, podem-se obter diferentes valores de energia escura, mas não prevê exatamente quanta energia escura há.

309 **A possibilidade final seria criar um buraco de minhoca:** Partindo-se do pressuposto de que buracos de minhoca sejam possíveis, há ainda um obstáculo a negociar. É preciso se certificar de a matéria ser estável do outro lado do buraco. Por exemplo, a razão pela qual nosso universo é possível é o próton ser estável, ao menos estável o suficiente para que o universo não tenha regredido a um estado inferior nos 13,8 bilhões de anos de sua existência. É possível que outros universos no multiverso possuam um estado fundamental no qual, por exemplo, o próton possa decair ao estado de uma partícula com massa ainda menor, como um positron. Nesse caso, todos os elementos químicos familiares da tabela periódica fariam o mesmo e o universo consistiria de uma névoa de elétrons e neutrinos, não indicada para abrigar matéria atômica estável. É preciso, portanto, certificar-se que a matéria seja similar à nossa e estável ao adentrar um universo paralelo.

311 **A princípio, todas essas especulações soam risíveis:** A. Guth, "Eternal Inflation and Its Implications" (Inflação eterna e as suas implicações), *Journal of Physics A* 40, nº 25 (2007): 6811.

311 **Além disso, se olharmos numa direção:** A teoria inflacionária explica vários aspectos intrigantes do Big Bang. Primeiro, nosso universo parece extremamente uniforme, muito mais do que o geralmente proposto na teoria padrão do Big Bang. Isso pode ser explicado ao postular-se que ele teria se expandido muito mais rápido do que se imaginava anteriormente. Uma porção ínfima do universo original teria se inflado enormemente e depois, nesse processo, se uniformizado. Segundo, a teoria explica por que o universo é muito mais uniforme do que deveria ser. Ao olharmos para o espaço em todas as direções, vemos ser bem uniforme. Mas (sendo a velocidade da luz a medida definitiva) não

houve tempo suficiente para que o universo original se misturasse por completo. Isso pode ser explicado pelo pressuposto de que um ínfimo trecho do Big Bang original foi de fato uniforme, mas foi inflado para nos dar o universo uniforme de hoje.

Além desses dois feitos, a teoria do universo inflacionário bate, por ora, com os dados advindos das micro-ondas cósmicas. Isso não significa que a teoria está correta, apenas que bate com os dados cosmológicos obtidos até agora. O tempo dirá se a teoria é correta. Um problema flagrante da inflação é ninguém saber o que a causa. A teoria funciona muito bem passado o instante da inflação, mas não diz absolutamente nada sobre o que levou o universo original a se inflar.

SUGESTÕES DE LEITURA

Arny, T. Schneider, S. *Explorations: An Introduction to Astronomy*. New York: McGraw-Hill, 2016.
Asimov, I. *Fundação*. São Paulo: Aleph, 2009.
Barrat, J. *Our Final Invention: Artificial Intelligence and the End of the Human Era*. New York: Thomas Dunn Books, 2013.
Benford, J. Benford, G. *Starship Century: Toward the Grandest Horizon*. Middletown, Delaware: Microwave Sciences, 2013.
Bostrom, N. *Superinteligência: Caminhos, perigos, estratégias*. Rio de Janeiro: Darkside Books, 2018.
Brockman, J. ed. *What to Think About Machines That Think*. New York: Harper Perennial, 2015.
Clancy, P. Brack, A. Horneck, G. *Looking for Life, Searching the Solar System*. Cambridge: Cambridge University Press, 2005.
Comins, N. Kaufmann III, W. *Descobrindo o universo*. Rio de Janeiro: Bookman Editora, 2010.
Davies, P. *The Eerie Silence*. New York: Houghton Mifflin Harcourt, 2010.
Freedman, R. Geller, R. M. Kaufmann III, W. *Universe*. New York: W. H. Freeman, 2011.
Georges, T. M. *Digital Soul: Intelligent Machines and Human Values*. New York: Perseus Books, 2003.
Gilster, P. *Centauri Dreams*. New York: Springer Books, 2004.
Golub, L. Pasachoff, J. *The Nearest Star*. Cambridge: Harvard University Press, 2001.

Grinspoon, D. *Planetas solitários: A filosofia natural da vida alienígena.* São Paulo: Globo, 2005.
Impey, C. *Beyond: Our Future in Space.* New York: W.W. Norton, 2016.
_____. *O universo vivo: Nossa busca por vida no cosmos.* São Paulo: Larousse do Brasil, 2009.
Kaku, M. *O futuro da mente.* Rio de Janeiro: Rocco, 2015.
_____. *A física do futuro.* Rio de Janeiro: Rocco, 2012.
_____. *Visões do futuro: Como a ciência revolucionará o século XXI.* Rio de Janeiro: Rocco, 2001.
Kasting, J. *How to Find a Habitable Planet.* Princeton: Princeton University Press, 2010.
Lemonick, M. D. *Mirror Earth: The Search for Our Planet's Twin.* New York: Walker and Co., 2012.
_____. *Other Worlds: The Search for Life in the Universe.* New York: Simon and Schuster, 1998.
Lewis, J. S. *Asteroid Mining 101: Wealth for the New Space Economy.* Mountain View, California: Deep Space Industries, 2014.
Neufeld, M. *Von Braun: Dreamer of Space, Engineer of War.* New York: Vintage Books, 2008.
O'Connell, M. *To Be a Machine: Adventures Among Cyborgs, Utopians, Hackers and the Futurists Solving the Modest Problem of Death.* New York: Doubleday Books, 2016.
Odenwald, S. *Interstellar Travel: An Astronomer's Guide.* New York: The Astronomy Cafe, 2015.
Petranek, S. L. *How We'll Live on Mars.* New York: Simon and Schuster, 2015.
Sasselov, D. *The Life of Super-Earths.* New York: Basic Books, 2012.
Scharf, C. *The Copernicus Complex: Our Cosmic Significance in a Universe of Planets and Probabilities.* New York: Scientific American/Farrar, Straus and Giroux, 2015.
Seeds, M. Backman, D. *Foundations of Astronomy.* Boston: Books/Cole, 2013.
Shostak, S. *Confessions of an Alien Hunter.* New York: Kindle eBooks, 2009.

Stapledon, O. *Star Maker*. Mineola, New York: Dover Publications, 2008.

Summers, M. Trefil, J. *Exoplanets: Diamond Worlds, Super Earths, Pulsar Planets, and the New Search for Life Beyond Our Solar System*. Washington, DC: Smithsonian Books, 2017.

Thorne, K. *The Science of "Interstellar"*. New York: W.W. Norton, 2014.

Wachhorst, W. *The Dream of Spaceflight*. New York: Perseus Books, 2000.

Wohlforth, C. Hendrix, A. R. *Beyond Earth: Our Path to a New Home in the Planets*. New York: Pantheon Books, 2017.

Woodward, J. F. *Making Starships and Stargates: The Science of Interstellar Transport and Absurdly Benign Wormholes*. New York: Springer, 2012.

Vance, A. Sanders, F. *Elon Musk: Como o CEO bilionário da SpaceX e da Tesla está moldando nosso futuro*. Rio de Janeiro: Intrínseca, 2015.

Zubrin, R. *The Case for Mars*. New York: Free Press, 2011.

ÍNDICE REMISSIVO

Números de páginas em *itálico* referem-se a ilustrações. Números de páginas a partir de 328 referem-se às Observações.

2001: uma odisseia no espaço (filme), 56, 126, 197, 275
55 Cancri, 190
AbbVie, 201
Academia Internacional de Astronáutica, 167
Aceleradores de partículas, 162, 283
Ácido sulfúrico, 101
Acoplamentos, de partículas, 281
Action Comics, 87
Adão, 200
Admirável mundo novo (Huxley), 229
Agência de Projetos de Pesquisa Avançada para a Defesa (DARPA), 126
Agência Espacial Europeia, 152
agricultura, 95, 209, 250
colapso da, 301
em Marte, 102
gêiseres de, 110
Água, 17, 66, 70, 86, 91, 95, 99, 100, 109, 185
depósito de, 52
Alcubierre, Miguel, 172, 173, 337
Aldrin, Buzz, 39
Alfa Centauri, 116, 150, 152, 156
Algas, 98
fotossintéticas extremófilas, 99
Alienígenas, 341
aparência de, 241
civilizações, 237
de Star Maker, 245
inteligência, 259
língua de, 240
primeiro contato com, 239
Allen, Paul, 237
Allen, Woody, 301
AlphaGo, 122, 332
Amônia, 97
Anãs vermelhas, 190
Anderson, Poul, 163
Andrômeda, 305
Anel de Einstein, 182
Anemia falciforme, 224
Animação suspensa, 147, 197
Antena Espacial de Interferômetro a Laser (LISA), 295
Antigravidade, 307
Antimatéria, 161, 162, 168, 335
foguetes de, 161, 335
motores de, 160, 163
naves estelares de, 160

Antiquarks, 281
Apollo 14, 57
Apollo 17, 78
Aprendizagem profunda, 129
Aquecimento global, 262
Argus II, 218
Armas
de raios, 223
nucleares, 11, 137, 156, 230, 262
Armstrong, Neil, 39
Asimov, Isaac, 15
Astecas, 236
Asteroid Redirect Mission (ARM), 68, 97
Asteroides, 64
   cinturão de, 64
   definição de, 65
   garimpando os, 66
   explorando os, 67
   formato dos, 69
   mineração dos, 122
Astronautas, 19, 38, 39, 54, 56, 57, 100, 107, 112
   alienígenas, 276
Astronomia, 32, 81, 114, 252
Astronomy Now, 258
Astrofísica e ciência espacial, jornal, 99
Átomos, 121, 137, 143, 153, 294, 304, 306
de anti-hidrogênio, 161
do Sol, 137
Atraente, imagem, 274
Atrofia
muscular, 77 óssea, 77
Aurora Boreal, 103
Ausência de peso, 49, 50, 277
Automação Avançada para Missões Espaciais, 132

Autômatos, 123, 125, 145

Baleia polar, 204
Banco de Ensaio de Ecopoiese Marciana, 99
Bancos de memória, 228
Bangladesh, 209, 262
Barnes, Rory, 184
Base lunar, 54, 56, 61, 125, 330
Bebês de proveta, 231, 232
Beleza, 101, 287, 288
Benford, Gregory, 155, 330
Benford, James, 161, 330
Bennu, 67
Benson, James, 164
Bernstein, Aaron, 168
Bezos, Jeff, 19, 48, 49, 330
Big Bang, 106, 107, 162, 164, 279, 280, 295, 306, 310, 311, 312, 336, 346
Big Bounce, 302
Big Crunch, 164, 303, 304, 313
Big Freeze, 22, 302, 303, 304, 310, 345
Big Rip, 304, 307, 309, 310
Biodomos, 98
Bioeticistas, 225
Biogerontologia, 206
Biosphere 2, 94
Biotecnologia, 21, 99, 224, 228, 263
Bioterrorismo, 262
Bit quântico, 143
Blackburn, Elizabeth, 203
Blade Runner (filme), 254
Blue Origin, 49, 50, 52
Boeing, 75, 79
Bolha de dobra, 173, 337
Bomba(s)
de fissão, 156

de hidrogênio, 161
nucleares customizadas, 157
Bóson, 343
de Higgs, 281
Bostrom, Nick, 340
Boyajian, Tabetha, 258
BRAIN Initiative, 212
Branson, Richard, 51
Breakthrough Starshot, 150, 153
Brin, Sergey, 201
Brooks, Rodney, 227
Brown, Lester, 209
Brown, Louise, 231
Bruno, Giordano, 42, 177, 338
Budismo, 312
Buracos de minhoca, 22, 169, 170, *171*, 172, 175, 279, 283, 287, 295, 297, 336, 337, 346
viagem mais rápida do que a luz e, 289
Buracos negros, 136, 169, 170, 280, 283, 286, 306, 329, 343, 345
Burroughs, Edgar Rice, 87, 100
Busca por inteligência extraterrestre (SETI), 237
   primeiro contato com, 239
   ver também alienígenas
Bush, George H.W., 93
Butler, Samuel, 134, 333

Caça, 226, 243, 333
às bruxas, 42
Caça-fantasmas, Os (filme), 170
Calico, 201
Califórnia, 63, 64, 159
Cameron, James, 66
Caminhar, 249

na lua, 55, 60
Campo de Fiori, 178
Campos magnéticos, 154, 161, 162, 280
planetários, 102
Camundongos, 202, 204, 217, 220, 222
Câncer, 56, 78, 124, 203, 225
   pele de, 219
Canhão nuclear portátil Davy Crockett, 156
Cápsula
espacial Dragon, 19, 72
Orion, 19, 82
Carbono, 66, 241
átomos de, 121
dióxido de, 85, 96, 98, 101, 112
moléculas à base de, 241
nanutubo de, 167
Carros usados, 72, 73
Catedrais, 196
Cego, 218
Células cancerosas, 203
Centro Aeroespacial da Alemanha, 98
Cérebro, 22, 125, 139, 211, 212, 214, 221, 228, 241
Ceres, 69
Challenger, 40, 50
chegada, A (filme), 240
Chernobyl, 264
Chimpanzés, 248, 272
China, 42, 53, 76, 209, 339
   pouso na Lua anunciado pela, 76
Chip, 21, 141, 148, 149f, 216, 221, 276
de memória, 221
de silício, 143, 251
Churchill, Winston, 33
Chuva ácida, 102
CIA, 144

Cianobactéria, 98
Cinema, 273
Cinturão de asteroides, 59, 282
densidade do, 69
formação do, 65
Cinturão de Kuiper, 65, 332
Civilizações, escala Kardashev de, 259, 342
Clark College, 30
Clark, William, 63
Clarke, Arthur C., 17, 340
Clones, 10, 199, 275
Cloro, 98
Cobalto, 66
Coerência, 144
Colisor Linear Internacional (ILC), 281, 294
Colombo, Cristóvão, 236
Columbia, 40
Combustíveis fósseis, 250
Cometa, 12, 52, 65, 66, 97, 105, 115, 151
Halley, 116
"Cometa vômito", 50
Compra da Louisiana, 63
Computação quântica, 142
Conectomas, 22, 213, 278
Confinamento
inercial, 159
magnético, 158
Consciência, 16, 22, 138, 214, 316
Contato (filme), 241
Copa do Mundo, 216
Coreia do Norte, 262
Corpos, modificação de, 21
Cortés, Hernán, 236
Cosmos, 152, 277, 302
Crianças sob medida, 232
Criaturas aquáticas, 252

CRISPR, 224, 225
Cristianismo, 305, 312Critério de Lawson, 264
Cultura planetária, 261
Cummings, E. E., 45
Curie, Marie, 189
Curiosidade, 29, 157, 168, 177, 253, 274
Cygnus, 182

Da Terra à Lua (Verne), 48, 152, 334, 225
Damon, Matt, 85
Däniken, Erich von, 276
Dartmouth, 125, 128
Darwin entre as máquinas (Butler), 131
Darwin, Charles, 131
Davies, Paul, 276
Dawn Mission, 69
Dédalo, ou a ciência e o futuro (Haldane), 227
Deep Space Gateway, 80, *81*
Deep Space Transport, 80, 82, 154
DeepMind, 140
Departamento de Artilharia do Exército Alemão, 32
Departamento de Defesa, EUA
Desafio DARPA, 127
Desastres naturais, 12, 239
Descoerência, 144
Deserto de Gobi, 271
dia em que a Terra parou, O (filme), 235
Diamandis, Peter, 74
Diamantes, 153, 190
Dilúvio Universal, 200
Dinossauros, 10, 12, 15, 242, 245
Dióxido de carbono, 85, 91, 93, 96, 98, 100, 102, 112

Diretoria de Operações e Exploração Humana, 79
Disney, Walt, 35
DNA, 9, 96, 199, 340
  dentro das mitocôndrias, 204
  edição do, 224
  mutações do, 271
Dobra espacial, 168, 173, 337
Doença
mental, 212
muscular degenerativa, 217
Dolly, a ovelha, 232
Donoghue, John, 216
Doudna, Jennifer, 225
Drake, Frank, 238
Drones, 100, 130
Dyson, Freeman, 113, 156, 259

Earth Return Vehicle, 93
Ebola, 263
Efeito
Casimir, 175, 337
estufa, 97, 98, 101, 264
Einstein, Albert, 116, 169, 211, 285, 287, 329, 336
Eisenhower, Dwight, 37
Elétrons, 143, 154, 162, 281, 285, 345
Elevadores espaciais, 166, 167, 265, 336
Ellison, Larry, 201
Encélado, 110, 251
Energia
de Planck, 279, 280, 282, 290
escura, 307, 310, 346
negativa, 282, 296, 337
solar, 74, 92, 250, 265
Engenharia genética, 99, 212, 214, 222, 225

de algas, 99
Englert, François, 281
Entropia, 267, 303, 316, 339
Envelhecimento, 197, 339
  genética do, 204
  genes de, 201
  mitos sobre, 205
  precoce, 78
  processo de, 21, 195, 201, 210
Epidemia, 200, 263
Equação (ões)
de Drake, 238, 340
de Maxwell, 290
de Tsiolkovsky, 148
do foguete, 28
Era
das máquinas, 20
do Sputnik, 36
elétrica, 20, 251
Escala Kardashev de civilizações, 259, 342
Esfera(s)
de Dyson, 22, 266
de von Braun, 123
Essmagadores de átomos, 162
Espaçonave
de Cassini, 111
Galileu, 123
Gemini, 38
Kepler, 178, 184, 258, 338
Mercury, 38
Voyager, 123
Espuma espaço-temporal, 310
Esquizofrênicos, 212
Estação de Pesquisa sobre Marte no Deserto (MDRS), 94
Estação Espacial Internacional, 40, 72, 79, 80

Estados Unidos
    arsenal nuclear da, 159
    satélite dos, 36
Estética, 274
Estrada de ferro, 40
Estrelas duplas, 189
Etzioni, Oren, 122
Eu, robô (filme), 141
Europa, 42, 103, 108, 246, 250
Europa Clipper, 109
Eva, 10
Evolução
    da inteligência, 227, 245
    em planetas diferentes, 249

Exercícios, 82, 339
Exobiologia, 241
Exoesqueleto, 216
Exoplanetas, 18, 176, 180, 185, 187, 190, 258
    descoberta de, por Kepler, 182
    do tamanho da Terra, 17, 18, 183, 184
    trajetória do, 185
    excêntricos, 189
    métodos para encontrar, 180
    órfãos, 188
    tese de Bruno sobre, 178
Expansão de Sitter, 345, 346
Explorer I, 36
Explosão do sol, 10
exterminador do futuro, O (filme), 72, 137, 140
Extinção, 11, 71
Extrasolar Planets Encyclopaedia, 18, 179

Facebook, 134
Família Bass, 94

Feigenbaum, Edward, 135
Fermilab, 267
Férmions, 343
Ferramenta(s), 13, 130, 162, 243, 245, 276
    científica, 29
Ferro, 59, 66, 95, 251
Feynman, Richard, 291
Fibrose cística, 225
Foguete (s), 19, 20
    a combustível líquido, 30, 49, 153
    a combustível sólido, 153
    a laser, 153
    a propulsão de pulso nuclear, 156
    Atlas, 35
    auxiliar Falcon Heavy, 19
    auxiliar Space Launch System (SLS), 46
    combustível de, 113
    de antimatéria, 161
    de fissão nuclear, 21, 335
    de fusão, 21, 158
    de fusão ramjet, 153, 167, 336
    em guerras, 31
    empuxo de, 51
    multiestágios, 27
    na Guerra Fria, 39
    N-1, 39
    New Armstrong, 51
    New Glenn, 51
    nucleares, 155, 157
    Orion, 70
    para guerra, 31
    Redstone, 36
    reutilizável, 49, 72
    Saturn V, 19, *47, 160*
    Vanguard, 35
    Vengeance Weapon 2, 32

fontes do paraíso, As (Clarke), 166
Fotino, 294
Fotometria de trânsito, 180
Fótons, 152, 286, 294, 344
Frost, Robert, 301
Fukushima, 127, 264
Fukuyama, Francis, 228, 340
Fusão a laser, 159

Gagarin, Yuri, 37, 46
Galáxia(s), 15, 18, 22, 165, 188
   censo da, 191
   diáspora na, 270
Galileu Galilei, 42, 105, 338
Ganimedes, 111
GDF11, 206
Gelo, 12, 52, 55, 107
   em Europa, 109
Gene (s), 13, 129, 229
   de envelhecimento, 201
   do camundongo esperto, 222
   NR2B, 222
Gennes, Pierre-Gilles de, 159
Germes convertidos em arma, 263
Gerrish, Harold, 162
Gerstenmaier, Bill, 79, 331
Gigantes gasosos, 21, 66, 105, 106, 110, 183, 332
   luas dos, 108
Gilgamesh, Epopeia de, 200
Gillon, Michaël, 186
Giroscópios, 29, 89, 182
Glenn, John, 51
Glicose, 198
Global Business Network, 262
Glúons de Yang-Mills, 281

Go, 122
Goddard, Robert, 27
GPS, 21
Grafeno, 121
Graham, Nick, 74
Grande Colisor de Hádrons (LHC), 162, 280, 281, 294
Grande congelamento, 303
Grande Diáspora, 298
Grande Mancha Vermelha, 107
Gravidade, 48, 50, 55, 70, 77, 87, 90, 109, 136, 169, 279, 331, 335, 343
   artificial, 77
   em Marte, 88
   marés e, 58
   teoria quântica da, 286

Grávitons, 283, 286, 343
Grinspoon, David, 215, 268, 342
Gripe aviária, 263
Gros, Claudius, 99
Guarente, Leonard P., 202
Guerra
   à Pobreza, 39
   do Afeganistão, 217
   do Iraque, 217
   do Vietnã, 92
   dos mundos (Wells), 27, 255
   Fria, 18, 39
   nas estrelas (filme), 69, 72, 241
guia do mochileiro das galáxias, O (Adams), 255
Guilherme I, 114
Guth, Alan, 311, 346

Haldane, J.B.S., 227
Halley, Edmond, 114, 115

Haroldo, rei da Inglaterra, 114
Hastings, batalha de, 114
Hawking, Stephen, 148, 178, 219, 236, 317, 337, 344
Hayflick, Leonard, 203
Heinlein, Robert, 357
Heisenberg, Werner, 285
Hélio, 53, 106, 158, 183, 190
Hélio-3, 53
Hidratante, 207
Hidrocarbonetos, 108, 241
Hidrogênio, 27, 52, 53, 65, 69, 83, 87, 106, 124, 158, 163, 190, 255, 305, 332
   coleta no espaço, *164*
Hidrogênio líquido, 107, 158
Higgs, Peter, 281
Hillis, Daniel, 211
Hinton, Geoffrey, 135
Hiperespaço, 287, 302, 312, 315, 346
Hipocampo, 220, 221
Hitler, Adolf, 34
HIV, 11
Hofstadter, Douglas, 120
Homem de Aço (filme), 199
Homem de Ferro (filme), 74, 215
homem que fazia milagres, O (Wells), 142
Hormônio do crescimento (HGH), 206
Hospitais, 201
Humanos
   inteligência dos, 135, 136
   possível divergência dos, 270
Huxley, Aldous, 229
Huxley, Julian, 228

Idade Média, 196
IKAROS, 152

Imortalidade, 195-214, 339
   busca por, 200
   digital, 210
   e superpopulação, 207
   oposição à, 207

Império Romano, 16
Impey, Chris, 257, 329
Implantes cocleares, 218
Impressora 3D, 56, 133
Impulso específico, 153
incrível história de Adaline, A (filme), 195
Independence Day (filme), 236
Índice dos Livros Proibidos, 178
Infância, 15, 92, 140, 242
Inflação, 311, 346
Informação, 113, 135, 143, 213, 250, 251, 308, 342
Infrared Telescope Facility, 69
Insetoide, 129
Insetos-robôs, 129
Instalação Nacional de Ignição (NIF), 159
Instituto Hubrecht, 225
Instituto para Conceitos Avançados, 98
Instituto SETI, 237
Instituto Worldwatch, 209
Inteligência artificial, 21, 121, 122
   alienígenas e, 150, 213, 243, 259, 275
   "de baixo para cima", 129
   "de cima para baixo", 125
   e o futuro dos empregos, 136
   história da, 122
   no nascedouro, 122
   perigos da, 136, 141
   ver também robôs
Inteligência, evolução da, 227, 245

Interestelar (filme), 283
Interface cérebro-computador (BCI), 214
Internet, 21, 72, 216
Interplanetary Transport System, 73, 334, 335
Inverno vulcânico, 9
Irídio, 66
Islândia, 273

Japão, 271, 282
Jefferson, Thomas, 63
Jet packs, 222
Jornada nas estrelas, 16, 17, 51, 160, 213, 283
Jornada nas estrelas II – A ira de Khan (filme), 99
Judaísmo, 312
Júpiter, 21, 58, 65, 107, 188, 189, 331
    campo gravitacional de, 109
    faixa de radiação ao redor de, 109
    Grande Mancha Vermelha em, 107
    luas de, 106, 108

Jurassic Park (filme), 245

Kant, Immanuel, 177
Kapor, Mitch, 137
Kardashev, Nikolai, 259
Kelvin, Lord, 189
Kennedy, John F., 37
Kepler, Johannes, 152
Kepler-22b, 187
Kerr, Roy, 170, 330
KIC 8462852, 258
KOI 7711, 187
Korolev, Sergei, 35
Kruschev, Nikita, 35
Kurzweil, Ray, 136

Laboratório
    de IA, 128, 129
    de Livermore, 159
    de Radiação de Berkeley, 59
    de Simulação de Marte, 98
Lago Malawi, 328
Landis, Geoffrey
Lanza, Robert, 232
Laser, 181, 223, 238, 277, 278
leão, a feiticeira e o guarda-roupa, O (Lewis), 170
Lee Sedol, 122
Lehrer, Tom, 34
Lei de Moore, 142
Leis de Newton, 293, 295, 328, 331, 336
Lemaître, Georges, 312
Lente gravitacional, 181
Léptons, 281
Lesões na medula espinhal, 217
Leste da África, 42
Lewis, C.S., 170
Lewis, Meriwether, 63
Limite de Hayflick, 203
Limite de Roche, 111, 331
Linde, Andrei, 311
Língua
    escocesa, 273
    inglesa, 244
    islandesa, 273
    norueguesa, 273
Linguagem, 125, 135, 240, 244, 261
Lowell, Percival, 86
Lua, 19, 28, 46
    caminhar na, 60
    composição química da, 59
    mineração da, 60

origem da, 58
recreação na, 57
Verne sobre pousar na, 48
viver na, 54
Luas dos gigantes gasosos, 21, 108
Luz
   distorção da, 294
   equações da, 290
ultravioleta, 219, 251

Magnésio, 98
Mal de Alzheimer, 220
Maldição de Marte, 77
Malthus, Thomas Robert, 208
Mao Tsé-Tung, 76
Máquinas do tempo, 175, 296, 337, 344
Marca-passo cerebral, 220
Marés, 58, 59, 110, 331, 332

   e anéis de Saturno, 110
Markram, Henry, 211
Mars Direct, 93, 94
Mars Habitat Unit, 93
Mars Observer, 47
Marte, 19, 41, 48, 59, 66, 71
atmosfera em, 87
   calotas polares em, 86, 98
   colonização de, 74, 95
   como planeta rochoso, 185
   compromisso da NASA de pousar em, 79
   desejo de particulares de pousar em, 76
   esportes em, 88
   evolução de, 102
   fascinação com, 92
   gravidade em, 84, 89
   perigos de ir a, 101

satélites artificiais e, 96
tecnologia em, 99
temperatura em, 96
tempestades de poeira em, 219
terraformação de, 21, 99, 100
turistas em, 90
viajar para, 27
Massa, de partículas, 281
Matéria escura, 293, 294
Matéria negativa, 171, 337
McCay, Clive M., 205
McConaughey, Matthew, 301
Mecânica, leis da, 28, 36, 328
Medicina, 201
Megaestruturas, 22, 259, 266
Membranas, 343, 344
Memórias, 220-222
Mercúrio, 66, 116
   descoberta de, 116
Mercúrio (deus), 22
Metais de terras raras, 53, 66
Metano, 96, 97, 112
Metanogênios, 99
Meteorito, 64, 65
Meteoros, 12, 64
Método Doppler (velocidade radial), 180
Micróbios, 192
Micrometeoros, 59, 77
Microwave Sciences, 155
Midas, rei, 142
Milner, Yuri, 150
Minério de forma a criar uma metalurgia, 251
MiniNetunos, 188
Minsky, Marvin, 135
Missão Cassini, 111

Mísseis de reentrada múltipla independentemente direcionada (MIRVs), 157
Mitologia nórdica, 305
Modelo Padrão, 281, 289, 345
Módulo Orion, 46, 68
Módulos Viking, 123
Molécula sirtuína, 202
Moléculas iônicas, 306
Monstro do Lago Ness, 242
Montanhas Kitakami, 282
Monte Olimpo, 90
Montezuma, 236
Moon Express, 52
Moravec, Hans, 135, 214
Mortalidade infantil, 200
Motor(es)
a vapor, 20, 251
de Alcubierre, 172
de plasma, 153, 154
iônicos, 154
Muilenburg, Dennis, 74
Multiverso, 290, 297, 310
Mundos de água, 190
Mundos de gelo, 190
Múons, 287
Músculos, gene para, 217
Musk, Elon, 19, 71, 261, 331
   preocupado sobre IA, 134
Musk, Justine, 72
Mutantes, 223

Nada, 286
Nanobateria, 223
Nanonaves, 148, 150, 151, 334
NanoSail-D, 152
Nanotecnologia, 21, 99, 121, 166, 266, 279
Nanotubos de carbono, 121, 167
Napoleão I, 63
NASA, 17, 37, 41, 120, 155, 330, 331
   asteroides explorados pela, 67
   cometa vômito da, 50
   Deep Sapce Gateway da, *81*
   elevadores espaciais estudados pela, 167
   missão a Marte prometida pela, 75
   motores iônicos estudados pela, 154
   simpósio Nave Estelar em Cem Anos da, 155
   viagem interestelar estudada pela, 21

Nave Estelar em Cem Anos, 155
Nave(s) estelar(es)
a fusão Dédalo, proporções comparadas, *160*
adentra um buraco de minhoca, *284*
antimatéria, 160
Cem Anos, 155
de fusão ramjet, *167*
dobra espacial em, 168
elevadores espaciais, 166
foguetes de fusão em, 163
foguetes nucleares em, 155
motores de Alcubierre em, 172
motores iônicos em, 154
multigeracional, 196
Orion, 157
problemas com, 32
velas a laser em, 150
velas solares em, 151

Neandertais, 272
Nervos óticos, 218
Netuno, 182
   descoberta de, 115

luas de, 106
Neutrinos, 287, 335, 345
New Shepard, 49
New York Times, The, 30, 340
Newton, Isaac, 29, 58
   cometas estudados por, 114
   marés explicadas por, 58
Nicolelis, Miguel, 216
Nightfall (Asimov), 252
Níquel, 66
Niven, Larry, 15
Nixon, Richard, 38
Nuvem de Oort, 65, 113, 115, 278, 332

Obama, Barack, 41, 46
Objetos próximos à Terra (NEOs), 13, 67
Observatório de Ondas Gravitacionais por Interferômetro a Laser (LIGO), 295
Ondas de gravidade, 268, 275
Ônibus espaciais, 19, 40, *47,* 148
   acidentes com, 76
   atingidos por micrometeoros, 79
ONU, 208
Operação Paperclip, 34
Opsina, 212
Organização Europeia de Pesquisa Nuclear (CERN), 161
Oriente Médio, 42, 270
origem das espécies, A (Darwin), 131
OSIRIS-Rex, 67
Ósmio, 66
Ouro, 142, 230, 258
   regra do, 274
Óvnis, 152, 179, 257
Oxidação, 202, 204
Óxido de ferro, 95

Oxigênio, 18

Page, Larry, 66
Paládio, 66

Paradoxo de Fermi, 253, 341
Paradoxo do avô, 286
Paraíso, 21
Paralisia, 216
Paraquedas magnético, 153
Parque Nacional de Yellowstone, 12
Passageiros (filme), 147
Pássaros, 222, 240, 246
PayPal, 48, 201
Península da Coreia, 262
Perdido em Marte (filme), 85
Perlmutter, Saul, 303
Perls, Thomas, 205
Piratas de Vênus (Burroughs), 100
Planeta categoria M, 186
Planeta proibido (filme), 123, 242
Planetary Resources, 66, 67, 330
Planetas
   excêntricos, 189
   órfãos, 114, 188, 246
   rochosos, 65, 217, 266
Platina, 66, 330
Polegares, 243
Polinésios, 113
Polvo, 247
Pólvora, 29, 42
Polyakov, Valeri, 77
Ponte Einstein-Rosen, 169
Popular Books on Natural Science (Bernstein), 168
Portabilidade a laser, 277

Positrons, 345
Postulado de Hebb, 128
Potássio, 98
Pouso na Lua, 39, 216
Pragas, 200
Princípio(s)
antrópico, 314
da incerteza, 286, 345
de Copérnico, 314
do homem das cavernas, 229
matemáticos da filosofia natural (Newton), 29
Programa Constellation, 41, 46
Programa Desafios Centenários, 167
Programa espacial Apollo, 18, 38, 40, 55, 216
Programa Mars One, 94
Projeto Dédalo, 158
Projeto do Cérebro Humano, 211
Projeto do Conectoma Humano, 22, 211, 277
Projeto Orion, 156
Projeto Robotic Asteroid Prospector, 67
Propulsão
de Alcubierre, 174
elétrica solar, 82
Proteínas, 142, 206, 212, 241
Próteses Revolucionárias, 217
Prótons, 280, 282
Proxima Centauri, 18, 184, 277
Proxima Centauri b, 18, 184
Proxmire, William, 237

Quarks, 281

Radiação, 56, 162, 341, 345
Radiação de Hawking, 286
Radiação infravermelha, 101, 267

Rádio, 17, 20, 83, 107
Radioatividade, 103, 127, 240, 250, 330
Raios cósmicos, 362
Raios gama, 161
Raios X, 161
Realidade virtual, 197, 231, 255
Reator Experimental Termonuclear Internacional (ITER), 158
Reatores de fusão, 158, 163, 264
Reciclagem, 125
Rede de cérebros, 221
Redes neurais, 128
Rees, Martin, 195, 298
Reeve, Christopher, 216
Regolitos, 132
Regra de Ouro, 274
Relatividade, teoria da, 116, 164, 293, 329, 336
Restrição calórica, 201
Resveratrol, 202
Retina artificial, 218
Revolução da informação, 250
Revolução dos computadores, 76, 136
Revolução Industrial, 20, 250, 268
Revoluções científicas, 20
Riess, Adam, 303
Robôs, 56, 70, 120, 122, 123, 126, 140, 332, 353
    autoconscientes, 140, 141
    autorreplicantes, 21, 130, 132, 151
conscientes, 134
drones, 130
    fundindo-nos com, 216
    ver também Inteligência artificial
Ródio, 66
Rosen, Nathan, 169

Rumi, 235
Russell, Bertrand, 304
Rússia, 36, 41, 76, 262
Rutan, Burt, 51
Rutênio, 66

Sagan, Carl, 13, 15, 87, 268
Sahl, Mort, 34
Saneamento, 125
Satélites
artificiais, 35, 92
Lunik, 37
meteorológicos, 252
Saturno, 21, 58, 66, 108
  anéis de, 110
  luas de, 97, 111

Schaefer, Bradley, 258
Schiaparelli, Giovanni, 86
Schmidt, Brian, 303
Schmidt, Eric, 66
Schwarz, John, 291
Schwarzenegger, Arnold, 120
Science, 204, 206
Scientific American, 303
Seager, Sara, 179, 180
Segunda Guerra Mundial, 17, 222
Segunda lei da termodinâmica, 266, 303, 339, 345
s-elétrons, 287
Shakespeare, William, 169
Shannon, Claude, 135
Shepard, Alan, 49, 57
Shostak, Seth, 238, 254
Simetria, 162, 288, 343
Simon, Herbert, 126

Singularidade (física), 170, 286
Singularidade (tecnológica), 136
Sistema estelar Centauri, 116, 148
Sistema solar, 13, 21
  formação do, 100
SLS/Orion, 46, 79
Sociedade de Foguetes de Berlim, 32
Sociedade Interplanetária Britânica, 158
Sociedade Planetária, 152
Sódio, 98
Sódio-22, 160
Sol, 18, 313
  morte do, 305
Sonda Huygens, 111
SpaceShipOne, 51
SpaceShipTwo, 51, 73
SpaceX, 48, 72, 74, 134, 331
Speer, Albert, 34
Sputnik, 36, 331
s-quarks, 287
Stalin, Josef, 35
Stapledon, Olaf, 312, 341
Star Maker (Stapledon), 16
Starship Century: Toward the Grandest Horizon (Benford e Benford), 155, 330
Status, 230
Stock, Greg, 226
Subcontinente indiano, 21, 262
Súcubo, 205
Supercomputador, 213
Super-Homem, 87, 199, 216
Supernova 1987a, 180
Supernovas, 10, 180, 303, 304
Superpartículas, 287
Superpopulação, 135, 207
Supersimetria, 287

Supervisão, 219
Supervulcão, 12, 328
Surdez, 218
Sussman, Gerald, 207

Taikonautas, 76
Tau Zero (Anderson), 163
Taylor, Ted, 156, 157, 335
Tay-Sachs, 224, 232
Techshot, 98
Tecnologia, barreiras à, 252
Telecinese, 219, 220
Telecomunicações, 250
Telefone, 55, 232
Telescópio, 29, 31, 114, 176, 187
Telescópio Espacial Hubble, 75, 110, 182, 190
Telescópio Espacial James Webb, 184, 191
Televisão, 20, 36, 45, 51, 96, 107, 172, 244, 250
Telomerase, 201-203
Teoria da relatividade de Einstein, 164
Teoria das cordas, *284*, 287, 342, 346
   críticas à, 290
   hiperespaço na, 291
   matéria escura e, 293

Teoria de tudo, 284, 290
Teoria do espaço-tempo da consciência, 138
Teoria quântica, 143, 175, 280, 281, 285, 286, 293, 297, 307, 329, 337, 343
Teoria-M, 344
Terapia gênica, 224
Terra
   atividade tectônica na, 91, 102
   como planeta rochoso, 185
   composição química da, 59
   evolução da, 106
   núcleo da, 254

tamanho da relativo às superTerras, *187*
Terraformação, 96
   de Marte, 21, 99, 100
   de Titã, 113
Tesla Motors, 72
Tesla, Nikola, 177
Theia, 59
Thorne, Kip, 283
Tibete, 271
Times, 30,
Titã, 97, 111, 112, 124, 252
Toba, 9, 12, 270, 328
Torre Eiffel, 166
Trajes espaciais, 91, 102, 112, 122, 124
Transistor, 21, 128, 143, 211, 214
Transiting Exoplanet Survey Satellite (TESS), 191
Transumanismo, 215, 340
   debate sobre, 227
   ética do, 225
TRAPPIST-1, 185, 186, 191
Tratado do Espaço Exterior, 53, 54
Trilogia da Fundação (Asimov), 15, 231, 270, 298
Trump, Donald, 19
Tsiolkovsky, Konstantin, 28, 166
Tubarão-da-Groenlândia, 204
Tubman, Harriet, 317
Turing, Alan, 120
Turzillo, Mary, 152
Twain, Mark, 257
Tiranossauro rex, 245

última pergunta, A (Asimov), 315
União Soviética, 35, 37, 53
  satélite da, 36
Universidade da Califórnia
  em Berkeley, 238
  em Irvine, 78, 155
Universidade do Arizona, 95, 268
Universidade do Arkansas, 99
Universidade Stanford, 72, 135
Universidade Wake Forest, 230
Universidade do Sul da Califórnia, 220
Universidade da Pensilvânia, 71, 259
Universidade Princeton, 222
Universo(s), 17, 19, 22, 23, 105, 117, 143, 170, 252, 284, 301, 335, 340, 345-347
  bebês, 268, 290, 312
  energia do, 160
  expansão do, 164, 280
  morte do, 302, 305
Universo-bolha, 23, 308, 312
Urânio, 103, 157, 189, 262, 264
Urano, 66, 106, 115
  luas de, 106

Vale do Silício, 45, 52, 66, 201
Valles Marineris, 90
Valores sociais, 274
Vapor d'água, 17, 18, 96, 97, 100, 110, 185, 187, 190
Varíola, 201, 263
Veículos de exploração lunar, 46, 52
Vela(s)
  a laser, 153
  com *chip* minúsculo, 149
  solares, 151-153, 160, 165
  Gossamer, 152

Velocidade da luz, 148, *149*, 150, 156, 159, 163, 165, 168, *174*, 272, 275, 279, 297, 311, 336, 337, 346
Velociraptores, 245
Venera 1, 37
Vento solar, 65, 78, 102, 165, 183, 258
Vênus, 22, 66, 100, 102, 106, 152, 179, 219, 252
Verne, Júlio, 48, 152, 335
Via Láctea, 15, 17, 275, 277, 305, 338
  fim da, 305
  rotação da, 293
Viagem mais rápida do que a luz, 173

Viagem no tempo, 296, 337
Vikings, 273
vingador do futuro, O (filme), 120
Vírus, 11, 130, 224
Visão estéreo, 242
Vitrificação, 198
von Braun, Wernher, 31-36, 38, 92, 329, 330
von Neumann, John, 131, 136
  máquinas de, 275, 276
Voo, 31, 40, 46, 69, 72, 84, 166, 222, 326

Voyager, 106, 123
Vulcano, 116
Vulcões, 9, 12, 87, 90, 108, 328

Wagers, Amy, 205
WALL-E (filme), 231
Washington Post, 257, 330, 342
Watson, James, 227
Weiss, David, 225
Welles, Orson, 86

Wells, H.G., 27, 86, 142
West, Michael D., 203
Witten, Edward, 343
Wright, Jason, 299

X.com, 72
Xenônio, 82, 154
XPRIZE, 51
XPRIZE Ansari, 51

Young, John, 27

Zero absolute, 23, 286, 303, 345
Zheng He, 42
Zonas Cachinhos Dourados, 66, 100, 109, 185, 314, 341
Zubrin, Robert, 85, 92, 93, 95
Zuckerberg, Mark, 134, 150, 333

**Acreditamos
nos livros**

Este livro foi composto em Adobe Garamond
Pro e impresso pela Geográfica para a Editora
Planeta do Brasil em julho de 2019.